HUI ZHUANQIAN DE NVREN
ZUI YOU MEILI

会赚钱的女人最有魅力

华君 编著

中国华侨出版社

图书在版编目(CIP)数据

会赚钱的女人最有魅力/华君编著. —北京:中国华侨出版社,
2013.1

ISBN 978-7-5113-3013-0

Ⅰ.①会… Ⅱ.①华… Ⅲ.①女性－财务管理－通俗读物
Ⅳ.①TS976.15-49

中国版本图书馆 CIP 数据核字(2012)第 262504 号

●会赚钱的女人最有魅力

编　　著/	华　君
策　　划/	刘凤珍
责任编辑/	支慧琴
责任校对/	孙　丽
装帧设计/	玩瞳装帧
经　　销/	全国新华书店
开　　本/	710×1000　1/16　印张 17　字数 240 千字
印　　刷/	北京紫瑞利印刷有限公司
版　　次/	2013 年 1 月第 1 版　2013 年 1 月第 1 次印刷
书　　号/	ISBN 978-7-5113-3013-0
定　　价/	29.80 元

中国华侨出版社　北京市朝阳区静安里 26 号通成达大厦 3 层　邮编:100028
法律顾问:陈鹰律师事务所
编辑部:(010)64443056　64443979
发行部:(010)64443051　传真:(010)64439708
网　　址:www.oveaschin.com
E-mail:oveaschin@sina.com

序　言

俗话说，钱是挣出来的，不是省出来的。但是最新的观念是：钱是赚出来的，也是理出来的。在现代社会，你可能是一个美女，也可能是一个才女，但这还远远不够，想做一个独立自主的现代女人，你还得是一个懂理财、会赚钱的女人。

甜蜜的爱情需要你会赚钱，高质量的生活需要你会赚钱，精神上的高度自由也需要你会赚钱，现在的女性，要怎样经营，才能获得这样高额度的幸福？过去说"女子无才便是德"，而新时代的我们主张"女子有财方是福"。想成财女，20岁正当时，30岁加紧脚步也还不迟！——从现在起，努力做一个会赚钱的女人，面对生活，淡定从容。

会赚钱的女人一定是最会给幸福下定义的女人；会赚钱的女人，通常也能比别人更深刻地体会到幸福的含义。因为，会赚钱的女人是理性的女人，同时也是聪明的女人，她们知道该如何打理自己的生活，知道应该如何安置好自己的家人，知道该如何规划自己的未来。并且，很多会赚钱的女人，通过赚钱感受到了一种切切实实的幸福。她们通过理财，在自己和家人的收入水平范围之内，把小日子过得丰富多彩、幸福无比。一个家庭，在客观条件一定的情况下，怎么过，过得如何，区别是很大的。但是俗话说："吃不穷，穿不穷，算计不到会受穷"说的正是这个道理。会赚钱、会理财，会过日子的女人，她能够把小家庭的一切繁杂事务计划得周全，哪怕是再紧巴的日子，也能过得很像模像样，一切事务井然有序，该做什么做什么，似乎都在掌控之中。

理财本身就是一种生活方式，它来自于生活中的点点滴滴。女人想要一生都拥有富裕而舒适的生活，就必须将理财作为一项长期的事业来打理。所以，不懂理财的朋友一定要及时充电，已经知道那些理财方法的朋友则要精益求精。

如果你想成为一个名副其实的"财"女，那就不要只做"发财梦"了，从现在开始，拿起理财的武器，通过对收入、消费、储蓄、投资的学习和掌握，科学合理地安排自己的收入与支出，从而实现财富的快速积累，为你以后轻松、自在、无忧的人生打下坚实的基础，早日让你的生活变得更富裕、更独立，也更幸福。

我们希望通过理财，让家人过得更快乐；希望通过理财，让爱人过得更加顺利。没有理财智慧的女人，永远都无法成为真正的好命女。不懂理财的女人，也许会赚钱，但却守不住钱；也许会守钱，但却不知道如何让钱升值；也许懂得如何让钱升值，但却不懂得如何给自己的未来提供一份保障；也许懂得给自己提供一份保障，但却不懂得如何通过钱财让自己持久美丽……我们不要做这样的女人，我们要做既有钱又聪明的女人！

这是一本决定女性光明"钱途"的理财宝典，也是一本提高"财女"品质生活的财富圣经，是一本专门为广大女性朋友打造的理财书。书中针对现代女性的社会和家庭地位以及消费心理，通俗而又具体地讲授了女人在积攒财富与日常消费中应当把握的一些理念和方法以及技巧。为你提供最新的理财赚钱理念，告诉你最常见的理财赚钱方法，深入浅出地阐明理财赚钱中的各种实用技巧，并结合生动真实的案例对理财方法——作了详细说明，为你量身定做了适合你理财需求的妙方，本书内容丰富，针对性、实用性强，是现代女性科学理财的良师益友。

目　录

第一章　修炼财力，有理财观念的女人更会赚钱 / 001

对于金钱，职业女性要有一个正确的态度，良好的心态是理财的基础，现实的态度能够拥有长久的财缘，要坚持赚大钱的投资理念。要知道，只有有了足够的经济能力，生命才会有活力。要想生活幸福，要想按自己的意愿生活，就要经济独立，就要善于理财。

第二章　相信自己，女人可以成为理财能手 / 036

没有人会怀疑：女人可以成为理财能手。因为，女人是用来生活的，是用来宜室宜家的，因此把家庭打理好，过好不差钱的生活，是她们的使命，她们也因此成为理财方面的行家里手。实际上她们也有相当高的财商，相比男性，她们更具优势。

第三章　家庭生活，规划才能过上好日子 / 068

聪明的女人理财，她们知道好婚姻是爱情加面包一个不能少，她们有她们自己的省钱招数，对于家庭生活，她们会建立明确的财务制度。在家庭生活的规划中，节省是她们最大的主题。

会赚钱的女人最有魅力

第四章　理性消费，女人就应该对自己好点 / 136

应该说，这是一个讲求消费的时代，能挣会花是很多时尚女人的标志，但她们决不乱花，也不会挥霍金钱，而是追求合理的消费，只在自己的收入范围内生活，她们会让自己养成良好的购物习惯，在消费时也会识时务。

第五章　智慧投资，做一个多金的聪明女人 / 169

投资是一种货币转化为资本的过程，就是让钱生钱的过程。投资是一门大学问，对女人而言，投资于黄金白银、股票期货、珠宝收藏，都是一些很常规的赚钱方式。另外，对自己进行投资，对大脑进行投资，对自己进行知识充值，也是很多女性热衷的投资方式。

第六章　经营有道，有胆识的女人更会赚钱 / 213

善于经营的女人才会赚大钱，从事一定的活动，经过自己的劳动，让自己的劳动变现成钱，这也是一种非常好的赚钱方式。要知道，女人是有着巨大的赚钱能量的，她们的直觉，她们的潜能，她们能够从小处着手，慢慢找到财富之门。

会赚钱的女人最有魅力

第一章　修炼财力，有理财观念的
女人更会赚钱

对于金钱，职业女性要有一个正确的态度，良好的心态是理财的基础，现实的态度能够拥有长久的财缘，要坚持赚大钱的投资理念。要知道，只有有了足够的经济能力，生命才会有活力。要想生活幸福，要想按自己的意愿生活，就要经济独立，就要善于理财。

职业女性：善于理财是幸福的关键

现在的女性已走出家庭束缚，走进职场当家做主，知识与财富倍增，女性拥有绝对独立自主的权利。现如今，女性理财已经渐渐成为一种趋势，因为她们明白，合理理财才是幸福的关键。

理财不只是空谈口号，要身体力行，更要持之以恒。美丽的女人投资外貌，聪明的女人投资内在。充实自我理财观念、开阔视野，将消费用在刀刃上。利用知识生财，是新时代女性最高超的理财方式。零存整取、定期定投都是强迫储蓄与投资最佳手段，让部分薪资自动向投资账户转入，眼不见为净，多年后成效绝对令你满意。

2011年10月份，一位打扮入时的年轻女士来到理财中心，办理信用卡还款业务。她说，信用卡常常刷爆，自己挺头疼，所以特意来到理财中心，想寻求帮助。交谈中得知，这位女士姓张，刚刚结婚，丈夫在事业单位工作，自己在一家企业工作，婚房是租的，工资不高。

年轻人追求高品质的生活没有错，但时常捉襟见肘，矛盾怎么解决呢？房子、车子、孩子问题，又怎么解决呢？专家给她提出了一些建议。

1. 保持合理消费，控制过度高消费。最简单的方式是做一账本，做好记录，每月一总结，看看哪些是必要消费，哪些是不必要消费，养成良好的消费习惯。

2. 提高储蓄率，增加有效投资。将家庭收入做好统筹安排。除去房租及必要生活费，结余全部存进银行，首先拿出一部分做零存整取和定期定额投资。强制储蓄，又能防止过度消费，积累孩子教育金和购房款。其余部分按比例分配，投资基金、银行理财产品等。

3. 营造温馨家园，房产投资也要尽早行动。这几年房价一直再涨，房租也水涨船高，如果父母家房子够大，可以先和父母一起合住，既可以节省房租，等有了孩子，父母还可以方便照看。只需首付，就可以银行按揭贷款购房。

4. 加强风险管理，注重保障。一个现代家庭，如果连一份保险都没有，是很不适宜，并且是危险的。适当购买保险，可以为未来加上一条"安全带"，应主要考虑意外险、寿险以及重大疾病保险。

要让理财慢慢地变成一种习惯。积少成多，聚沙成塔，点滴积累，汇聚财富，逐步实现人生各阶段的理财目标，成就自己的财富梦想。

对于专家的理财建议，张女士连连点头。此后，她便常常与我联系，已做基金定投，信用卡再也没有刷爆过。今年再见到她时，她已经是一个幸福的准妈妈了，已交购房首付款，并为孩子的到来做好了准备。

女性理财可分为三大阶段，依照不同年龄、阶段需求做适度调整，让自己成为财务主宰：

阶段一：女人二十最美丽

进入职场才数个年头的你，除了累积职场经验与社会认同外，更重要的是趁未有家累前，累积投资理财的本钱，否则两手空空，连眼前生活都成问题，何谈投资理财？

待手边有了一笔闲钱，便可以开始进行投资，由于年轻人有承担高风险的本钱，适度投资高风险、高收益的产品，能快速累积金钱。

阶段二：女人三十一枝花

在成就与财务逐渐累积至一定水平后，接下来可就要精打细算了，不仅要让现在的日子过得更好，也要让老年生活更有保障与尊严。这个阶段女性最大的开销多以置产、购车为主，已婚女性更要准备子女的教育基金，以免日后被庞大的教育费用压得喘不过气。

此外，不断为家庭贡献的女人，也别忘了要好好爱惜自己，加强保险功能，并依照自己需求分配保单比重，为现在及老年生活打底。

阶段三：女人四十是块宝

40岁以后的你，孩子大了，经济状况也稳定了，这时，该检视夫妻俩退休后金钱是否无虑，想过怎样的生活？尤其往后接踵而来的医疗费用支出，的确是一笔不小的开销。目前除强调保本，也应增加稳定且具有固定收益的投资。

理财的本质，在于善用手中一切可运用资金，照顾人生各阶段需求。最优质的理财手法，就是在身后能花完每一分钱。要达到这样的境界，也许太过严苛，只要能活用手边资金、正确投资并平均分摊风险，就是好的理财观念。

理财，说来简单其实很复杂，不管是月光族还是家庭主妇理财都是一个观念问题。要有灵活的头脑和很好的分析判断能力，理财的方式有好多种，而对于理财理念的把握，才是最重要的。聪明的职业女性都会明白，只有善于理财，才是幸福的关键。

良好的心态是理财的基础

现在的年轻女孩，很多是都市"新贫族"一员，拥有最强劲的消费热情、最前卫的消费观念、最现代化的消费品、最酷的消费方式，常常和朋友们光顾高消费的休闲场所，但存折上的数字并不比那些紧巴巴过日子的低收入者的大。她们努力赚钱，开心花钱，薪水丰厚，通常一笔钱还没有进账就早已规划好了它的用途。

这些"新贫族"多寄居在写字楼里，职业群为：IT、网络、SOHO、金融、律师、营销、导游、美容、演员等。节俭对于她们来说是困难的，寻求更好的工作、追逐更高的收入是她们对财富的最直接观念。养老和疾病对于她们来说，似乎是很遥远的事情，所以对退休后几十年的生活费来源不足并不存在什么恐惧，无法抵制美食、打车、时尚的诱惑，从而放弃利用时间降低投资风险、获得高额收益的机会。

　　抱着同样心态的年轻一族不妨想想，如果你只贪图一时的享受，经常入不敷出，退休后几十年的老年生活该怎么度过？通货膨胀是注定存在的，退休金不够是注定存在的，医疗费用是注定存在的，是把晚年的幸福押在子女的孝顺上、自己的投资上、有钱的老公上，还是有其他的选择？

　　心态决定成败，要理好财，首先要有良好的心态，用平常的心态来看待理财。对于理财，许多人存在着"没财可理"、"不会理财"的心态。真的"没财可理"吗？

　　婷婷经营着一家饰品店，在朋友中算得上是收入最高的人。而芳芳只是一般的上班族，收入远比不上婷婷。但是五年之后，两个人的处境却截然相反。

　　芳芳学习了一些理财投资知识，用三年存下的钱，加上一部分贷款，在繁华的市区买了一套商品房，两年内，这套商品房不断升值。而婷婷只剩下一张余额六万元的存折和一张欠债十五万的信用卡。强烈的反差让婷婷认识到了理财的必要性，决定跟着芳芳学习理财。

　　由此可见，理财，你将收获幸福人生，一味消费而不理财你能收获的只有债务。理财不是富人的专利，不要将没钱可理作为借口，只要你还在劳动，只要你有收入，你就有财可理。事实上，越是没钱的人越需要理财。举个例子，如果你有一万元，但理财错误造成财产损失，很可能立即出现危及你生活保障的许多问题，而拥有百万、千万的有钱人，即使理财失误损失许多，也不至于影响其原有生活质量，所以越没钱的人越输不起，就越应严肃谨慎对待理财。需要提醒的是，这里所说的理财并不是单纯地指储蓄。大部分年

会赚钱的女人最有魅力

轻人认为从月薪中拿出一些钱来作为定期存款，在降价打折的时候买衣服，这些就是理财的全部内容。其实，理财远不止这些。

这么说，也许有人会觉得理财很复杂、很麻烦，自己恐怕学不会。这种担心没有必要，理财投资并不是金融从业人员和有理财头脑的人的专利。实际上，理财的主体正是和你我一样的普通群体，每个人都可以理财。

当然，也不是每个人都可以理好财。理财时持有一颗平常心，可以让你有效地避免在理财过程中可能发生的风险。如果贪图高利，钱财可能来得更快，但去的时候也会更快。如果你本身并没有太多的余钱，却总觉得每个机会都不能错过，于是本币、外币、A股、B股乃至字画、邮票等都来一点，最终将一无所获。

此外，有的人很容易陷入过于自信和完全相信专家的误区。有的人认为自己有一点经验或者知道一些具体信息，于是，不管自己知道得多么有限，都觉得自己是专家了，自己有足够的能力进行投资了，不用再听取别人的意见。与之相反，有的人认为自己什么都不知道，只相信专家的指导，把专家的指点当做投资圣经。其实，专家们不可能准确地预测市场的变化，连巴菲特、索罗斯这样有着丰富投资经验的大师都认为市场是毫无理性、不可预测的。这并不是说理财时不需要专家，而是说不要迷信专家。

良好的心态是理财成功的第一要素，所以在理财时，白领们应该保持良好的理财心态。

理财观念关乎一生一世的幸福

现实生活中很多女性存在着陈旧的理财观念，没有意识到理财的重要性。女人应该尽快摒弃这些错误的理财观念，做新时代的财智女性。

很多女性觉得财富的获取是太复杂、太困难的事情，她们不愿意为了赚钱去学看起来十分复杂的知识。所以，她们不求甚解，常常跟随亲朋好友进行相同的投资计划，盲目跟风。这种盲目跟风的投资方法，很容易给她们带来财务危机。

女性多是感性的，一旦陷入爱情中，就以为找到了终身幸福，愿意为对方付出一切，当然也包括自己的金钱。恋爱的时候是美好幸福的。可是，感情一旦出现危机，女性不但会在精神上受到重创，恐怕连财物上也要受到重创。

女性应该尽快摒弃这些错误观念，事实上女性天生具有非凡的细心和耐心，这更能让她们接近财富。从现在开始摆脱以上错误观念，从理性的心态出发，关心自己的财物状况。这样，你不但能成为经济上独立的女性，还会发现自己的地位与男性平等起来。

你认为钱是万恶之源吗？如果回答不是，则表明你有科学理财、让钱生钱的愿望。那么接着问，你是从什么时候开始进行理财规划的？许多人会说，当然是在有收入以后了，没钱怎么理财？也有人会说，我现在退休了，一辈子都是稀里糊涂地挣钱、花钱，现在再谈理财岂不是为时已晚？国内外理财专家的研究和一些理财实例表明，理财观念是一生一世的事，它关乎你一生一世的幸福，从三岁顽童，到耄耋老人，只要生命存在，只要你需要生活，你就不应离开理财。

退休之后，人的收入一般不会再增加，而是依靠积蓄和养老保险维持生活。这时，能否将积蓄和养老保险金进行科学打理，将会直接影响晚年的生活质量。有的老年人觉得理财"高深莫测"，有的人认为投资"充满风险"，只好把钱存成活期或定期储蓄，而有些精明的老人则不甘于这种"被动"理财，积极涉足一些既稳妥收益又高的国债、基金、收藏等新投资渠道，比如选择一家好的开放式基金，年收益可能达到 20％以上，是任何储蓄无法比拟的——不注重晚年理财者只能坐吃山空，生活质量难以保证；而积极主动规划"夕阳理财"则会不断创造新的价值，使晚年生活迈向富足快乐的健康之路。

请记住这句话：理财，三岁不早，六十不老。

理财人生，运用加减乘除有智慧

人生路上，真正意义的理财应当说是从有了个人收入开始。这时，多数人会沉浸在积累财富的喜悦中，虽然手中的现金数额可能很小，但还是要兴冲冲地将它逐月存入银行。如果用四则运算来比喻，这个时期运用的是加法：一月份的工资是被加数，二月份的是加数，相加后产生一个"和"；第三个月，"和"又成了被加数，新的工资结余成了加数，以此类推。经过日积月累，这个"和"会不断增大，达到一定数额后，你可能到了结婚的年龄，对于不能依靠父母的人来说，这笔因"加"而来的积蓄会派上大用场；家庭经济条件好的，这笔钱则会成为婚后小家庭的第一笔财产积累。

成家之后的理财不再是一个人的事，而是两个人、两双手在共同堆积家庭财富的"金字塔"。这时，两人正年富力强，收入会稳步增长，不知不觉间存折上已经过了五位数甚至六位数。并且，随着人生阅历的增长，理财观念也会发生很大的变化，收益最大化成为家庭理财的第一目标。于是许多人逐渐对收益高的投资方式感兴趣，往往不看风险只认收益，炒股、企业集资、民间借贷等让人趋之若鹜，结果有人炒股赔钱，有人集资被骗……经过这些投资失败的教训，很多人冷静了许多。这时减法派上了用场，一些风险大的投资方式被逐个减少，炒股、集资等都成为"减数"，最后的结果可能是只留了开放式基金、国债或银行储蓄。

不知不觉步入了中年门槛，这时已经是三口之家，你的理财智慧也达到了最高境界，并积累了很多"实战"经验。虽说经历减法之后，你的投资渠道不是很多，但这都是根据个人实际而"浓缩的精华"，并且你会"一条道走到黑"。炒汇、买基金有了经验，你肯定会倾其所有而"不浪费一分钱的资源"；认准了比较稳妥的储蓄、国债，你会"翻着跟头往银行存钱"，这实际上是运用了乘法，这条适合你的投资渠道会呈现裂变式的发展——在经历加、减两种运算之后，乘法将你带入了人生理财最辉煌的时期。

到了老年之后，虽然能按月领取养老保险，但奖金、提成、各种补贴已经与你无缘，你的实际收入可能只有壮年时的三分之二。对这些养老、保命钱你会非常谨慎，不容有半点风险，所以一些投机性质的理财方式逐渐淡出，这时除法便进入了你的生活。因为多数老年人会选择银行储蓄作为理财的主渠道，所以理财收益顶多能达到炒股、炒汇时的三分之一；虽然你的积累不算少，但一场大病就可能使你的资产被除去一半。如果说，退休前是财富的积累期，退休后就是财富的消费期，也可以说是被除期。由此也让我们明白一个道理：加、减、乘法是人生理财的关键时期，这时运算的结果直接关系到晚年幸福，运算的数额大了，即使被除去一半你可能还很有实力，但如果本来积累就少，除不了几次就会两手空空了。

居家理财需要时时更新观念

居家过日子，家庭中总会有不少的钱需要应用，需要打理，这时，聪明的女人就会随时更新自己的理财观念，根据金钱的用途，根据家庭的情况，采取正确的措施，从而打理好自己手中的钱。

1. 勤俭持家不如能挣会花

过去我们常说"吃不穷，穿不穷，算计不到要受穷"，但在如今社会不断进步，生活水平日益提高，勤俭持家、使劲攒钱的老观念已经落伍了。"能挣会花"日渐成为大城市最流行的理财新观念。发挥个人特长经商或谋取兼职，广开财源；挣钱后科学打理，积极用于消费，从而尽情享受挣钱和消费带来的人生乐趣。

2. 盲目贷款不如量力而行

前几年，"花明天的钱圆今天的梦"而使得贷款消费曾一度流行，可受还款压力影响，许多贷款家庭常常捉襟见肘，有的因债务所累还引发家庭矛盾，所以如今提前还贷款的人有增无减，着实把银行愁得够呛。这也表明现代人对贷款消费越来越理智，特别是还款能力弱、心理承受能力差的人更是已经量力而行，尽量不贷款或选择所能承受的小额贷款。

3. 手中"捂股"不如经常"晒股"

买上股票就束之高阁，股民们称之为"捂股"，这种方式曾经让许多人发了大财。但现在，股票市场瞬息万变，上市公司业绩良莠不齐，买上股票就睡大觉的话，难免会碰上一不留神就连续跌停的"地雷"。所以，如今股民们买上股票后，会关注其业绩和经营状况，遇到业绩下滑、交易异常等情况会及时做出止损、换股等处理。

4. 给子女攒钱不如在早教上花钱

如果子女的学习成绩一般，想上好一点的中学要交择校费；高考成绩不理想，"高价生"和上"民办大学"的开支更大。因此，许多精明的家长从中悟出了窍门，改变只考虑为子女教育攒钱的老办法，而是注重了请家教、参加培训班、学特长等早教投入，孩子成绩好了，往近了说会节省择校开支，远了说会更有利于子女将来的就业，甚至会影响孩子一生的命运。

5. 一人说了算不如夫妻 AA 制

按常理说，夫妻双方由于理财观念和掌握的理财知识不同，会精打细算、擅长理财的一方应作为家庭的"内当家"。但对现代人来说，夫妻收入有高有低，双方属于个人自主性的开支越来越大，因此 AA 制理财方式日渐被一些追求时尚的家庭所接受，这种理财方式能最大限度地发挥个人特长，分散家庭投资风险。同时，财务独立自主也有助于减少矛盾，促进家庭和睦。

6. 借给人大钱不如送给人小钱

别人开口借钱会令多数家庭头疼，不借得罪人，借吧又怕"肉包子打狗有去无回"。所以许多精明人士对于还钱把握不大、又怕影响关系的借款人，采取了一个折中的办法：你不是说要借钱买房、看病、孩子上学吗？我实在没有这么多钱，要不嫌，这两百块钱算是我的一点心意。看这样舍卒保车，还要让对方领情。

7. 有病及时治不如提前买健康

虽然人们的收入在不断增加，但还抵不过大病住院的危机。当前人们的健康观念逐步转变，全民健身越来越热，家庭用于外出旅游、购买健身器械、合理膳食、接受健康培训等投入呈上升之势。因为大家明白，这些前期的健康投入增强了体质，减少了生病住院的机会，实际上也是一种科学理财。

8. 活期存款多，定期存款少

如今，存款利率是历史上较低的时期，扣除利息税，1 万元一年定期储蓄的年实际收益只有一百多元。许多人因此便产生了"不差这几个小钱"的心理，而随意将工资收入等积蓄放在活期存折和银行卡上，特别是一些不善理财的青年人，随意储蓄现象更是非常普遍。虽然储蓄利率较低，但时间长了，积蓄的金额大了，这种损失就会越来越明显。比如，对于长期不用的存款来说，三年定期的年利率几乎是活期储蓄的 3.5 倍，存款的实际收益相差很大。目前许多银行开通了定活"一本通"业务，你可以委托银行待活期存款达到某一个数额后，自动转存为定期存款，从而省却去银行转存的麻烦，最大限度地减少活期存款太多带来的利息损失。

9. 考虑风险多，考虑收益少

虽然当前的理财渠道越来越多，但对于众多追求绝对稳健的投资者来说，他们首选的是银行储蓄、国债等利率较低但收益稳妥的投资方式，而对投资收益考虑较少，更没有考虑当前储蓄年收益（一年定期储蓄利率）能否抵御物价上涨所带来的货币贬值风险。因此，接受新鲜事物快的中、青年投资者不妨突破"考虑风险多，考虑收益少"的传统模式，适当进行一些风险性投资。比如炒股、炒金、炒期货、购买房产，等等；也可以选择从银行即能办理的开放式基金、炒汇、分红保险等投资品种。关于风险性投资的比重，可以参考国际理财专家推荐的"最佳投资公式"，即风险类投资比率＝100－年龄，比如你今年 35 岁，则你购买开放式基金等风险投资的占比最高可以达到65％；到了 80 岁，风险投资则应控制在 20％以内。

10. 一味攒钱多，适当消费少

我国是世界上储蓄率最高的国家之一，这与人们勤俭持家的传统观念密不可分。过去一角一分地精打细算、不敢花钱是因为太穷，但在如今社会不断进步，收入水平日益提高的新情况下，一味勤俭持家、使劲攒钱的老观念已经落伍了。理财的最终目的是为了生活得更好，所以具备一定经济基础后，就应改变这种旧观念，挣钱后科学打理，然后积极用于子女教育、居家旅游、改善物质和文化生活等消费，尽情享受挣钱和消费带来的人生乐趣，这才能称得上是科学理财。

女人经济独立才是真正的独立

在这个现实的社会中，女人们到底应该占据怎样的社会及家庭地位呢？恐怕一百个女人会有一百种说法，其实最重要还是女人自己的感觉。

在许多家庭中，女人们为了整个家庭，做出了很多的牺牲，她们有的完全退居二线做起了全职太太，有许多在职的女人也往往对工作失去了应有的激情而导致无法加薪与晋升。

她们大多数都期盼自己的老公能够赚取更多的财富来支撑家庭的重担，企图靠男人来实现其自身价值，靠着丈夫的光辉来照亮自己。然而，这种想法却大错特错，要知道，失去了自我的女人，真能靠着丈夫实现自己的价值、找到自己的地位吗？

可以看到，在现实生活中，总有一些女人口口声声说自己不幸，与此同时，她们只是站在原地等待奇迹，而不去争取属于自己的新生活。事实上，女人应该明白，有了家庭后也不能失去自我，女人无论做了妻子也好，做了母亲也罢，都必须活出自己的价值。

许多女人都把男人视为自己生命的全部，这是一种极端的生活态度，男人只是女人生命中的一部分，生命中必定也必须还有别的寄托，孩子、事业、朋友、爱好……这样，即使生活中的一部分受挫，也不会影响到其他的部分，这就是我们大多数人所说的，独立的女人的幸福所在。

实际上女人独立并不在于与男人的抗争，而在于找准自己的位置，不依赖男人。独立是一种很高的境界，它需要高素质的心态和全新的价值观。

在经济上独立的女人有一种优越感，她们能够挺直腰板与丈夫争论权力与地位，而不是他们的怜悯与同情。这也是不少女人在经济上依赖男人，导致她们内心苦恼的重要原因。

经济上的独立感使得女人有尊严。而男人呢？在有尊严的女人面前才会更在乎。

男女生理的差异是上帝最伟大最科学的设计，尊重这种差异是人性中最美的良知。有些荒谬的理论家鼓吹女人像男人一样去拼搏，这其实是一个美丽的陷阱。要知道，女人超负荷运转去追求所谓的独立和价值不但会影响家庭的幸福，还会引发老公极大的不满与别人的偏见。

总而言之，男人与女人之间的和睦相处是以经济上的相对独立为基础的，如果在一个家庭里，女人没有任何经济来源，那么，这个家庭势必会有一些不和谐的因素在滋生。

一个完全要老公养活的女人很难说是一个独立的女人，所以我们不主张女人做全职太太。女人不应该因为婚姻而失去工作。只有工作才能让一个女人成为真正财务独立的女人，进而成为人格独立的女人。

现代女人一定要有自己的经济来源，不要总想着依赖别人，因为这样只会让自己丢掉尊严。女人要有自己的朋友和社交，有自己的工作，做个独立的个体，而不是一个只会依赖男人的青藤。

对待金钱的正确态度是赚钱的保障

如果女人常以毫不在乎的态度去对待金钱，便表示女人不把钱财看在眼里，所以财运便无法靠近身边来；而热衷于计较蝇头小利的人，心胸常被堵塞，每天只能生活在具体的事务中不能自拔，也不具备大富翁的潜质。

金钱是没有知觉的，但是如果想要赚钱并长期过着充裕的生活，就应该保证自己在面对金钱时有健康的、合理的态度。否则，你只能眼睁睁地看着钱财从你身边溜走。

一位禅师在就金钱问题答复弟子时，伸手握拳道："你看，如果我的手一直握着拳如何？"弟子说："那不正常，是残废。"禅师张开五指又问："如果手掌一直是这样张着如何？"弟子说："那是有病，也是残废。"于是禅师说："人要赚钱，但不能死握着钱不放，也不能挥霍浪费没有节制，像张着的五指一样，漏得精光。最重要的是，能开能合，能生产也能善用。"要知道，钱只有在被使用时，才会体现其价值。

有的人，钱从右边口袋进入，很快地就会从左边流出来，钱是无法在这

会赚钱的女人最有魅力

种人身上久留的。有些人或许有相当好的财运在，但因浪费的习惯，也导致金钱像水流般地保不住。

为什么浪费的人钱财会跟着流失掉？因为他们平常花钱就如流水，久之，成了习惯，无论有多少钱都留不住了。挥霍无度，毫无节制，财运也会像手中花钱的方法一样，很快便两手空空。一块钱现在在一般人的眼中，是微不足道的。如果我们常以毫不在乎的态度去对待这种零碎的小钱，是很不可取的。

世界零售业之王、富甲美国的超级富豪，沃尔马特公司的当家人山姆·沃尔顿早年外出公干时，总是与下属合住一个旅馆房间，甚至有过8个人同住一间房的时候。后来他年事渐高时，才住单间。而且他只住中档饭店，用餐则光顾一些家庭式的小餐厅。有人问他："沃尔马特公司已是数百亿资产的公司，您为何还如此精打细算？"他说："因为我们珍视每一美元的价值。"这也许是他能成为世界级富豪的原因之一。

珍视金钱的人，才会拥有积聚钱财的能力。至于怎么做才不算是浪费钱财的问题，虽然很难有一个严格的界定，但是，必须得花的钱以及没有必要花费的钱，相信一般人都可以凭自己的直觉分辨出来。

毫无节制地浪费固然会散财，但如果死握着钱不放，也享受不到正常的人生。有些女人过日子，崇尚精打细算，对眼前一点小收益沾沾自喜，从来不考虑因此丢失了什么。

美国心理专家威廉通过多年的研究，以铁的事实证明，凡是对金钱利益太能算计的人，实际上都是很不幸的人，甚至是多病和短命的。他们90%以上都患有心理疾病。这些人感觉痛苦的时间和深度也比不善于算计的人多了许多倍。换句话说，他们虽然会算计，但却没有好日子过。

威廉根据多年的实践，列出了500道测试题，测试一个人是否是"太能算计者"。这些题很有意思，比如，你是否同意把一分钱再分成几份花？你是否认为银行应当和你分利才算公平？你是否梦想别人的钱变成你的？你出门在外是否常想搭个不花钱的顺路车？你是否经常后悔你买来的东西根本不值？你是否常常觉得你在生活中总是处在上当受骗的位置？你是否因为给别人花了钱而变得闷闷不乐？你买东西的时候，是否为了节省一块钱而付出了极大的代价，甚至你自己都认为，你跑的冤枉路太多了……

只要你如实地回答这些问题，就能得出你是否是一个"太能算计者"的结论。

太能算计的人，首先失去了生活的乐趣，一个常处在焦虑状态中的人，不但谈不上快乐，甚至是痛苦的。

其实，人一生的理财组合由两部分组成：一是金融资产，二是人力资产。一位理财专家就说过这样一句话："利率越低的时候，人力的报酬率反而越高。"也就是说，在低利率时代里，人力资本将变得更加值钱。对于大多数女人来说，与其耗费较大的精力计较生活中的琐事，不如花点时间和精力提高自己的竞争力。多读点书，多向前辈学习，在业务上多钻研一些，这样获得的加薪、报酬，肯定胜过你在一些琐事上的得利。

另外，工作之余，多给自己一点时间投入在健身锻炼上，一来提高自己的身体素质，有更好的体魄去迎接工作中的挑战；二来还可以减少目前乃至将来在医疗和保健品上的支出，这笔花销可不是个小数目。从这个意义上看，投资健康、积极健身也可以视为理财的一个方面。

海伦是一位非常精明能干的女会计师，凡事都懂得精打细算。她开了一家会计师事务所，没有一分钱不在她的掌控之下，但是她每天辛苦工作挣钱，却掌控不了自己的命运。在她32岁的时候，就因为过度劳累而得了蜂窝性组织炎，自此之后，她便终日与各种中、西药品为伍。医生警告，如果她再如此操劳下去，生命就会快速老化终结。她原本计划45岁退休的时候要移民到法国南部的农庄，投资红酒生意，结果，计划赶不上变化，没有了健康，即使拥有了满满的金钱存折，健康存折却是亏损连连，惨不忍睹。

现代人为钱而去拼命工作，生命的发条一直绷得紧紧的。这不但不会使你致富，而且会使你失去你挣钱的最大资本——健康，你赚的钱再多，如果失去健康而换来这一切，是毫无意义的，因为那钱也不是你的了，你连口袋都没有了，钱怎么能流向你的口袋呢？现在许多白领宁愿放弃高薪的职位，来换取更多的休息时间，从而达到一种"可持续发展"，而不是像以往一样拼命工作，发疯赚钱。

对于如何做一个快乐的、富有的女人，中国人传统的中庸之道依然有用，首先在对金钱的态度上就不能走了极端。钱，就是因为要花它，利用它来改善生活品质，大家才会努力赚钱，以圆自己的梦想。

学会管理自己的财富，创造美好人生

一些女性以"没有数字观念"、"天生不善管钱"而逃避理财的问题，这都是对自己不负责任的态度。一旦被迫面对重大的财务问题时，她们只有任命运宰割的分儿。理财的最高成就是"财务自由"，为了将来源源不断的持续性收入，无论你现在投入多少时间和精力都是值得的。

如果说幸福和快乐是我们人生的重要目标之一，相信大家都不会反对。但是你追求的是一时的潇洒还是长久的保障，这其中就有很大的区别。有些女人喜欢超前享受明天，她们及时享乐，频频外出旅游，花多少钱眼睛都不会眨一下。在一般人看来，她们生活得很快乐。但事实上，她们的快乐往往不能维持多久，因为当她们感到精力疲惫、知识落伍、职业优势被更年轻的人替代的时候，她们才开始产生创业的理想，这时却发现自己其实一无所有。

真正成功的女人都喜欢慢慢品味生活的滋味，在自己还有能力、有冲劲的时候就未雨绸缪，为自己"坐在家里挣钱"的未来打基础。

过去，一个家庭的收入来源很单一。现在，很多家庭都有两个或两个以上收入来源，如固定工资加房屋出租的租金收入或其他兼职收入。如果没有两个以上的收入来源，很少有家庭能生活得非常安逸。而对于未来，即使有两个收入来源的家庭，很可能也不足以维持生活。所以，你应该想办法让自己拥有多种收入来源。如果其中一种出了问题，会有其他收入来源支撑着。

假如你想多拥有一种收入来源，你可能会找一份兼职工作。但这并不是真正意义上的多种收入来源，因为你这是在帮别人"卖命"。你应该有属于自己的收入来源。

这个收入来源就是"多次持续性收入"。这是一种循环性的收入,不管你在不在场,有没有进行工作,都会持续不断地为你带来收入。

"你每个小时的工作能得到几次金钱给付?"如果你的答案是"只有一次",那么你的收入来源就属于单次收入。

最典型的就是工薪族,工作一天就有一天的收入,不工作就没有。自由职业者也是一样,比如出租车司机,出车就有收入,不出车就没有;演员演出才有收入,不演出就没有;包括很多企业的老板,他们必须亲自工作,否则企业就会跑单,甚至会垮掉。这些都叫单次收入。

多次持续性收入则不然,它是在你经过努力创业,等到事业发展到一定阶段后,即使有一天你什么也不做,仍然可以凭借以前的付出继续获得稳定的经济回报。作家的版税、存款利息、投资收益、特许经营等都属于多次持续性收入。

李晓晓在一家挺清闲的事业单位工作,平时在单位不显山不露水,但你到她家去看看,会使你大吃一惊。在业余时间里,她经营着一个庞大的小人书流通网络,而且获利颇丰。在北京工作的温州女子江小芬,在工作之外,与朋友在北京、天津地区投资了三个加油站,每个加油站至少可以为她带来 10 万元人民币的年收入。她每年出外旅游一次,然后收获 30 万元人民币回家。

这些收入来源就是"多次持续性收入"。这是一种循环性的收入,不管你在不在场,有没有进行工作,都会持续不断地为你带来收入。

其实,有钱人真正的财富,不在于他拥有多少金钱,而是他拥有时间和自由。

因为他的收入来源都是属于持续性收入,所以他有时间潇洒地花钱。

因此,财务自由不是在于拥有多少钱,而是拥有花不完的钱,至少拥有比自己的生活所需要更多的钱。人类渴望拥有的是自由,"不自由,毋宁死"。但自由要有金钱作为保障,有钱就有更多的自由和保障。如果你有足够的钱,那么你不想去工作或者不能去工作时,你就可以不去工作;如果你没钱,不去工作的想法就显得太奢侈。所以你要追求财务自由而非职业保障。

怎样实现个人的财务自由呢？对于大多数在这条道路上刚刚起步的女性来说，从投资理财中寻找突破，是最普遍也最现实的门径。你要做的，就是找到一种适合自己的投资方式。

一些大企业家和富翁以男性居多，这可能跟男性比女性敢闯、敢冒险的特性有关。但是，从理财和用钱习惯来说女性要好于男性。专家们指出，善于理财的人一般具备以下特点：耐心、谨慎、谦虚、多识。以上前三个特点女性要优于男性，男性可能仅仅在知识方面占有优势，毫无疑问，在理财素质上，女性比男性更符合优秀投资者的条件。男性习惯于选择高风险的证券投资，投资心理强于女性，而女性偏向于稳定的投资项目，倾向于多元化分散投资，投资方式更谨慎，一般来说女性的投资成绩要好于男性。

有金钱作支撑，女人才会自主地选择生活

女人们在涉世不深的时候，青春浪漫，对钱的实质并无太多的感触。身边那些以金钱为重心、围绕着金钱筹划生活的人，还常常被她们讥笑为"钱奴"。她们以为，专心赚钱会损失生活的趣味，剥夺自己享受生活的权利。

其实，只要你认真观察一下周围的人和事物，静下心来思考一下，就会发现在现实中，金钱不只是流通的工具，同时它还代表着一个人的自由和保障。现代人常会说"压力大"，这种压力可能是紧张的生活节奏所致，深层的原因却来自我们对自己未来生活的不确定和不自信，也就是没有足够的经济作保障。你的命运必须由别的人、别的机构来决定，所谓压力就会一直考验着你的承受能力。

当然，在这个世界上，人人都无可避免地要受到压力的困扰，面对不同层次的竞争。但是我们应该看到，那些还没有建立起自己的金钱保障体系的人，每天除了要面对纷繁的人事纠葛外，同时还要承担衣食住行的考验，生活对于他们的压力将更漫长、更沉重。

随着经济的发展，金钱的声音越发响亮。

只有在拥有足够的金钱做后援的时候，女人的视野才会更开阔，对自己

的人生才会有更多的自主选择。

今典集团以房地产开发为主，自20世纪90年代以来，已经发展成为一个跨行业、跨地区、多元化、国际化的现代企业集团，并以其独特的人文关怀与文化底蕴，在房地产乃至整个商界享有盛誉。今典集团的执行总裁王秋扬，有一段近乎传奇的经历。

王秋扬刚从北京广播学院毕业时，有个不小的理想：拍一部自己的电影。预算做了50万元，四处奔波仍然是两手空空——谁肯给她这么大一笔钱拍电影玩。

她不甘心，一狠心辞了人人都羡慕的文工团的工作，下海挣钱。她从业务员开始做起，四处奔波，谈生意、见客户、写方案。她曾在半夜的寒风里错过最后一趟公交车，走了一个小时到家，磨得穿高跟鞋的脚打起了血泡；也曾三番五次地被客户拒绝，躲在家里哇哇大哭一场，然后抹了眼泪又雄赳赳、气昂昂地出门去。

"钱有什么了不起，我一定能挣得到。"从小对钱没什么概念的倔犟女孩心想。只要自己认定的项目，她总是竭尽全力去做，这样的人没有理由不成功的。经历了许多波折之后，王秋扬终于在房地产上找到了自己的立足点。当她在北京建的楼盘正式发售，从自己办公室里往下看的时候，王秋扬终于舒了一口长气，然后摇摇晃晃回家睡觉去了——为了这一天，她已经连续一个星期忙得没怎么睡觉了。临睡前她美美地想：终于有钱拍电影了。结果到项目完全结束时，她被吓了一大跳，竟然有这么多的钱，够拍100部电影了。

但这个时候的王秋扬，已远非当初那个文艺女青年，她已有更为丰富的人生梦想等待她一一体验。她的办公室是6米高、100多平方米的阳光房，偌大空间只摆放了自己的桌椅和一株热带植物，空旷又辽阔——这是属于王秋扬的一个金色的壳。一时间，她变成了讲究生活品位的时尚女强人，穿梭于北京、巴黎、纽约、东京；在下一刻，她又变身为西藏的"阿佳拉"（女人），徜徉于天地之间，彻底放松自己的身体和思想。

今天王秋扬完全可以按照自己的想法生活，不仅仅因为她有自由的思想，更主要的是因为她拥有了以金钱为基础的高度。我们可以想象，当一个女人为了孩子的奶粉钱疲于奔命的时候，她还有多大的心力来追逐自己的梦想？

恰恰是因为有金钱的支撑，女人们才有自主选择生活的资格。新女性从不因为物质的满足而放弃精神的追求，相反，是物质基础使她们更有实力构建自己的精神世界。

金钱不是女人的终极目标，因为世上没有那么笨的女人，只贪恋一大堆冰冷的数字。她们用金钱去培养美丽和风情；用钱去请最好的美容师，用最好的化妆品，收藏钟爱的艺术品以及支付芭蕾舞课和 MBA 的学费；用钱去提升见识和品位，赢来安全感；用钱滋养兴趣，丰盈内心；用钱节省时间和体力，获得更多方便；用钱随时为了失败付学费，得到更多的经验和阅历；用钱去发掘自己的爱心，因为她们真正拥有帮助别人的经济能力。

即便只是为了让自己生命里的内容更丰富，让自己活得更精彩，女人也很有从今天开始就积极亲近金钱的必要。只为维持生存而奔波劳碌是一生，创造自己的生活资本、尽情享受金钱全方位的回馈也是一生。只要调整好自己的观念和行动，每个女人都有资格、有条件享受美好的生活。

做适合自己的事才能取得成功

我们强调女人要赚钱，但是问题的核心并不在钱的多少上。我们只是要发掘自己的潜力，把金钱当成一种美好的事物来追求，从而获得生命的尊严，提高生存的质量。以这种原则为出发点，你完全可以抛弃一些好高骛远的追求和虚荣、浪漫的想法，在现实生活中，以自己的双手一砖一瓦地创造你的幸福生活。

女人们在青春烂漫的时候，在刚刚尝试着创业的时候，在还没有经受过更多挫折考验的时候，赚钱之前她们往往先考虑这个行业够不够荣耀；这个工作是不是轻松；自己的付出能不能马上得到回报。其实这都是女人在赚钱道路上自设的障碍。如果你能早一些认清现实，以自己脚踏实地的努力来换回想要的东西，那么任何来自外部的影响，也不会使你偏离自己的目标。

也许你也听说过"蒙妮坦"的大名，但不知你是否知道它的创始人郑明明的创业经历。郑明明具有成功商人的卓越眼光，她能从别人所不屑的行业中看到商机，也能在创业中埋头苦干，直到取得今天的成就。

郑明明出生于印度尼西亚一位外交官之家，接触的大多是东西方的社会名流。长大后，父亲送郑明明到日本留学，这对她来说是一个学习知识、开阔眼界的大好机会。但她没有学习政治、法律一类的课程，而是选择了自己喜爱的美容美发专业，这在当时的华人眼里，是一项不入流的行当。

1964年，她在日本的学业期满。为了能够继续深造并能自力更生，她独自一人跑到香港，在一家美容院找了一份工作，从一个富家小姐变成了一个普通的打工妹。她到美容院工作的目的是要练习技艺，然而，师傅除了每天让她做些洗衣做饭的杂工之外，根本不传授她想学的知识。

经过苦苦思索，她想到自己其实已经掌握了一定的美容美发手艺，只不过一直没有机会亲自去实践。现在，她决定自己开一间发廊，自己当师傅。她与一个印度尼西亚的华侨合伙，在九龙区租了一个小门脸，聘用了几个小工，开了一间叫做"蒙妮坦"的发廊。

白天，郑明明在店铺的前面做美容，晚上就到后面休息，只要能够节省时间，掌握更多的技艺，再苦的条件她也不怕。渐渐地，发廊有了固定的客户，郑明明站稳了脚跟。

1967年，郑明明的合伙人将自己的70％股份让给了她，从此，郑明明成了"蒙妮坦"的唯一管理者，并将收徒弟的小项目变成大规模的招生。

8年时间过去了，郑明明终于研制出一系列的化妆品，销售市场遍及东南亚、欧洲以及世界其他各国。1994年，郑明明被世界权威美容组织IPCA授予"国际美容教母"称号，她还被推选为世界最具权威性的美容机构斯佳美容协会东南亚区主席。

在一般人看起来，郑明明应该去学习政治、法律课程，以后做一名政府官员或律师，也是顺理成章的事儿。如果这是真的，世界上就会多了一个普通的公务人员，而没有了她后来风生水起的美容事业。是的，我们普遍都认

会赚钱的女人最有魅力

为女人做公务员或者搞学术、搞艺术，都是比较平稳和高贵的事情，从目前的社会状况来看，这也是实际的实况。但是这其中的关键问题是：这一行能不能顺利地接纳你？你适不适合干这一行？在我们身边，就有不少的女人被那些表面的风光蒙住了眼睛，她们宁可在某个国家机构做勤杂，或在某家大公司挨白眼，也不愿像路边卖水果的女子一样，走自己的路，赚自己的钱。我们应该明白，任何一个行业的高低贵贱都是虚的，如果某一种工作可以使你活得很从容，那么不要犹豫了，适合的就是最好的。

能准确地找到自己的位置，并不是一件容易的事。凡是女人，总是有很多梦想的，即便是坐在灶台前的姑娘，也会想象自己是穿着金色礼服和水晶鞋子站在聚光灯下。事实上，除非你是公主，否则从起步到成功中间一定会有一道长长的台阶。女人要赚钱，不要怕起点太低，眼界太窄，事实上，有很多成就非凡的企业家，都是先行动起来，再一点点垫高自己的理想的。

许多成功学著作都告诉我们，那些大人物一开始就志存高远，大成功者是大梦想者，大梦想者一定是大磨难者。但是，在现实生活中，许多只有赚钱养家的小心思的人，在一步步朝自己的目标迈进的过程中，风云际会，最终也成就了一番事业。女人要赚钱，一开始无须去憧憬自己要达到什么样的高度，得到多少人的追捧，你只管保持现实的心态，脚踏实地去做好了。小小的理想有时候就是一棵柔弱的小树苗，你可以嘲笑现在，却不能嘲笑它的未来，因为它还有足够多的时间可以成长。

只要它生长的方向是对的，那么它未来的世界就是对的。

我们的理想只是赚更多的钱，生活得更好，并不一定是要成为什么样的人物。把你的短期目标定得低一些，职业观念开阔一些，那么我们所能选择的空间就会大得多。

女人的尊严是以一定的经济基础来作保障的

在今天，"有钱"已经成了一个极难界定的概念，如果工薪阶层向百万富翁看齐，身家百万的人又盯着财富排行榜前几名的人物的话，那么谁也不能自称"有钱人"了。关于"女人要有钱"的话题，我们可以换一种表达方式，你有多少真金白银的资产并不重要，但这个"有钱"必须是在经济上不依赖任何人，完全可以主宰自己未来的生活。只要你能做到这一点，那么就没有人能对你的行为指手画脚。

人处于社会中，首先需要来自社会群体的认可，否则尊严与自信都将是一纸空谈。

当然，我们不是说女人有钱才能赢得世人的尊重，可无论如何，命运自主总比靠别人的恻隐之心过日子强。拥有足够的金钱，代表你拥有了选择权与支配权，你的社会地位是自己创造的，比口头上的尊严更为扎实。

除了在社会上身份地位的确定，女人另一个重要的角色是在两性关系之中。这个角色扮演得如何，同样代表她们生活质量的高低。

我们在小说或电影里常常会看到这样的故事，当太太掌握了公司的股份或参与了公司的管理时，她与先生除了夫妻关系之外，还有一种事业伙伴的关系。这种关系迫使男人在任何时候，都不会轻易拿自己的婚姻作为赌注。更重要的是，真正有钱的女人不存在被"抛弃"的问题，情况再严重时，也不过是一对拍档的拆伙，女人不会因为婚姻关系消失而损失了一切社会价值。也就是说，她们感情的危机还不是人生的危机，只要能看得开，未来还在自己手里。

当然，不是任何女人都可以如此成功和富有，那么也没关系，你的钱只要能照料自己就可以了。

在现实的社会潮流中，青春美丽的女人与功成名就的男人的结合，被当成资源互补，已得到人们的默认或赞同。这里面的是是非非暂且不说，这里我们只想给女人们提个醒：即使你对你们感情的真实性毫无疑问，依然要学会保持自己的个性，保持你的独立和尊严。

某些成功男士会以为，女人感兴趣的是他们的钱，跟在有钱男人身后的女人可以排成队。他只要向她们表明他很富有，开的是名车，住的是豪宅，她们就会像鸭子一样排成一队，趋之若鹜。

也许有许多腰缠万贯的男人喜欢自己的臂弯里有一件摆设或一个"芭比娃娃"，并希望她们逐渐变得如同奴隶一样百依百顺。但是，这个男人并非上等猎物，而这个女人也不会有持久力。他很可能把一个孤立无助、"破旧无光"的女人甩掉，再换一个靓丽的模特，因为在这场游戏开始的时候，他就只把她看做玩具而已。优秀男人希望保留的是坚强的女人，他需要一个他尊重的伴侣，一个值得追求的女人。

尊严和骄傲，绝不能依靠别人来传递到你的手里。无论一个女人多么美丽，单是外表也无法留住他的尊重。外表可以吸引他靠近，但能够使他保持持久兴趣的，只有你的独立。

如果你希望在两人关系中保全自己的权益，有一个方面不容忽视：经济独立。一个女人放弃独立，在经济上依靠男人，她在生活中的选择机会就会减少。最后，她将不得不听命于他人，受别人的摆布。

当男人不得不在经济上支撑一个女人时，会对这个女人产生怎样的感觉？用不了多久，他就会感觉她是一项额外的负担，而不是附加的资产。你可以花男人的钱，但必须要让他知道：即使离开他，你一样可以生活得很好。因为你有随时可以转身去走自己的路的潇洒，他应该尊重你所有的权利。

一个女人不管处于社会的哪个阶层，能支撑自己生活的金钱都会成为她的"身份证书"。你身边的人会因此承认你的个性和权利，承认你有骄傲的资格。尊严不是哪个人能给你的，你在什么时候都无须看别人的脸色行事，这就是尊严。

金钱关系着女人一生的安宁

很多女人大概都玩过一种用扑克算命的游戏：从一整副扑克中任意抽取10张牌，红心代表爱情；黑心代表事业；梅花代表幸运；方块代表财富。你所得的花色，就是这4种东西在你生命中所占的比重。年轻的女子，总是期望自己多抽出几张爱情牌，仿佛只要有护花的公子在，生命里就有了缤纷的颜色。等真正经历了生活的历练后她们才会明白：爱情不是不重要，但金钱同样也关系着自己一生的安宁，世上没有永远不变的爱，这时候金钱就是爱情的退路。

有些女人以为钱是钱，爱情是爱情，只能选择一个。不仅是在这个问题上，在所有问题上，这种二分法的思考方式都是很危险的。世界级的理财大师博德·雪佛说："钱当然不能代替爱情，但是，爱情也不能代替钱。"经济实力和爱情之中，不是有一样就可以。这两者应该置于天平的两端，小心地寻求平衡。

在"白头偕老"已经越来越难的现代社会，女人拥有一张长期饭票的概率越来越低。当婚姻破碎时，金钱的纠纷很容易导致男女双方恶语相向，受害的一方往往是女人。

即使婚姻幸福的女人，也有机会单独面对现实人生。因为妇女普遍比男性长寿8~10岁，你终有一天要独自面对一段人生路的概率极大。女性在职场，普遍比男性处于劣势。女性的收入普遍低于男性，即使同工也不同酬。女性换工作的频率也比男性高，公司裁员多半先裁掉女性。

年轻的时候，女人觉得这一天永远不会来临，总是很乐观地认为"船到桥头自然直"。女人总是逃避现实，缺乏居安思危的观念，不愿意去想倒霉的事，等到问题发生了才烧香拜佛，祈求上苍眷顾。其实，女人如果尽早地认识现实，为将来的日子做好准备，命运完全可以掌握在自己手中。

一个20岁左右的女孩每天来去匆匆，为衣食奔忙，还不会有太多额外的感触，但到四五十岁的时候，已经有了皱纹和白发，却依然无法过上安定的生活，就只能自己独自吞咽这个苦涩的果子了。这并不是说，只有变得世俗，才能过上优雅的生活，而是说，如果能抛弃对金钱和现实的"洁癖"，就不至于在年华老去后，还要为金钱而过着疲于奔命的生活。

阿兰和小米是大学的同班同学，而且是住上下铺的好姐妹。但是因为生活观念的不同，两个人的分歧越来越大。小米喜欢文学和美术，是一群男孩子众星捧月的焦点，课余时间她不是参加学校里文艺社团的活动，就是出去看画展或写生；阿兰却只读经济新闻和生活杂志，衣着打扮也规规矩矩，虽

会赚钱的女人最有魅力

然很讨师长们的欢心，在小米眼里却显得拘谨而保守。渐渐地，阿兰成了小米眼里的"俗人"，再也不屑于与之为伍。

毕业之后，两人各奔东西，很多年也没有再联系。

10年后，一个偶然的机会，小米遇到了阿兰。这时候小米已换了好几次工作，如今正为下一个工作奔波。因为性格不合，前几年她就与先生离了婚，暂时寄居在姐姐家里，由于压力太大，她的皮肤变得粗糙，身材也开始发福，显得十分落魄。阿兰看起来却和当年没什么两样，容光焕发的使她反而比学生时代更加美丽。原来，她以逐年积累起来的工作经验，赢得了一家外资企业的青睐，如今年薪不菲，嫁给了一个相当有能力的律师，日子过得十分安逸。

女人们应该明白，精神从来都是建立在物质生活的基础上的。上帝是公平的，他会给我们每个人一段充满激情和梦想的青春，却不会放纵任何人只凭自己的喜恶过一辈子。与其被现实牵着鼻子盲目地生活，转了一圈再回到原地，还不如早一天理解现实环境，让人生完全在自己的掌握之下。

对于年轻的女子来说，同龄人的相互喝彩声支撑不了你的一生，你最终要面对的，还是来自主流社会的选择。所以尽早地向成熟社会群体价值体系看齐，就可以在你逐步成长中避免走许多弯路，少受一些不必要的挫折。而对于已过了青春年华却还在摸索之中，到现在还找不到自己方向的女人，只要你能觉醒，那么从什么时候开始都不晚。

我们仍以上文中的小米为例，如果她能在与旧同学阿兰的对比中理顺自己的思路，明白了自己一向是把理想和兴趣当做生活，而把现实的生活抛到脑后。从现在开始丢掉那些不实际的想法，把精力用在金钱和社会资源的积累上，相信不久以后，她的生活就会出现许多改变。要知道，坚持自己梦想的女人都是一些聪慧的女人，只要她们愿意纠正自己观念上的偏差，就会有足够的行动能力。

当你在生活不开心、不得意，眼睁睁地看着现实背离自己而去的时候，要先想一下，在自己心中对金钱是否有一个客观的定位，对人生是否投入了脚踏实地的努力。

你的经济实力决定你的生命

除了极少数幸运者，大多数人的一生总会遇到一些波折，甚至在毫无准备的时候接受一场意外的考验。女人们最容易受到传统观念和文艺作品的影响，她们往往会以为在困境中与亲人彼此温暖、一起苦挨是令人感动的高尚，谁要是独自逃离，就是背叛了爱情与亲情。她们暗自感叹："看来真是人生难料啊！这一切都是命中注定！"

事实真的是这样吗？不，在能否过好日子这个问题上，比"有天赋"和"命好"更有影响力的就是"聪明"，它决定着你是否能够做出明智的抉择。一些同情心过于丰富、对自己的命运缺乏主观认识的女人要知道，只有自己先上了岸，才会有救助他人的可能，否则大家一起波涛里沉浮，终归也于事无补。在两难的困境之中，女人最明智的选择应该是努力提高自己、充实自己，然后以你的经济能力，激活命运的残局。

梅加瓦蒂曾是"千岛之国"印度尼西亚开国总统苏加诺的女儿，她命运多舛，早在童年时代，父母离异让她失去了母爱。17岁那年，苏加诺总统遭到软禁，她从高贵的公主成了社会上"不可接触的贱民"。这时的她，不得不终止学业。后来，她遇到第一任丈夫，两人恩恩爱爱，有了一个可爱的孩子。在她怀第二个孩子期间，丈夫在执行飞行任务时突然失踪，下落不明，这对从小缺乏爱的她来说，是个多么大的打击！几年后，她与一位外交官结婚，婚后才两个星期，这个不负责任、玩世不恭的花花公子又有了新欢，最后弃她而去。

如此残酷的命运没有让梅加瓦蒂沉溺于痛苦的往事中，她清楚地知道，作为女人，该如何走自己的路，而不是成为男人的附属品。她要用自己柔弱女人身上那些温情的力量，来扭转自己歪曲变形的命运。为了拯救自己和需要自己照顾的孩子，她必须不断地前进。

就这样，梅加瓦蒂在艰苦的生活中，一边肩负着家庭重担，一边利用业余时间不停地学习。学识和与众不同的经历，塑造了一个成功的女人。不久，梅加瓦蒂跻身政界，一步步坐上民主党雅加达中央区会主席的位子。

2001年7月，坚定有力、富有感召力、威望很高的梅加瓦蒂在举国上下的欢呼声中宣誓就职，成为印度尼西亚的总统。

梅加瓦蒂的经历告诉我们，助人者首先要自助。一个女人只有在本身的层次逐渐提高，在生活中找到自己的位置，才能真正改变自己的命运，并给身边的亲人带来光明和温暖。可惜生活中许多女人不明白这个道理，在苦难中过早地透支了自己的才华和能力。有很多环境不太理想的女子，当自身的能力还没有完善时，身边的人却已经在等待她们的帮助。于是她们只好拼命地工作，资助了亲人之后，薪水所剩无几，自己只好又投入下一轮毫无目标的忙碌中。

但是，将时间投资在自己身上就不一样了，这终将会给自己和周围的人带来加倍的回报，这对彼此都是一件好事。而你的生命究竟有多大的活力、多大的发挥空间，终将取决于你的实力。想想看，对于你的家人，是微薄的辛苦报酬、同情的眼泪还是切切实实的物质援助更有效果呢？所以你在投资赚钱的时候，不必有抱愧的心理，为了你们的长远利益，你这么做有充分的理由。

在你生命里的潜力还没有被充分挖掘出来之前，且不要为眼前的小问题分心。但是众所周知，爱情往往是考验女人的又一道关口。

李瑛念大学的时候，是学校里的风云人物，不仅学习能力强，而且多才多艺，不论唱歌、美术还是运动，她都有着超凡的实力。她的目标是，先拿到大学文凭，再到德国一家著名的研究所继续深造。她总是说，在未实现自己的梦想之前，她不想为任何事情分心。

可是这时候她爱上了同校的一位韩国留学生，两个人爱得如胶似漆，一时也不舍得分开。后来，她的男朋友期满要回国，为了两个人能继续在一起，李瑛毫不犹豫地申请休学。面对周围朋友的劝告，她说："没有牺牲的爱，能称为真正的爱吗？如果没有真正的爱情，人生还有什么价值？况且我已经计划好了未来，你们不用操心。"

虽然身边的亲朋好友都替她担心，但也觉得凭她的聪明才智，应该可以处理好这个问题。

可是，到了韩国后，由于环境的压力和生活的矛盾，两个人很快就分手了。李瑛在彷徨之余，连计划已久的留学也放弃了。她又转换了目标，开始准备公务员考试，但成绩不尽如人意。她现在只是一个公司的小职员，离自己当初的理想已越来越远。

李瑛的人生为何如此不如意呢？难道是因为那个让她痴心相爱，却最终分道扬镳的男友吗？或者，只要她能顺利通过公务员考试，人生就会走上平坦大道吗？这些都不是问题的关键，李瑛尽管很有天赋，却缺乏创造幸福生活的资质。她为了一个没有约定好将来的男朋友，就轻易地放弃了自己的梦想，这是一个天大的错误。倘若以后她能认识到这个错误，那还算幸运，只怕她没有反省的意识，反而找借口掩饰自己错误的选择，那么，难保她不会再犯类似的错误。

人生是选择的延续。众多的选择组合在一起，构成了人生的框架，而这些选择决定于你的心理倾向和性格。

就算现在别人会说你是一个"自私鬼"，你也要先为自己的成长投资。例如，选择不拿第一个月的薪资给父母添购新衣，却下定决心报名参加计划已久的英文课程；不帮男朋友赶一篇重要的报告，也一定要参加公司的学习研讨会。能够做出这种利己选择的女人，最终都能够带给身边的人更大的帮助。

我们不是要劝诫女人，为了自己将来发展，就可以漠视亲情与爱情，而是想说明一个现实的道理，已经登上了一个新的台阶、具备了一定经济实力的女人，才会走出既定的小格局，举重若轻地承担起人生的责任。这无论是对自己还是对身边的人，都是一种福气。

更新观念莫误理财"钱途"

上班族，工薪阶层，每月领着固定的薪水，要买房，成家，育儿，养老，怎么办，应该如何投资理财？投资理财专家张雪奎认为，事实上不论是上班族，工薪阶层，还是自由职业者，大小老板，都应当学会理财！理财的核心是合理计划分配、使用资金，使有限的资金发挥最大的效用。

其实，在我们身边，大部分人是光叫穷，时而抱怨物价太高，工资收入赶不上物价的涨幅，时而又自怨自艾，恨不能生为富贵之家，或有些愤世嫉俗者更轻蔑投资理财的行为，认为是追逐铜臭的"俗事"，或把投资理财与那些所谓的"有钱人"画上等号，再以价值观贬抑之……殊不知，这些人都陷入了矛盾的逻辑思维——一方面深切体会金钱对生活影响之巨大，另一方面却又不屑于追求财富的聚集。

因此说，我们必须要改变的观念是，既知每日生活与金钱脱不了关系，就应正视其实际的价值，当然，过分看重金钱亦会扭曲个人的价值观，成为金钱奴隶，所以才要诚实面对自己，究竟自己对金钱持何种看法？是否所得与生活不成比例？金钱问题是否已成为自己"生活中不可避免之痛"了？

财富能带来生活安定、快乐与满足，也是许多人追求成就感的途径之一，更有许多人认为那是身份的象征。不过，适度地创造财富，不要被金钱所役、所累是每个人都应有的中庸之道。人们要认识到，"贫穷并不可耻，有钱亦非罪恶"，不要忽视理财对改善生活、管理生活的功能。谁也说不清，究竟要多少资金才符合投资条件、才需要理财。要想改变自己和家人的生活，那么理财就应该是你生活中必不可少的重要事情。

很多人都说理财、也不过说说而已，究竟如何理财，何时理财？据我一个从事金融工作经验的朋友和市场调查的情况综合来看，理财应"从第一笔收入、第一份薪金"开始，即使第一笔的收入或薪水中扣除个人固定开支及家庭开支外所剩无几，也不要低估微薄小钱的聚敛能力，1000万元有1000万元的投资方法，1000元也有1000元的理财方式。绝大多数的工薪阶层都从储蓄开始累积资金。一般薪水仅够糊口的"新贫族"，不论收入多少，都应先将每月薪水拨出10%存入银行，而且保持"不动用"、"只进不出"的情况，如此才能为聚敛财富打下一个初级的基础。假如你每月薪水中有500元的资金，在银行开立一个零存整取的账户，避开利息不说或不管利息多少，20 年后仅本金一项就达到 12 万了，如果再加上利息，数目更不小了，所以"滴水成河，聚沙成塔"的力量不容忽视。

当然，如果嫌银行定存利息过低，而节衣缩食之后的"成果"又稍稍可观，也可以开辟其他不错的投资途径，或入户国债、基金，或涉足股市，或与他人合伙入股等，这些都是小额投资的方式之一。但须注意参与者的信用问题，刚开始不要被高利所惑，风险性要妥为评估。绝不要有"一夜暴富"的念头，理财投资务求扎实渐进。

总之，不要忽视小钱的力量，就像零碎的时间一样，懂得充分运用，时间一长，其效果就自然惊人。最关键的起点问题是要有一个清醒而又正确的认识，树立一个坚强的信念和必胜的信心。我们再次忠告：理财先立志——不要认为投资理财是有钱人的专利——理财从树立自信心和坚强的信念开始。

在我们身边，有许多人一辈子工作勤奋努力，辛辛苦苦地存钱，却又不知所为何来，既不知有效运用资金，亦不敢过于消费享受，或有些人图"以小搏大"，不看自己能力，把理财目标定得很高，在金钱游戏中打滚，失利后不是颓然收手，放弃从头开始的信心，就是落得后半辈子悔恨抑郁再难振作。

要圆一个美满的人生梦，除了要有一个好的人生目标规划外，也要懂得如何应对各个人生不同阶段的生活所需，而将财务做适当计划及管理就更显其必要。因此，既然理财是一辈子的事，何不及早认清人生各阶段的责任及需求，找一个符合自己生活的理财规划呢？

许多理财专家都认为，一生理财规划应趁早进行，以免年轻时任由"钱财放水流"，蹉跎岁月之后老来嗟叹空悲切。

1. 求学成长期：这一时期以求学、完成学业为阶段目标，此时即应多充实有关投资理财方面的知识，若有零用钱的"收入"应妥为运用，此时也应逐渐建立正确的消费观念，切勿"追赶时尚"，为虚荣物质所役。

2. 初入社会青年期：初入社会的第一份薪水是追求经济独立的基础，可开始实务理财操作，因此时年轻，较有事业冲劲，是储备资金的好时机。从开源节流、资金有效运用上双管齐下，切勿冒进急躁。

3. 成家立业期：结婚十年当中是人生转型调适期，此时的理财目标因条件及需求不同而各异，若是双薪无小孩的"新婚族"，较有投资能力，可试着从事高获利性及低风险的组合投资，或购屋或买车，或自行创业争取贷款，而一般有小孩的家庭就得兼顾子女养育支出，理财也宜采取稳健及寻求高获利性的投资策略。

4. 子女成长中年期：此阶段的理财重点在于子女的教育储备金，因家庭成员增加，生活开销亦渐增，若有扶养父母的责任，则医疗费、保险费的负担亦须衡量，不过现阶段工作经验丰富，收入相对增加，理财投资宜采取组合方式。

5. 空巢中老年期：这个阶段因子女多半已各自离巢成家，教育费、生活费已然减少，此时的理财目标是包括医疗、保险项目的退休基金。因面临退休阶段，资金亦已累积一定数目，投资可朝安全性高的保守路线逐渐靠拢，有固定收益的投资尚可考虑为退休后的第二事业做准备。

6. 退休老年期：此时应是财务最为宽裕的时期，但休闲、保健费的负担仍大，享受退休生活的同时，若有"收入第二春"，则理财更应采取"守势"，以"保本"为目的，不从事高风险的投资，以免影响健康及生活。退休期有不可规避的"善后"特性，因此财产转移的计划应及早拟定，评估究竟采取赠与还是遗产继承方式符合需要。

上述 6 个人生阶段的理财目标并非人人可实践，但人生理财计划也绝不能流于"纸上作业"，毕竟有目标才有动力。若是毫无计划，只是凭一时之间的决定主宰理财生涯，则可能有"大起大落"的极端结果。财富是靠"积少成多"、"钱滚钱"地逐渐累积，平稳妥当的理财生涯规划应及早拟定，才有助于逐步实现"聚财"的目标，为人生奠下安定、有保障、高品质的基础。

无论有钱没钱，理财都是必需的

在生活中，很多人都会有这样的想法，我现在毕业刚参加工作不久，还没什么钱，等将来有钱了再理财也不晚；而另外一种有钱人的想法就是反正有钱，理不理财都不重要。事实上，这两种人的想法都是错误的，不管你有钱没钱，理财都是必需的。尤其作为一个女性来说，学会理财反而会让你的生活更加丰富多彩。

我们中的大部分人都出生在普通家庭，但是，随着年龄的增长却会出现两种完全不同的情况：一部分人通过投资、理财，经济状况日渐好转，过上了比较富裕的日子；而另一部分人却生活依旧，终日为一日三餐而发愁，更谈不上个人发展了。是否善于投资、理财，对缺钱人来说，结果也往往截然不同。

生活中缺钱的人大致可分为两类：一类是安于现状、坐等机会、不思进取者，其结果自然是永远不会有钱；另一类是设法去理财、投资的人，其结果有两种：失败或成功。如果投资失败，就会雪上加霜，不过这也没有什么大不了的，反正都是没钱，只不过比以前更穷些罢了；如果投资成功，就可以告别过去的生活。按概率来讲，在投资结果中成功的机会至少有一半，而不投资，其成功机会就为零。可见，投资理财总比不投资理财要好。

你也许觉得自己目前收入相对不稳定，不能理财投资。其实不然，这样的人也能投资。收入不稳定，生活就有风险，一旦某一段时间收入中断，生活就会陷入困境，生活质量时高时低，没有保障。这种不稳定的状况本身就是一种风险。你想使自己能保持稳定的生活，就必须要居安思危，及早作出投资、理财的安排。趁现在还有收入时，或加大储蓄，或购买债券，或投资于兑现性较强的项目，扩大进财渠道，这样才能逐渐稳固经济基础，增强抗风险的能力，让自己不至于真正沦为没钱的人。

人们都会碰到经济紧张的时候。影视剧中经常有这样的场面：一些富豪们或在赌桌上将家产一夜之间输得精光，或无所事事、好吃懒做、贪恋女色、挥金如土，最后沦为乞丐。当然，这些是有些夸张成分的，但也反映出不善理财的后果就是坐吃山空、先富后贫。

随着我们的生活水平不断提高，个人的物质生活和精神生活消费都在呈上升趋势。对有钱人来说，理财自然非常重要。因为有钱是相对的，也许十年前你是一个比较有钱的人，但若十年后你的金钱或财富仍保持在原有水平，甚至有所消耗，那么你也许已是相对的没钱了。对一般的职业女性来说，你也许算是个有钱人，因为你有不菲的收入，每月奖金也不少。但是，若你买了房、买了车，每月就必须要到银行交按揭款，此时你可能就不很宽裕了。所以，不要以为有钱就不需要理财、投资，就可以放心享受了。明白这一点，你对那些百万富翁、亿万富翁仍积极投资的现象就不难理解了。

理财对有钱人来说首要的是保本，即保持有钱的优势。除此之外，还可通过理财将自己的财富像滚雪球似的越滚越大，使事业不断发展。因为有资本，有钱人比没钱人更容易获取财富。有钱的时候去理财，远比出现经济危机时被迫去理财要好得多。

假如你的工作稳定，收入也比较丰厚，那么你更需要理财了。因为你的收入稳定，就意味着你发大财的可能性较小。而安逸的生活往往会慢慢磨掉你的斗志，让你逐渐安于现状，那么你必须通过合理理财来丰盈你的资产，使你的物质生活更加丰富。这样，你就可能实现自己买房、买车这些看似不可能的愿望。

俗话说："人无远虑，必有近忧。"虽然你现在工作很稳定，但是，你不能保证目前的这一切永远不会发生变动，现在已经没有铁饭碗可抱了！只有早一步投资、理财，你才能使自己的生活真正无忧。所以，即使你目前的工作看起来像金饭碗，也一样要为自己的未来打算，为自己未来的安定提早设计一套投资、理财方案。

总之，不论你是金领一族，还是蓝领一派，也不论是有钱还是没钱，都要先确定自己对待金钱的态度，都需要用心挖掘理财道路上的宝藏，做一个理财高手。

理财要坚持到底，不要轻言放弃

姐妹们如果已经将理财提上了自己的日程，而且抱着积累财富的巨大决心，那么就不要三心二意，也不要妄想自己能够一夜暴富而好高骛远，这只会让你对当下的财富积累速度异常失望，进而打消你理财的积极性，毁了你的财富未来。

李嘉诚曾说，理财必须花费较长时间，短时间是看不出效果的。"股神"巴菲特也曾说："我不懂怎样才能尽快赚钱，我只知道随着时日增长赚到钱。"

任何一种理财方式，都不是立马就能见分晓的，它需要经过时间的考验。正因为如此，许多性子急躁的人往往会失去更多。就以基金为例，在众多的理财方法里，基金定投最能考核人的坚持劲儿。这种方式能自动做到涨时少买，跌时多买，不但可以分散投资风险，而且平均成本也低于平均市场价格，但其难度就在于是否能够长期坚持。

1998年3月，当我国发行第一只封闭式基金时，王女士参加了申购，从此开始了与基金长达十余年的不了情。最初，她用两万元申购到了一千份某基金，上市后价格持续上升，身边炒股的朋友劝她卖出，但她坚持没卖，直等涨到两倍时才卖，用一千元本金居然轻松挣到了一千元！这是王女士在基金上也是在中国证券市场上挖到的第一桶金，心里别提有多高兴了。之后，基金市场一直火了好几年。

但天有不测风云，股市火了几年后，熊市悄悄来临了。漫长的熊市让大家感到痛苦和无奈，经济学家的预测不灵了，基金的投资神话似乎也破灭了。终于，在2005年，黎明前的黑暗中，王女士将封闭式基金卖掉了，只留下一千份基金。

时间到了2006年9月，她不经意间听了一场基金讲座，让她忽然发现中国的证券市场已是冬去春来了！于是，在王女士40岁生日这天，她果断地将10万元投资到基金中，她说："周围的人都认为我疯了，但是我知道，坚持一定会有收益，等了这么多年，该是收益的时候了！"

果然，仅8个月的时间，王女士的收益已翻倍有余。她庆幸在最惨淡的时候，她没有半路放弃，而是咬牙坚持了下来，整整十年，最终得到的还是收获。

试问一下，像王女士这样能够坚持十年的，又有几个人能做到？尤其是对于那些患得患失的女性朋友来说，涨动的时候就会满怀兴奋、信心十足；一旦稍微下跌，就会动摇甚至放弃，如此反复，又怎能奢望有好的收益呢？

理财最重要的就是要坚持，尤其是在最糟糕的情况下坚持，坚信时间会改变局势。对于那些半途而废的理财人士，当她们看到本来可以到手的利益因为自己的提早放弃而流失时，相信她们一定会懊悔自己当初信念不够坚定。投资本身就带有风险性，相信很多理财人士在投资之前都有遭遇风险的心理准备，按理说，应该能经得起时间的考验。可事实并不是这样，当风险来临时，很多人都没有了当初的豪言壮语，反而都跟风放弃了。有坚持的想法，却没有坚持的决心；有坚持的理由，却没有坚持的行动，最终也就只能是小打小闹了。这种坚持之心，也不是通过训导能够说服的，只有我们亲身经历过，尝过一次甜头，才会真的相信坚持的魔力。

因此，我们不要羡慕那些拥有巨额财富的世界富豪。因为他们当中的大部分人其实和你一样，都是从一点一滴开始积累的。不同的是他们成功了，而他们成功的原因并不在于他们有多高的智商，而是因为他们更懂得坚持，并且将其发挥到极致。如果我们能够做到和他们一样的坚持，就算成不了"大富豪"，当一当"小财女"也还是绰绰有余的。

第二章　相信自己，女人可以成为理财能手

没有人会怀疑：女人可以成为理财能手。因为，女人是用来生活的，是用来宜室宜家的，因此把家庭打理好，过好不差钱的生活，是她们的使命，她们也因此成为理财方面的行家里手。实际上她们也有相当高的财商，相比男性，她们更具优势。

女人就是要有钱

美女们可能无一例外地想做个有钱人，然而对她们来说，"有钱"只是个模糊的概念，大部分女孩都不知道怎样才算"有钱"，以及如何才能达到这个目标。

很多女孩认为，只要有大笔的钱进账就能变得富有，其实未必尽然。生活中我们可以看到很多年薪 10 万左右的高级白领，日子过得跟薪资水平仅及其一半的人差不多。银行里没有多少存款，消费上常常出现赤字。

一些人之所以能够舒服地退休，在于他们事先计划和通过一些隐形的资产来累积财富。一份高的薪水提供了人们累积财富的机会，但不会自动让人富有。如果你一年赚 8 万花 10 万，反而会破产。但如果你赚 10 万，投资 1万元如银行存款、保险、证券上，持续几十年，则将会积累起巨额资产。这才是财富！才会给你一个稳定、积极的人生！

女人要想做有钱人，就必须有积极的投资态度，进行认真的规划。无论你有多忙，都不应成为你花时间去积极投资的借口，因为现代科技的发展已能做到让你随时随地投资，比如在线投资。

理财专家告诉我们：每个人都有潜在的理财能力，"不懂"理财的人只是没有把它开发出来。因此，作为一个聪明的女人，就是要有钱，就是要理财

会赚钱的女人最有魅力

赚钱。正确理财，你也可以积累起大笔财富，做个真正的有钱人。

1. 把梦想化为动力。你可以充分地设想你想要做的事，想自由自在地旅游，想以自己喜欢的方式生活，想自由支配自己的时间，想获得财务自由而不被金钱问题困扰……由此发掘出源自内心深处的精神动力。

2. 做出正确的选择。即选择如何利用自己的时间、自己的金钱以及头脑所学到的东西去实现我们的目标，这就是选择的力量。

3. 选择对的朋友。美国"财商"专家罗伯特·清崎坦言："我承认我确实会特别对待我那些有钱的朋友，我的目的不是他们拥有的钱财，而是他们致富的知识。"

4. 掌握快速学习模式。在今天这个快速发展的世界，并不要求你去学太多的东西，许多知识当你学到手往往已经过时了，问题在于你学得有多快。

5. 评估自己的能力。致富并不是以牺牲舒适生活为代价去支付账单，这就是"财商"。假如一个人因为贷款买下一部名车，而每月必须支付令自己喘不过气来的金钱，这在财务上显然不明智。

6. 给专业人员高酬劳。能够管理在某些技术领域比你更聪明的人并给他们以优厚的报酬，这就是高"财商"的表现。

7. 刺激赚取金钱的欲望。用希望消费的欲望来激发并利用自己的财务天赋进行投资。你需要比金钱更精明，金钱才能按你的要求办事，而不是被它奴役。

获取他人的帮助，这个世界上有许多力量比我们所谓的能力更强，如果你有这些力量的帮助，你将更容易成功。所以对自己拥有的东西大度一些，也一定能得到慷慨的回报。

培养理财能力对每个人来说都是非常重要的，对于年轻的女人们来说尤为重要。因为她们正是储备资金开始赚取大笔财富的年龄，这时如果能成功地理财，那么对你的一生都会产生非常有益的影响，至少是会给你足够自己开销的小财富。

金钱独立是女人的一种生活境界

很多收入不高的女性往往认为，理财是有钱人的专利，我不是有钱人，每月固定的工资收入只能应付日常的生活开销，根本没有余钱可理。

事实上，在芸芸众生之中，真正的有钱人毕竟是少数，而投资理财则是与生活休戚相关的事，即使不是有钱人，你也无法逃避，甚至越是没钱才越需要理财，因为捉襟见肘、微不足道也有可能集腋成裘，运用得好更可能是翻身契机，关键是你自己对待金钱的态度如何。

一个财务独立的女人，在丈夫、孩子、父母与亲朋面前都抬得起头来。因为有了足够的经济能力，生命才能够有活力，才能够实现自己的梦想。女性争取财务独立的目的，其实不是在争强好胜，而是让自己成为生活的主导者。

有这样一位母亲，从年轻的时候就为家庭辛苦操劳，忙到没时间培养自己的兴趣与专长，也很少出去旅游散心。她原本以为等到三个孩子长大成家后可以享享清福，但是，三个孩子的家也只是小康家庭，手边没有任何存款的她，只能依靠少许的养老金度日。虽然温饱不成问题，生活也很愉快，可就是手边不宽裕。有一天，她需要送2000元的红包给自己的朋友，她的儿媳妇随口问了她一句："干什么用？"虽然说者无心，但总是让没有存款的她，有种抬不起头来的感觉。

女人通常有很多手段让自己优雅：被誉为美丽女人必修课的插花；让生活变得云淡风轻的音乐；偷得浮生半日闲的茶道；比财富更重要的健康；腹有诗书气自华的阅读；轻松料理色味俱佳的美食；一秒钟都不能懈怠的装扮；只为好风景而停留的一个人的旅行；参加社交Party，做一晚的公主……这一切看起来多么美好，但试想一下，如果是个没有钱的女人呢？除了为生计奔波，上述这些内容很难出现在她的生活中。

或者，有些女性朋友要说，大部分人的钱也都是刚够维持生活而已，哪有钱去在意这些？再者，大不了找个好老公就是，男人就是用来挣钱养家的。但是，经济的不独立，也就没有生活的独立。而且家庭状况有随时发生改变的可能，老公变得无法依靠……当这一切发生时，平时从不关心家中经济状况的女人会怎样呢？答案可想而知——手足无措，望着一堆烂摊子和嗷嗷待哺的孩子发愁。这些，当然不是女人想要的。

所以说，吃不穷穿不穷，算计不到就会穷。如果我们在自己的精明打理之下，个人和家庭财产可以稳步增值，靠自己理财得到的财富，不就相当于自己挣的吗？在花钱的时候，可以理直气壮地说："我花的可是自己挣的钱。"这时，心里是不是会很爽？

女人们都应该记住，爱情和婚姻并不意味着可以放弃个人的财务自主，不要妄图通过婚姻来解决自己目前的经济窘况，也不要只会储蓄，单纯的储蓄只会让你一辈子省吃俭用，却无法解决置业、创业、结婚、儿女学费、养老等一系列难题。而且，现在物价上涨的压力较大，存在银行里的钱弄不好就会有贬值的可能。

掌握金钱游戏基本规则，学会以钱生钱，积极追求财富的增长，才能真正达到经济独立的境界，将命运和未来紧紧掌握在自己手中！

女性个人理财很重要

理财就是让你手中的钱由小变大，它是财富增值的艺术。只要你学习，掌握了"个人理财"的技巧，你便可以通过对个人钱财的合理使用，使自己手中的钱越来越多。

金钱是个时尚话题，从雅普人的石头钱，到现代社会的信用卡，金钱在人们生活的各个角落眨着狡黠的眼睛。虽说"钱不是万能的"，可是"没有钱却是万万不能的"。作为一个经济社会中人，一个有理性的人，谁都渴望腰缠万贯，然而天上不会掉馅饼。那么请你马上行动，兢兢业业地开始理财。

人生拥有不同的阶段，在人生不同的阶段中，理财也拥有不同的方式和目标，那么女人人生不同阶段的理财目标有哪些呢？

女人要面临的第一个人生阶段就是成人后的单身时期。这个时期的女人基本上没有理智可言，或者说是根本没有理财观念。因为年轻人刚开始工作，经济也刚开始独立，所以消费上就往往没有什么节制。这一时期的女人大多是"月光美少女"，所以，还在单身期间的女人应该注意的是，你们现在的理财目标是有计划地储蓄，然后有计划地积累资产，这样才可以在今后的日子里拥有储备金。

当女人们的单身期结束后，随之而来的就是蜜月时期，因为刚刚成家，还没有孩子，虽说小两口很美满，但是不少家庭都会有购房购车还贷款的压力。而这个时期的女人要懂得分散手里的资金，可以用一部分储蓄做多种投资，以达到理财投资的目的。

蜜月时期基本上是很短暂的，随之要面对的就是家庭成长期了。这个时期的女人通常已经从两口之家的妻子身份变成了三口之家的妻子与母亲的身份。那么这个时候，女人要思考的就是子女教育与防老问题了。这个时候就要多考虑一下保险投资。毕竟，当人的年龄越来越大后，面临的未知风险也就越来越多，所以，这时候的"管家婆"要做的就是逐步地减少负债。

而当成长期过后，就要面临家庭的成熟期了。这个时候基本上子女已经完成学业，而夫妻双方也已经退休，可以说当时的经济状况是属于高峰状态的，同时，经济债务也在减轻，这个时期要做的就是扩大投资，制订适合自己的养老计划。

当孩子们拥有了自己的家庭后，女人也迎来了人生的养老时期。这时候的女人对于理财已经是驾轻就熟了，而此刻女人要懂得的是健康第一、财富第二的观念。女人要学会对自己好一点，自己操劳一辈子为的就是安享晚年。此刻的女人不能在金钱上过于吝啬，应该懂得享受，同时也要懂得如何让资金积累得更多，使自己的生活得到保障。这个时期风险承受力已经脆弱下来，所以，储蓄和国债应该是最好的选择。这时期合理的理财可以让女人拥有一个很好的晚年。

理财，就是用有限的投资去获取更大的收益，去实现其经济价值的最大化。理财就是让你手中的钱由小变大，它是财富增值的艺术。只要你学习，掌握了"个人理财"的技巧，你便可以通过对个人钱财的有效支配，使自己

会赚钱的女人最有魅力

手中的钱越来越多！今天流行的"充满魄力的个人理财"是怎么样的呢？

1. 认识理财必要性

理财是我们生活的一部分。我们每一个人，尤其是每个家庭每天都要处理大量的收与支，如何安排家庭收支是个人理财的主要内容。善于理财会使你的生活更加和谐。

合理的理财能使我们手中有了一笔积蓄之后，若遇好的投资机遇，才不会因一贫如洗而与其失之交臂，从而达到增值致富的目的。

2. 理财的准则

• "个人理财"并不是有钱人的专利。当你尚不富有时，最好先储蓄积累。虽说"一本可万利"，但"本"这个砝码你必须拥有。

• 当你的吃、穿、住、行等基本生活有了保障，尚有一笔结余，可选择稳健型投资以扩大积累。

• 当你比较富有时，可在保险的前提下，选择一些高风险又高收益的投资项目。

3. 理财的手段

当今社会，理财手段可谓日新月异。你可以对自己进行全面评价，然后从令人眼花缭乱的理财手段中选择几种：

• 安全稳妥：储蓄存款。

• 一卡在手走天涯：信用卡消费。

• 稳扎稳打：债券投资。

• 浪里行舟：股票投资。

• 以小见大：期货投资。

• 安居乐业：房地产投资。

• 保险、基金、古董、邮票、外汇等理财手段。

女人可以成为理财能手

众所周知，理财并不只是有钱人的事情，手中只有几万元钱也并不是不值得理会。其实，理财并不仅仅是一个金钱上的概念——不是谁赚钱越多谁就越会理财。它是一个全面的概念，从家庭的柴米油盐酱醋茶，到婚丧嫁娶；从孩子的教育，到父母的养老费安排；从家庭的重大投资，到家庭的安全保障等。让有限的钱财发挥出最大的效用才是理财的真谛。男人也许会成为家庭经济的有力来源，但女人在理财上更具有优势。

常言道，女人能顶半边天。其实，在家庭理财实践活动中，无论从人数规模还是从影响力看，女性担当的角色都超过于"半边天"。在"男主外，女主内"的传统家庭模式下，女性因细心、耐心等先天优势，而扮演着家庭"首席财务官"的角色。

1. 女人天生的细腻心思更能兼顾理财的方方面面

俗话说："吃不穷，穿不穷，算计不到要受穷。"女人天生的细腻心思更能全面兼顾理财的方方面面。比如，在照顾家人的饮食上，女人比男人更加游刃有余；逢年过节，妻子会备下双方父母的礼物；在留出孩子的教育经费、家庭生活费、养老备用金、意外事件备用费后，在预算有剩余的情况下，细心的主妇们还会为家人安排文化活动，如旅游、听音乐会、看电影等。

2. 女人的多重角色使得她们在理财上更注重细水长流

在家里，女人往往担负着"采购员"、"出纳员"、"炊事员"等多重角色。出于对家庭的责任感和日常生活中扮演的操劳角色，她们深知日常花销如流水，平时不起眼的花销累计起来也是一个不小的数目。只有细水长流，才不至于到月底用钱的时候捉襟见肘。这种认识使得她们在理财的时候注重平常的储蓄积累，真正是 100 块钱不嫌少，1000 块钱不嫌多。

3. 女人细心，注重细节，擅长精打细算

生活处处有财富，女人的细心帮她们捡起了这些财富。女人比男人更会精打细算，喜欢货比三家，讨价还价，懂得"集腋成裘"的道理。无论是在家庭消费上（比如购物），还是投资理财上（比如存款、购买保险、国债、房屋等），处处都能体现女人细心、精明的风格。从信用卡的透支消费中可以明显地看出，女性出现透支的情况比男性小，而长期透支或超期未归还欠款的则更少。

4. 女人做事谨慎，投资稳健

女人比男人做事更谨慎、更稳健；女人比男人更善于倾听，更能虚心接受理财专家的意见，而不会一意孤行。女人大都有稳中求胜的心理，对于冒险的事情，持有比男性要保守得多的态度，尤其是不那么富裕的家庭主妇。在投资理财方面，女人懂得量入为出。对于高风险的投资，即便收益再高，如果没有把握，她们也不会轻易进入。

5. 女人韧劲十足，"金融风暴"压不垮

也许是多年逛街的修炼成果和十月怀胎意志的磨砺，女人比男人更有张力和韧劲，这也是理财必备的素质之一。在生活中，许多家庭大的经济项目的支出，比如买大型电器等，男人往往会非常自信地作出决定。但是，当一个家庭面临"金融风暴"的冲击时，男人未必就会果决、坚定，有时甚至会崩溃、放弃、逃避。这时，智慧勇敢的女人往往会义无反顾地支撑起这个家。

基于女人的上述特性，人们与其说女人是物质的，倒不如换个角度说女人更适合理财。

女人要主动去"理"财

"你不理财，财不理你！"——这是一条家喻户晓的宣传语，也是一个浅显易懂的道理，经过众多媒体的传播和专业人员的普及教育，大家都意识到了理财的重要性——要想让财来"理"你，你必须主动去"理财"。仔细想想确实是这样，天上不会有掉馅饼的好事，你不去想办法赚钱，钱自然不会主动送上门来。

究竟什么是理财，《现代汉语词典》给出的解释相当简约：管理财物或财务。在现实生活中，理财不仅仅是对财务的管理，它是对个人、家庭财富进行科学、有计划和系统地管理、安排。简单地说，就是关于赚钱、花钱和省钱的学问。直接来讲，"理财"就是为达成经济目标而实施规划或方案的过程。通过这种过程的具体操作，人们会对自己的财务状况和财富积累方向有一个清醒的认识，从而最终达成自己的理财目标，完成理财计划。

所以，"理财"并不是人们单纯认为的赚钱、投资或储蓄，它包括管理财产的各个方面。而个人理财的品种不仅包括股票、基金、债券、存款和保险等个人资产品种，也包括个人住房抵押贷款、个人消费信贷等个人负债品种。也就是说，理财不仅要理你的资产，同时还要理你的负债，它是对围绕你一生的所有资产的一种管理。

正因如此，女人若想成为真正的理财高手，就不能把目光只盯着能生钱赚钱的地方，对于个人财产状况的全面掌控才是理财的根本所在。理财一定是先从理自己手头的财物开始的，只有将自己的收支状况、消费结构、债务情形理清楚了，才能开始进一步的投资，才能让财富来主动找你。

随着物质生活水平的提高，人们的追求也在逐步提高，对于生活在都市的年轻女子来说，理财已经变得越来越重要。尽管钱不是万能的，但它却是我们生活的最基本保障，想要吃得饱、穿得暖、住得好，必须要有金钱做保障。当然，对于大部分有工作能力的女孩来说，靠工作来养活自己并不是一件困难的事情，可是我们的追求难道只限于吃饱穿暖吗？我们也想开豪车，也想住别墅，也想进出高级饭店，我们需要高品质的生活，而且我们也要为以后的生活做准备，为父母、为家庭、为孩子承担自己的一份责任。如果我们依然做个"月光公主"，即使你自己再有赚钱的能力，恐怕你也负担不起生活中的全部开销。

我们之所以有时候会出现"捉襟见肘"的尴尬局面，原因并不在于我们缺乏赚钱的能力，而是因为我们不具备理财的意识，没有对自己的财富做一个统一的规划。最容易出现的状况是，平时看起来过得还不错，但是到了关键时刻却缺乏应急的能力，更别说积累财富、让钱生钱了。

所以，为了我们更加幸福安稳地生活，女人们是时候将理财大计提上自己的日程了。若要真正掌握理财这个工具，就要先对理财有一个正确的认识。除了上面对于"理财"定义及内容的解释之外，我们还要掌握理财的内涵，它包括以下 3 个方面：

理财不是理"一时"之财，而是理"一世"之财。理财是一辈子的事情，

会赚钱的女人最有魅力

而不是你一时兴起的三分钟热度。我们要把财富的视野放得长远一些，只有有计划地进行理财，你才能让你的财富不断增长。

第二，理财是每一个人都必须做的事。每个人从出生到现在，几乎每天都在花钱。为了不致入不敷出，为了保证收支平衡，我们必须做好理财规划。

第三，任何理财方式都要承担风险。世界上没有什么事情是绝对安全的，尤其是在理财方面，风险与收益永远都是并存的。当然，风险并不只是投资时才会出现问题，它还包括人身的、财产的等。例如，你可能失业减薪，可能生病受伤，也可能遭遇重大的变故……这些都是风险所在，是想避也避不开的。因此，理财不仅是对财富的管理，从另一方面说也是对风险的管理。

从今天开始，女人们就应该意识到理财的重要性。每天都与钱打交道的你，没有理由不管好自己的钱。通过理财，你积累的不仅是财富，还有阅历、智慧和勇气的提升。相信每一个女人都不会拒绝财富来"敲门"吧？

理财能手是这样炼成的

做一个善于理家的女人，理财是必不可少的要求，如果一个女人不能对家庭的收入进行很好的调配，是不能将一个家打理得很完美的。总是入不敷出，总是让家庭在发薪水的最后几天内都异常钱紧的女人，只能让自己的家庭负担增加，使家庭生活的财政拘谨。只有会理财的女人才能让家总是处在一种和谐之中，因为对钱财支出运用的到位，生活也就会随着一张一弛的跟着跳动，显得活力非常。

有时候，说哪个女人不会理财，她会毫不犹豫地反驳道：因为挣得少。言外之意就是如果能给她足够的钱，她就会成为理财行家。这是一个很普遍的错误观点。据专家调查，事实并不是这样的，专家的研究结果显示，增加收入只会造成花费的增加。也就是说，即使有足够的收入可供支配，不善理财的妻子仍然不能将这些钱运用得恰到好处。

女性之所以不能妥善地处理财务事宜，是因为大多数女性在理财方面存在着很大误区：首先，她们缺乏理财观念，觉得我的目标就是养活家里人，其他问题留给我的另一半去做；其次，女性大都不相信自己的能力，态度保守；再次，就是大多数女性容易陷入盲从，不了解自己的财务需求，常常随着亲朋好友进行"跟风"似的投资或理财活动，不能理性地分析采取适合自己家庭的理财模式，造成财务危机。因此，女人是否会理财，基本上与收入的多少没关系，而是缺乏适当的方法使自己能在有限的收入里获得最多的消费享受。

也有不少女人认为，处理家庭收入是个简单问题，"钱多的时候就多花，钱少的时候就少花，没钱的时候就不花"。她们的思维太简单了，简直是一种不负责任的想法。只有有计划、有预算的花费，才可以保证自己和家人能够从所有的收入里得到公平的分享。

预算并不是常人认为的那种"抠门"，不是一个束缚在自己头上的"紧箍咒"，也不是毫无目的地把花掉的每一分钱都分毫不差地做个记录。预算是一张蓝图、一个经过计划的方法，能够帮助你从所获得的收入中得到更大的好处。预算开销将可以使你删减掉一些不重要的项目，去填补要做的大花费，从而使自己的家人获得最大的惠顾。

对于家庭收入与支出的预算，女人们不妨试一试这些方法，从中吸取些对自己的家庭理财有帮助的思路。

1. 精心记录好每一次消费

记录好每一项支出就可以让我们清楚地知道在各个方面的支出情况，如燃料费、电话费、娱乐费等，根据这些记录，就可以知道生活费增加的情况，从而决定删减。曾经有一个女人在做了一段时间的消费记录后，发现她每个月大约要消费掉两百元去购买饮料，但这些饮料并不是他们生活的必需品。她和丈夫都是热情好客的人，经常招呼朋友到家中做客，所以为了满足不同人的口味需要购买很多饮料。于是她作出了一个很明智的决定，就是减少招呼朋友来家的次数，结果几个月下来不仅节约了饮料的花费，还省下了一些零食、香烟的花费，总共的数目很可观。

2. 剔除最基本的花费后预算自己的消费

首先，详细地将这一年里的一些固定开支如，房租、水暖电费、饮食花费、子女教育费、保险费、医药费等列出来，并固定这一部分费用，在其余的部分里再预算自己的开销如衣服花费、交际花费、交通费等，定下一个精确的消费数目，严格控制自己的消费在这个数额范围内。

3. 养成储蓄的习惯

每个月薪水发下来都拿出固定的部分放到银行或去投资。财务专家说过：如果一个妻子能节省丈夫收入的 1/10，虽然物价高昂，但几年里，你就可以获得经济上的安全。

4. 存储一笔意外或紧急用途的资金

这是很多理财专家都提倡的方式，就是要有一笔数目可观的资金用于家庭生活当中可能发生的意外或紧急事件，如家人、亲人生病等。

5. 预算要在全家范围内展开

自己的丈夫有时对自己的预算方式会有不赞同的地方，会因此阻挠预算的实行进展。所以在进行预算前应与丈夫进行商谈，减除因此造成的他情绪上的不愉快，得到他的全力支持，要知道丈夫的收支对家庭预算的影响是最大的，在某种程度上你的预算其实就是对他收入的有效支配。所以，尽可能地在家庭内全面推广预算理财活动，培养家人的理财观念。

6. 专注工作，以此获得收入的增加

善于投资操盘理财不失为女性"致富"的途径，但终归让女人获得最多财富，并且获得成就感的还应该是工作。工作上得到的高报酬可以使你更得心应手地理财，获得最佳的预算结果。

培养自己用预算开销的方式理财，让这种习惯贯穿于自己生活的始终，你会发现花钱是一门很大的学问，蕴藏着许多技巧，花最少的钱办最大的事绝对不是空谈。持家的女人能在理财上有所建树也是对丈夫的极大帮助，每个男人都希望有人能将自己的收入发挥出最大的效用。

不差钱是安定生活的保障

月有阴晴圆缺，人有旦夕祸福。要想让自己的生活更加的安定，就要有足够的金钱和财富做保障，如果少了这些，生活的安定只会停留在自己的理想之中。

在现实生活中，有许多白领由于工作压力比较大，很少顾及自己的理财。常常是把自己的钱往银行一存，就以为是最安全的了。而实际上，正如前面所提到的那样，这种把钱放在银行里任其生灭的方式，在理财产品和理财渠道如此丰富的今天，其实是一种十分错误和愚蠢的做法。

在一些比较年轻的人当中，经常可以看到这样一群人：他们学历高，自己所学的又是比较热门的专业，所以工作好，工资待遇高，有的人甚至每个月的薪水达到几万，所以这其中就有一部分人觉得没有必要去理财，认为"节流不如开源"。当然他们自己也会在生活上注意到节约，不会每月把自己的钱花得精光，一样能让自己过得很好，到每年年底的时候还能剩一点钱够零花。有这种想法的也是大有人在，其实这样真的就代表自己的生活已经安定了吗？

简单地一听，好像这样的生活方式也挺自在，首先自己不用费心去理财，同时，自己也不会缺钱花。但这种很随性地对待自己钱财的态度看似悠闲自在，实际上还是因为没有遇到不可预期的风险。一旦自己遇到了，很快就会发现，目前的这种"自在"的生活方式是有代价的，它会让你在缺乏有效防御的前提下，将自己完全地暴露在风险之中，遭受很大的挫折或损失。而这些挫折与损失，只要自己能够认真地学习一些理财知识，或许就能避免或者很大程度上减少损失。

今年25岁的李梅，在一家广告公司担任部门经理，年薪加分红在15万以上。这在同龄人中是相当不错的收入了，看着自己银行里的存款一个月比一个月高，李梅感到得意，觉得周围的同事今天聊保险、明天又选基金，真是有点瞎折腾。自己的收入那么高，存在银行里，既安全又省心，又有什么不好呢？所以李梅从来不会听公司组织的理财咨询课，同事们纷纷购买一些商业保险，她也从来不参与。

然而，天有不测风云，一次外出游玩之时，李梅不小心伤了腿，需要进行手术治疗，并卧床几个月，这下子，自己光是手术费、住院费、生活费就

会赚钱的女人最有魅力

要十几万。而李梅的所有存款也不过只有七八万而已，好歹公司还有医保，但是也才一万多。没有办法，李梅只好去借，东拼西凑总算把自己的救命钱给拿出来了，算是救了自己的急。

此时的李梅是追悔莫及，她恨自己没有做到未雨绸缪，本来只花几千块钱办个保险就可以解决的问题，结果现在倒好，不但自己从前的积蓄被一笔勾销，还成了"负婆"。她从这件事上长了记性，开始学习保险及各种理财手段，为自己规划一个稳定的未来。

现实中的很多人都会有与李梅相类似的境遇，相信很多人也经常可以在报纸上见到。比如，年收入几十万的某公司"白领"因为一场重病而倾家荡产，被打入社会底层的故事屡见不鲜。也许，这样的事情不降临到自己的头上，谁也不会意识到它的存在。但是从生活的安定性来考虑，你就不得不为这些偶然的因素考虑了。

也许上面的事情听起来和自己很遥远，所以很多人都认为工资已经远远高出同龄人，暂时不必担心生计的问题，但是你要知道，随着时间的推移，你可能会面临买房、结婚的事情，甚至以后养育子女的问题，面对这一大笔即将到来的支出，如果自己不及早作打算，到用钱时怎么办？和自己的父母要？找自己的朋友借？要知道，伸手借钱的日子可不好过，即使你一时借到了，那么以后将会背着一个包袱生活，试想，这样的生活还有安定性可言吗？

再来假设一下，买房结婚的事情，父母都会很好地帮你解决，假如有一天，你或者你的家人像上面的李梅一样，不幸得了重病或受了外伤，需要很多钱来医治时，你又该怎么办？

其实，所有这一切不可预期的意外，只要你在平时有足够的风险意识，未雨绸缪，遇到问题时可能就会是另一种结果。所以要想自己的生活更加的稳定，对理财知识的学习必不可少。对于你来说首先应该了解一下自己的理财状况。

关心美丽，关心自己的"钱"途

有一句话曾经在时尚圈子极为流行："不用香水的女人，是没有前途的女人。"这句话揭示了女人世界里一条通行的真理：女人的前途，在于对自身魅力的觉醒，并且永远不言放弃。

美女的意义，在于以美丽约束自己，永远不走下坡路。这样的女人，年轻时靓丽，年老时优雅，永远可以微笑着面对命运的波折起伏。

中国香港女作家亦舒这样形容那些自我放弃的女子们：开始是不再经常洗头，接着放弃节食，不穿丝袜，于是整个人崩溃，专门挑有橡皮筋头的衣裙，脸黄黄的，接受命运的安排。

而那些在自己的领域里取得了非凡成就的女人，不见得是天生丽质的美女，但她们首先是能自律、有上进心的人。

惠普公司的首席执行官费奥莉娜是一个标志性人物，她在企业界的作为让人想起有"铁娘子"之称的撒切尔夫人。

在费奥莉娜的任何一款照片里，她都表现出十足的女人味，衣着靓丽得体，气质高雅，略施粉黛的脸上笑容迷人、目光炯炯，虽然不是麦当娜，可是吸引眼球的能力绝对不亚于好莱坞明星。

还有夏奈尔女士，她为女人创造了奇迹，夏奈尔系列香水和夏奈尔服装的诞生，具有开创性的历史意义。夏奈尔女士本人是一位极优雅的女性，浅黄色的头发温柔地盘在脑后，十分美丽。在对待工作一事上，她一丝不苟甚至达到了严厉、苛刻的地步。这样的优雅，让人觉得可爱也可敬，她让女人们的身体和心灵同时从沉睡中和桎梏中醒来，懂得了自尊与自爱，更懂得了工作着的幸福与独立价值。

在实际生活中，我们离费奥莉娜或夏奈尔的成就的距离还很远，但这不妨碍我们为自己界定一个有高度的标尺，以此检查自己、督导自己，严防因精神的委靡而带来的前途黯淡。事实上，即便是在平凡的生活之中，那些衣着得体、容颜干净漂亮的女子，不管是工作还是持家，也都很有一套方法。她们在心中有自己的原则，有长远的规划，处理起任何事情来都有条不紊。相反，那些蓬头垢面、马马虎虎的女人，过起日子来常常是拆了东墙补西墙，在家里算不得一个好妻子，走出门去也很难得到上司或客户的青睐。所以说，

会赚钱的女人最有魅力

女人打造自己的美丽，并不仅仅是想做给别人看。对自己用心的人，自然会更了解自己，知道自己的长处，从而获得自信。

生活在以时尚为主流的时代，却不关心自己的外在形象，这无异于是不关心自己。现在和过去不同，在漂亮和健康成为同义词的时代，粗糙的皮肤和肥胖的身材愈来愈不合时宜。不注重自己的外貌，也会受到和不注重内涵一样的待遇，甚至情况更为糟糕。

阿雅结婚生子后就辞了职，一心在家里照顾丈夫和小宝宝。如今孩子3岁了，上了幼儿园，她想出来工作，却找不到合适的单位，于是就自己开了一间服装店，以职业、休闲女装为主。干了半年，生意一直冷冷清清。在灰心失望之下，她就找旧日的伙伴们讨主意。三五个老同学一起去店里看她，阳光灿烂的上午，她却睡眼惺忪，仿佛刚从被窝里爬出来一般。身上松松垮垮穿了一件大毛衣，脚上是平底的凉拖。一位女同学心直口快，一张口就批评她说："这么没水准的老板娘，难免让人怀疑你店里服装的档次，你还卖职业女装呢？干脆卖围裙得了！"

其实这话倒说在了点子上。老板娘虚心接受大家的意见，拿出当年"准校花"的精神，清洗去这几年积累下来的懒散，柜台重新布置，服务员好好教导，从里到外焕然一新，客流量马上就有了改观。

俗话说："一分精神一分财。"自己都懒洋洋、无精打采，财气也会绕道而行。女人们要切记"一分美丽一分财"，你的外表无时无刻不在向人展示着你的经济环境和人生态度。

许多女人都有一个模模糊糊的心愿，她们期望自己有钱，同时也期望自己拥有美丽，有时甚至会为两者孰轻孰重、孰先孰后产生疑惑。殊不知，女人的美丽与财运，从来都是相辅相成的，金钱所带来的优裕与安定的生活，于我们的容颜是最佳的滋养，而女人的优雅与美丽，天生对金钱就有一种吸引力，会使世间的好东西源源不断地流入她们的口袋和脑袋。

聪明的女人应该明白，美丽是一种可以学习、可以发展的素质，只要你愿意，就完全可以给自己的外形做主。在电影《窈窕淑女》中，奥黛丽·赫本饰演的那个少女，就成功地由一个出身贫贱、行为粗鲁的女孩，经过学习最终脱胎换骨，变得气宇非凡。脱颖而出的美女故事不是神话，只要具备美感的表露技巧，谁都可以做到。

作为一个平凡的女人，要千娇百媚有些难度，却完全有可能做到每一天都神清气朗，这样的女人无论做什么都有无限的前途，当然也肯定会有"钱"途。

女人的幸福由自己来定义

女人对幸福的定义的理解，决定了她将选择什么样的生活。女人要学会赚钱，学会理财，学会别让不合格的男人牵制你的脚步。唯有自己可以掌控的幸福，才是幸福的实质。

女人的幸福，应该来自她对生活的满足感。如果把幸福女人的定义阐述得具体一些，它应该同时代表着充裕的物质基础和愉快的精神状态。大千世界、烦恼人生里，我们总可以看到有一些女子活得气定神闲、悠然自得，她们，就是"幸福"两个字的代言人。

女人们在孩提时代和青春岁月里，幸福总是以一种简单明朗的面目出现。师长的夸赞、心爱的衣裳、男孩子倾慕的眼神，都是幸福的发源地。这种幸福触手可及，然而并不牢靠，即便一次小小的变故，对女孩儿的承受能力都是一种痛苦的打击。于是，当有一天女孩子拥有了成熟婉约的气质，有资格被称为女人的时候，她们会明白唯有自己可以掌控的幸福，才是幸福的实质。

能否接近财富，掌控财富，将决定女人的一生是幸福安宁还是奔波劳苦。就像追求美丽的女人很容易从人群中脱颖而出，注意培养自己财识的女人也终会得到财富的青睐。

财识是一个新名词，我们说一个女人有没有财识，主要是看她有没有收揽财富的主观认识和创造财富的头脑。财识不能等同财富，却绝对是生长财富的温床。女人对自己财识的培养，起步越早，成功的机会越大。

在现代经济社会中，依靠蛮干的时代已经过去了，现代需要的是头脑和

会赚钱的女人最有魅力

感觉。丰富的知识，灵活的思考，聪明的大脑，敏锐的直觉——这些都是通向成功之路的法宝，所以每一个追求财务自由的女人，都应当集中精力磨炼头脑和感觉。越年轻，开始充实这方面的常识就越有利，学习规划自己的人生，为未来做准备。不甘于贫穷才能有机会拥有真正的自由。

在很多女人心中，对科学知识充满敬畏，对文艺才能无比向往，却唯独不能认识到财识的重要性。而且物质的充裕是精神自由的坚定基础，财识将为你的一切理想和兴趣提供必需的养分。

中国台湾商界的名女人何丽玲认为，美貌和财富是女人一生最重要的事。她说："女人能年轻多久？可以无忧无虑多久？身为依赖成习的女性，有时候我们该思考，如果有一天发生意外状况，我有没有能力自给自足？"

总有一天，我们必须靠自己想办法过日子，保障自己的未来，因此，女人应尽早树立起赚钱意识。如果女人懂得理财，懂得独立，人生就是你的。女人无法在厨房中要求独立，有财识、有眼光才可以确立自己的幸福生活。

从相夫教子的全职太太到资产过亿的伊利诺依老板，从女护士到董事长，史晓燕仅用七年时间完成跳跃人生，打造了自己的诺亚方舟。同很多成功人士一样，她成功的背后也有许许多多的故事。

从协和医院护校毕业后，史晓燕被分配到了又脏又累的骨科病房。打针送药、端屎端尿，周而复始，工作的艰辛和压力她倒能应付自如，但是每月70元钱的薪水、6角钱的夜班补助却让她不愿甘于现状。当时史晓燕就暗想：我的理想可大了，我的志愿可大了，怎么能在这儿呢？那时的史晓燕，下了夜班，还在拼命学外语。

1984年，史晓燕没有和任何人商量，从协和医院停薪留职，应聘到一家外企公司做了前台接待。在1984年，跳槽对于许多人来说是一件不可思议的事，时至今日，她当年的同事回忆说：她给我的第一印象是精明、能干、聪明，对任何事反应都很快。她跳槽大家一点都不惊讶，她那时就不甘于寂寞，不适合做护士。

后来，史晓燕认识了自己后来的丈夫，开始了全职太太的生涯。

1989 年，史晓燕的丈夫叶明钦到新加坡工作，她再也不甘心做相夫教子的全职太太，先是做起了导游，后来就开始自作主张，在新加坡买房子、卖房子。她说："当时没有和先生商量，第一次买房子买到了红灯区，第二次卖了房子，我赚了 8 万新币，我觉得我适合做贸易。"

找着感觉的史晓燕了解了发达国家对家的概念，看过了有品位的、精心设计的家，她迫不及待地要在一个高起点上开始自己的事业。于是，她支付了每年 7 万美金的学费，到美国芝加哥惠灵顿学习室内设计。史晓燕已经看准了国内方兴未艾的家具业，她同先生一起在机场高速路旁建起了一座家具厂，起初只是干些修修改改的活。就是这间占地五十余亩、仅仅投资 150 万元的工厂，最终成为史晓燕起飞的发动机。有了相当规模的生产能力后，史晓燕便义无反顾地在家具顶级品牌荟萃的中粮广场租下了百余平方米的卖场。就是在这里，她连连创下了每月零售 100 万元的销售额。

据心理学家验证，如果一个人对某件事念念不忘，那么他无论看到什么、听到什么都会与自己所思联系起来，然后他很快会摸清事情的来龙去脉，找到解决问题的突破口。同样，假如你对金钱保持热望，自己的一切生活积累都在为将来如何赚钱做准备，把自己日常接触到的赚钱信息都和当前的赚钱事业挂钩，那么成功最终将确凿无疑地属于你。史晓燕就是这样的人，即使她暂时遇到了一些挫折，也绝不会就此减损了热忱的心愿，新的想法，又会给她带来新的乐趣。她的自身价值，就在不断地劳动并且不断地主动创造劳动的机会中显现出来。

女人们对他人的财识、眼光不必空自欣羡，赚钱的头脑其实是可以靠自己的努力来培养的。

女人理财需要好财商

日常生活中不难发现这样的现象：有的人智商很高，聪明绝顶，才高八斗；有的人情商很高，左右逢源，八面玲珑；但他们时常入不敷出，债务缠身。或者他们也有大笔的进项，但以挥霍自娱，最终千金散尽，依然上无片瓦，下无立锥之地。究其根本，是因为他们有智商，有情商，但没有财商。

简单地说，财商就是关于金钱的智慧和能力，主要包括两方面的内容：一是正确认识金钱及金钱规律；二是正确应用金钱及金钱规律。

由于种种文化上的习惯和影响，人们对于金钱怀有爱恨交加的矛盾心理。中国古人一方面讲"钱能通神"、"有钱能使鬼推磨"；另一方面又说"君子喻于义，小人喻于利"、"为富不仁，为仁不富"。其实，西方文化中也有同样的例子，莎士比亚的戏剧就对金钱进行过无情的怒骂："金子，把恶的变成善的，把丑的变成美的……"马克思在对资本主义剖析后这样揭开了资本的画皮："资本来到世间，从头到脚每个毛孔都滴着血和肮脏的东西。"

其实，金钱是一种货币符号，是一种流通手段，是财富的化身。无论是铸币、纸币还是电子货币，无论是美元、英镑还是欧元，无论是古代的"孔方兄"还是现代的"大团结"，本身都没有善恶之别，正邪之分。只是由于金钱多为富人占有，并成为富人剥削穷人的工具，金钱也就成了不同阶级斗争的替罪羊。

对金钱认知的误区，造成我们对金钱和金钱规律采取了回避或暧昧的态度，因而也使我们的钱商蒙尘，无法真正享受追求金钱和财富的乐趣。但提高人们的钱商并不意味着鼓励人们无限制地追逐金钱和财富，甚至不择手段，不顾一切。这不是提高财商，而是玷污财商，是从一个误区走进了另一个误区。

• 财商是可以通过后天的专门训练和学习得以改变的。改变你的钱商，可以连带地改变你的财务状况。

• 财商是一个人现实最需要的能力，也是最被人们忽略的能力。可以想象，一个漠视财商的人，一定是现实感很差的人。

• 财商并不是人们现实的唯一观念和智能，而且是人为观念和智能中的一种，当然是非常重要的一种。

• 财商常常被人们急需，也被忽略。钱商不是孤立的，而是与人的其他智慧和能力密切相关的。

在现实生活中，我们常常可以看到三类人：一类人的收入结构包括这样几个方面：薪水、版税、银行利息、债券利息、股票收益、基金收益，等等；另一类人的收入结构仅仅包括薪水和银行利息；第三类人放弃了大公司的高薪聘请，而去独立经营自己的事业领域，你能判断出哪一类更会挣钱吗？

如果能在银行降息之前那段高额利息的时间里，购买一张10年定期的10万元存单，将是一笔十分可观的收入。这都需要你具备深厚的关于金钱的知识、信息及把握其走势的智慧。

建议你挣钱时要注意下列几个问题：

无论你从事何种职业、何种技能，只有靠大脑和智慧才能挣到钱。要懂得如何为自己工作，建立自己的事业，如果你仅仅为了工作，而满足于拿薪酬的话，你只能解决温饱问题；要懂得财务知识、金融知识、投资和管理方面的知识，要不断学习、关注新的知识领域，因为挣钱是一门学问；要及时把握国家法律和政策动向，特别是某些带有倾斜性的产业政策往往潜伏着巨大的商机和利润。

财商首先需要知识的积累，关心经济和时事，使自己的胸襟更加开阔，看问题的眼光更加深远。一些成功的人，无一例外地都喜欢读书。因为，书的必要性与其说是让我们了解未知的世界，不如说是让我们更深刻地了解自己。事实上，在我们生存的世界里，智能比信息更为切实、更为重要。

"知"之外，更要有"行"的验证。女人的财商还应该从日常的生活方式和生活态度等方面去培养。对于每天所遇到的事物怎么看待，怎么吸收，对眼前的事物怎么感受，怎么思考，要从这当中一点一点地磨炼下去。你会逐渐意识到，那是积极的，不需要装模作样就能做到的。

比如有一些商店里的学徒和公司里的小职员，尽管薪水微薄，但他们工作却很努力，尤其可贵的是，他们能趁着空闲的时候，去学习本职之外的其他技能，为了他们日后的工作晋升或开创自己的一番事业奠定基础。这些精明强干、善于思考的年轻人，能在短时间内发现一个行业的运作规律，时机一旦成熟，就能独当一面。

女人培养起自己的财商，就好像拥有了一张捕鱼的网，以后就可以随时打捞机会，改变自己的人生轨迹。

女性理财，关注十个要点

当女性发现自己的理财出现问题时，要及时地加以解决，雷厉风行的作风是每一个财智女人需要具备的素质。

很多女性在进行理财的时候，因为缺乏必要的知识，往往会有拖沓的习惯。当你下定决心理财时，一定要做到十个"从今天起"，不要让各种借口阻挡了你的财富之路。

1. 从今天起，要还清债务

要知道，还清债务是理财的一个好的开始，因为当我们出现负债时，就没有心情去储蓄和投资，而且，欠债的利息也会使金钱一点点流失。所以说，理财首先要做的是还债，只有在自己没有负担的情况下，才可以更好地理财。

2. 从今天起，不花未来钱

这是一个明智的决定，我们不能再继续花未来的钱了，否则就永远聚集不了财富。所以，从今天起要把这个毛病改掉，只花现金，将信用卡收藏起来吧！

3. 从今天起，拿出账本

记账一直以来都是人们理财中必不可少的环节，记账的方式不光可以找出自己消费中的陋习，还可以让你合理规划，做到收支平衡。

4. 从今天起，检查账单

在购物后，女人记得要养成检查账单的习惯，这样你才可以知道是否花了冤枉钱，同时也可以让你学习如何理性消费。

5. 从今天起，开始储蓄

要懂得积少成多的道理，而储蓄则是最佳办法。不要嫌钱太少而不愿意储蓄，要知道，小钱在积累后也会变多。每天将零用钱节省下来，放入储蓄罐中，等达到一定数目后就可以拿到银行储蓄，这样持续下来，就会拥有一笔不小的资产了。所以，从今以后，要学会将一些额外收入和小钱储蓄起来。

6. 从今天起，学习理财及投资知识

没有知识寸步难行，理财也是如此，只有拥有丰富的理财知识，你才能更好地理财和投资。所以，女人应该学习理财知识。你可以买一些理财方面的书籍阅读，甚至可以为自己建立一个学习目标，以达到更好地理财的目的。

7. 从今天起，与会理财的人交朋友

"近朱者赤，近墨者黑。"如果每天都和善于理财的人在一起，你自己也会变得会理财，所以，如果你身边有这样善于理财的人，你不妨多亲近一些，这样不光可以被她们带动，还可以从她们身上学习到很多理财知识，相信过不了多久，你也可以像她们一样善于理财了。

8. 从今天起，注意健康

健康是革命的本钱，同样地，没有健康就算有再多的财富也没有用，所以，作为财智女性应该注重健康。

9. 从今天起，把钱放在脑袋里

拥有知识的人会在人生的道路上走得更远。所以，投入一部分资金让自己进修和学习是很有必要的，只有拥有了聪明的头脑，才能在职场上更有优势。所以，聪明的女人要做的是将钱放进脑袋而不是购物袋。

10. 从今天起，开始思考

思考如何改善财物状况，思考怎样理财，怎样省钱。在思考的同时，你也应该把想到的办法写出来，并付诸行动，这样你才能更快地达到理财目标。

女人善于健康和谐地投资理财

说到投资理财，人们首先想到的是股票，尤其在近两年行情大好的形势下，仿佛不拿手中的钱到股市上搏一把，就落在了大家的后面。其实理财也是非常个人的事情，每个人都有适合自己的投资方案，盲目追逐市场热点而没有抗击风险的能力，结果是很危险的。

如今很多关于财富的书非常激进，鼓励人们抛开中产阶级比较看重的房子和职位，大胆投资股市或者自我创业。强调了一种"加薪、晋升、购置大房子并非投资，而是在财务和家庭上的自杀行为"的观念。这种新鲜的观点曾经给我们一种耳目一新的冲击，但是它不一定适合每一个人。我们的社会本身就是由各种行业、各个阶层的人组成的，不可能谁都能够以投资取胜或独立创业。以自己当前的生活方向为底子而把它经营得更好，应当是我们最基本的追求。在新书《九步达到财务自由》中，作者苏茜·欧曼则提出了自己的另一种观点。她认为在适当投资的同时更要学会储蓄，学会利用社会保障体系以及更多的金融投资工具，包括让有经验的个人理财师来为你的财务未来保险。要解决好财务问题，首先要从自己的金钱心理问题开始，要从造成每个人金钱困惑的源头下手，要平和地理顺自己与金钱的关系，包括金钱和财富在理财中的作用，要健康和谐地储蓄、投资、理财。

从女性的思维特点和做事方式来说，苏茜·欧曼的观点对我们有更多的借鉴之处。我们学习理财和赚钱的方法，是为了让自己的生活更为美好，平和一些、保守一些，与自己的大目标并不冲突。你不必强求自己更新观念与"潮流"接轨，做自己喜欢的投资项目，才会真正给女人带来资产与心理上的双重收益。在房屋等不动产的投资选择上，女性直观的洞察力和保守的思想反而是一种优势。

有个期货投机者至今还在庆幸当年听了老婆的话买了套房产，尽管后来期货投机惨败，血本无归，但最终还是保住了养命钱。更典型的例子是，几乎所有的准新娘都要求心上人准备新房，结果，在大多数情况下，这种看似苛刻的条件不仅提高了家庭生活水准，而且在不经意之中帮助丈夫作了一次成功的"投资"。这样的例子实在太多，也是个非常有趣的现象，之所以没有引起注意，恐怕是人们尚缺乏深究罢了。房产的投资即使一时看不到为你"赚"了多少，只论它限制了你的不良消费习惯、提高了你的生存质量就是值得的。

秦小蓉和老公都在外企打工，两个人月收入上万元。老公爱面子，每次朋友们在一起吃饭，他都抢着埋单，也常给妻子买价格不菲的名牌服装。每月下来，他们几乎剩不下什么钱。后来秦小蓉终于想出了一条妙计，她跟老公商量说："现在房价挺合适的，咱再买套房吧。一来咱可以租出去赚钱，二

第二章 相信自己，女人可以成为理财能手

来房价以后肯定看涨。"老公想了想说："这倒是个好主意。"此后他就不敢像以前那样，动不动就请客了。接下来每月要付一部分房款，剩下的钱也不能喜欢什么就买什么了。几个月后，老公突然反应过来了，对秦小蓉说："我怎么稀里糊涂就变成负债过日子啦？"秦小蓉笑着对他说："不让你负债，你永远也攒不下钱，我们挣得再多也永远都是无产阶级。"

女性在考虑购房时恐怕不会像一些"理性的"经济学者那样煞有介事地探讨未来是正资产还是负资产的问题，因为对纯粹的消费者来说，这实在是个伪问题。

在多数情况下，女性的想法要简单和实际得多，她们不会成为"资产"的奴隶，而是以享受生活的心情打量着未来或现实中的居所。除此之外，她们关心的实际问题主要是未来预期的收入和偿债能力，如果能够承受，她们大概不会让资产正负的思虑妨碍对美好生活的追求。

会理财的女人不会攀比

一辆新车、一套新衣、一双新鞋、房子大小、孩子成绩、老公地位……大事小事都会成为女人攀比的对象。

刘斐就是一个爱攀比的女人，她的家庭不算富裕，但是她看见同事张会计买了辆新车，就觉得自己也应该买一辆。于是她便借钱买了一辆和张会计的车一模一样的，甚至连车身的颜色都一模一样的。

过着透支的生活实际上并不能给女人带来什么好处。首先，遇到紧急情况无法应对；其次，有太多的不确定的风险的因素；再次，虽然满足了某些方面的物质需要，但对健康却是不利的；第四，虽然渴望给人留下好印象，但往往事与愿违；第五，总是第一个尝到失败的滋味；第六，这样的人给人感觉特别不实在；最后，这样的生活往往到处碰壁，根本不能带来任何一丁点儿的好处。

我们是什么样的人就是什么样的人，即使因一时的炫耀受到格外的尊敬，也是暂时的，也是不足称道的。我们拥有什么谁都清楚，如果想制造出富有的假象，结果只能是自食其果。

透支的生活方式不但是错误的，也是愚蠢的。你越炫耀，别人越觉得你愚蠢，你也根本得不到尊重。人们心中所尊敬的还是那些勤俭节约的人。

有些人总爱跟和自己在同一个档次，或者仅仅高一个档次的人相比。攀比就意味着消耗。要么消耗精力，要么消耗金钱，或者两者都有。攀比在人类生活中是有一定的作用的。因为如果想法合理，它可能是一种动力，推动我们朝好的方向发展，但是如果只是为了满足炫耀的目的，那就会对社会造成伤害，可怕的后果可想而知。

那些过着入不敷出还盲目攀比的女人，除了欠债，一无所获，并且她们绝对是不诚实的，也是极度愚蠢的。一旦养成了奢侈的习惯，你什么也不会获得，只是不断地失去道德、失去尊严、失去存款。结果家庭破裂了，生意也失败了。折腾一圈下来，一事无成。保持这种奢华的生活方式既不能得到，也不能维持我们想要给人留下的印象。所有的花销都是没有回报的。

那么怎样才能做到不攀比呢？

1. 树立正确的竞争心理。看到别人在某方面超过自己时，不要盯着别人的成绩怨恨，更不要把别人拉下马，而是要采取正当的策略和手段，在"干"字上狠下工夫。

2. 树立正确的价值观。肯定别人的成绩，虚心向别人学习。

3. 提高心理健康水平。心理健康的人总是胸怀宽阔，做人做事光明磊落，而心胸狭窄的人，才容易产生忌妒。

4. 摆正自己的虚荣心：

• 追求真善美。

• 克服盲目攀比心理，一定要比就和自己的过去相比，看看各方面有没有进步。

• 珍惜自己的人格，崇尚高尚的人格。

实际上，上帝对每个人都是平等的。上帝给谁的都不会太多，也不会太少。对女人而言，不要处处攀比。不要埋怨上天的不公，也不要去渴求别人的怜悯。任何方式的同情都是廉价的，面对现实，积极乐观，努力找到生命的另一个窗口，去唤醒黎明，在痛苦中崛起，才会展现你最美的一面。

攀比没有什么好处，女人在无休止的攀比中煎熬着心灵，进行着最无用又最催人衰老的"战争"，在时间的推移中，既失去了外在的美丽，又失去了内在的美好。

相比男性，女性理财更具优势

很多女人在学生时代最惧怕的科目恐怕就是数学了。初中时候成绩还马马虎虎，感觉数学有点意思，可是一到高中之后，什么函数、微积分……现在想想，都会让人感觉一个头两个大。

大多数女人本身就对机械的数字没有什么感情，现在却还要把它当做理财的工具，看着那些枯燥乏味的数字怎会不让她们感到害怕？面对理财这种难题，相信很多女人都会冒出这样一个念头：这么烦琐复杂的事情，还是交给男人来做吧。

的确，在我们还不了解理财的具体操作步骤之前，对于这个陌生领域的陌生事物我们没有好感，心里排斥也是无可厚非的。但是，姐妹们，这种懒惰的想法必须从你的脑子里除掉。你的财产终究是要靠你自己打理的，如果交到了别人的手上，最后能属于你的还有多少恐怕连你自己心里都没底吧。

再说，理财说起来也并不是多么可怕和困难的事情。又不是要你去计算原子弹和运载火箭升空的公式，只要你会加减乘除，只要你会计算，没有必要担心自己不会理财。而且，相比男人，女人理财还有自己的优势呢。

1. 女性更加感性，更加注重细节，更注重家庭。女性作为家庭的首席财务官，她的投资目的很简单，那就是改善生活，而男性的投资则很大程度上是自我价值的一种实现，也是得到别人认可的一种方式。正是由于这种单纯的投资目的，使女性理财体现出以分散投资、追求低风险、稳定收益为主的特点。

2. 女性更善于接受别人的建议，善于和别人交流。女性会多方听取别人

会赚钱的女人最有魅力

的意见，更多地从保障角度出发，从而有效地控制投资风险。一个很简单的事实就能证明这一点：找理财顾问进行财务规划的人当中，女性比例要明显高于男性。女性喜欢听取别人的意见，而男性则更喜欢自己拿主意。

3. 女人更懂得精打细算。与男人的粗枝大叶相比，女人们精打细算的优势很容易被凸显出来。因为本身心思细腻，所以很容易从生活的各个方面发现省钱和生钱的契机。买东西会货比三家，选择性价比更高的商品是女人的强项；同时，多年的血拼砍价经验会为你省下不少银子，这一点男人们肯定没法比；还有，别看大部分的女人上学时对数学极不"感冒"，但是到了个人消费上，小算盘照样打得叮当响。不管这种能力被男人们定义为"精明"还是"小气"，但都不失为一种理财天赋，非常值得姐妹们发扬光大。

4. 女人比男人更有耐性。相对于男人理财上的粗线条，女人则更具有耐性，在理财投资上不会像男人那样轻易改变方向。在投资的内容上女人更加沉得住气，不做好调查绝对不会贸然做出改变。这其实跟女人的性格有很大的关系，都说"女人善变"，其实这种说法是很不准确的，女人变是因为她们没有安全感，没有找到一个让自己安定下来的理由。一旦满足了令自己放心的心理需求，女人才不愿意去做任何改变呢！这条定律不仅符合对男人的态度，对于理财投资也同样适用。所以，西方的一项调查显示：女人理财收益更高。原因就是女人不愿意在自己做出选择之后轻易改变，如此一来，就更容易做"长线"交易，所谓"放长线才能钓大鱼"就是这个道理。

5. 女人无敌的"直觉"。女人的"直觉"有时候非常"可怕"，因为常常准到让人目瞪口呆。至于什么理由？她自己可能都说不清，纯粹就是凭感觉。好像做哪项投资只要"跟着感觉走"就能赚到钱，这是所有男人都望尘莫及的"超能力"。其实女人的直觉并不是完全没有根据的，因为女人天生敏感，这就让她们比男人的思维更加敏锐，跳跃性更强，同时加上平时自己有意无意的细微观察，便能在很多事情没有发生之前就捕捉到气息的变化，自然就能做出先发制人的惊人之举了。

综上所述，我们可以得知女性理财具有天生的优势，而且这种优势是男人无法超越的。所以，女人完全没有必要将自己或家庭的财政大权交给男人，要知道，女人本身就是一个理财的好手。

可见，理财并不是一件难事，只要你肯认真学，并一步一步踏踏实实地执行，相信你也会成为一个理财高手。

制定理财目标，让梦想照进现实

人的一生如果没有目标，就好比大海中的船只永远找不到自己前进的方向。理财也同样如此。经济学里面有个重要的原理：欲望无穷，但是资源有限。我们手头上可以运用的资源，总是没办法满足人性的贪婪。所以，只有明确了自己的财富目标，你才能有积累财富的动力，才能在不断增长的财富中收获一份份惊喜。

生活中，每个人都会有许多大大小小的梦想，尤其是二十多岁的女孩子，梦想肯定会更多。如，一趟欧洲之行、一次出国游学、一场唯美浪漫的婚礼、一个温馨舒适的小窝、一辆豪华的跑车……当然，如果你没有一定的经济基础，这些美丽的梦想也只能是一个泡沫而已。

女人们若想梦想成真，首先一定要为自己制定一个理财的目标和规划。很少有人能够清楚地知道，她到底在多大岁数前想用多少钱完成怎样的目标。如果没有明确的目标，缺乏详尽的行动准则，梦想就会很难实现。因此，越早拟定精确的理财目标，梦想才能越早变成现实。制定财富目标是实施个人理财计划的第一步，这一步如果能开个好头，后面的路自然也就好走了。

至于具体的操作程序就是要确立有效的财富目标，现在我们就来看看什么样的财富目标才是最有效的。

1. 列出你的财富梦想。把你想要通过财富来实现的梦想统统写下来，然后进行具体分析，筛选出那些切实可行、操作性强的计划，同时将异想天开、不切实际的愿望剔除。只有找出自己的梦想并且将其具体化才会有实施的可能。比如你想在一年内为自己安排一次出境旅行，五年之内在北京购置一套两居的房产等。有了这样的目标才能激发你从现在起开始制订并实施适合自己的理财计划。不要将自己的美好愿望只停留在想象中，只有清清楚楚地写在纸上，你才知道哪一个可以实现，而后也才会有实现的可能。

2. 目标要有可度量性。只有量得出的才具有可实施性，你的目标一定不能是含糊不清的，这就是你在筛选自己财富梦想时需要做的事情。如果你将自己的目标设定成"我要买车"，那么你的目标是不大可能实现的。因为车子的价钱从二手车的数万元到上百万都有，便宜的车子你存钱一年就买得到，购买高贵的进口车则要省吃俭用好几年，你必须明确范围、价差，让自己知道若要完成愿望，最高与最低之间分别需要准备多少钱。如果说"我要在两年之内买一辆十万元左右的轿车"，这样就比较清楚了。因为这个目标可以清晰地用货币来度量，就是十万元。

3. 为目标制定合理的时间表。理财的目标一定要有时间表，清晰地列出在规定的时间内可以实现和达到的财富计划才是理智和科学的。而且每一个步骤都应该有期限，今天的财富指标就一定不要拖到明天去完成，因为明天还有明天的安排，况且明天会发生什么变故谁都不知道。姐妹们想要有效实现自己的财富目标就要学会"按部就班"，激进和拖延都是理财的大忌，只有在截至日期内完成你的理财任务，才能保证你的财富保持持续平稳地增长。

4. 理财目标要有顺序和层次。人们在不同阶段对物质和精神财富的需求是不同的，而且理财的目标也可大可小。做事情要分轻重缓急，理财也是同样的道理。人的一生就像是一个空瓶子，需要用诸如石块、石子、沙粒这样的东西来填充，而放进这些东西的先后是有顺序的，它应该是：石块——石子——沙粒，也就是说，先放进去的一定是最大最重要的东西。如果先放了沙粒或石子，石块就不可能再放进去了。

理财也是如此，你必须先选定你的"石块"，也就是你的长期目标，它一般包括买房、购车、子女教育、自身养老等。这些是你的基本目标，而其他筛选出来的可行性目标都应该是围绕这些基本目标来完成的。它们可以在相对较短的时间内完成，也是实现基本目标的前提和保证。将这些具体目标按照时间长短、具体数量、优先级别进行排序，理清脉络，才能更快更好地朝着最终目标迈进。

5. 制订具体的理财行动计划。分解和细化你的财富目标，将其变成可以具体操作和掌握的东西，比如每个月的具体存款数额、日常的消费支出、每年的投资收益、银行的借贷和还款额度等。将那些不能一次实现的目标分解成若干具体的小目标，然后逐个击破就会让你的财富积累变得容易很多。将一年、十年、一辈子的理财目标细化到每一天，你也就能知道今天的努力方向是什么，不会像无头苍蝇那样漫无目的地四处乱撞了。

6. 适当调整你的目标。所谓"计划赶不上变化"，任何一项计划在实施的过程中都有可能遇到未知的障碍和变数，这就需要我们做出及时的变通。在保证大方向不变的情况下对具体的实施步骤进行调整和改良，才不至于让自己的财富之路陷入泥潭而搁浅。

只有尽快地制定理财目标，才能让自己赶紧行动起来。只有行动起来，你的梦想才不会只是"想想"而已。

把钱付给自己，不让"薪水"变"流水"

很多女孩，一拿到薪水，还没到下次发工资就已经变成一个"月光族"了。所以，我们想说的是，拿到薪水，你首先要先付钱给自己。

当然，付钱给自己的这种行为绝不是拿钱让你去商场大肆购物，也不是让你去星级饭店大吃特吃以犒劳自己的胃，更不是让你拿钱去还那些你永远还不清的卡债和人情债。这些钱是付给你的劳动报酬，怎么能轻而易举就花掉呢？虽然挣钱，可是却月月吃紧，就是因为你把这些钱都花在了购物逛街上。真正会理财的女性都知道"把钱付给自己"不是让你把钱花掉，而是让你把钱留住。这样"薪水"才不会变成"流水"，你也才可能具备"生财"的基础。

薪水作为我们的劳动所得，最应该得到的还得是我们本人。尽管我们身边有很多人需要照顾，但是也不要忘记将自己应得的一份留下来。只有给自己留足了充分的资金，你以后的日子才不至于捉襟见肘。也就是说，你留给自己的钱是存银行也好，买基金股票也好，或者买保险也罢，总之，它不应该是一种单纯的消费形式，而应该是一种在长期或短期内能看见收益的投资才行，就算你没有收益，也坚决不能让你的钱轻易跑进别人的口袋。留给自己的这部分钱应该作为你的日常投资，它是你日后成长的基金也是若干年后你生活的保障。

其余，剩下的部分你就可以大大方方地自由支配了，给家人朋友汇款、买礼物，给自己付房租、生活费，给银行还卡债、交房贷。不管你的薪资水平如何，作为一个"薪女性"，如果你懂得运用这样的理财方式，你的生活就不应该是拮据的。

大部分姐妹手里存不住钱的主要原因，就是没有先将挣来的薪水付一部分给自己，结果导致自己空有赚钱的能力，却没有聚财的本事，挣来的钱只是在自己手里打了个转儿，然后就优雅地转身进了别人的口袋。

拿到薪水先付钱给自己，不仅是对自己的一种关爱，而且也可以给身边的人减少很多不必要的麻烦。如果你拥有了足够多的储蓄，父母就不会担心你在外打拼吃不饱穿不暖，比你给他们买任何贵重的保养品更能使他们延年益寿；如果你口袋里有足够的盈余，当朋友或亲人出现困难时，你就可以不用担心因为没钱而一点忙也帮不上；如果你的财政不再出现赤字，你就不用今天向这个借钱，明天向那个借钱，弄得朋友担心你借钱不还从而使友谊一步步疏远。所以，拿到薪水，先付钱给自己，本身不仅是对自己的疼爱，也是对亲人和朋友的疼爱。它不仅不会终止你以前"无私奉献"的精神，还会让你的这种奉献更加没有后顾之忧，即使你要一辈子这么伟大下去也不是什么难事儿。

如果一个女人连自己都不懂得爱惜，你又怎能期望她爱别人呢？女人们应该学会拿到薪水先付给自己，这不仅是对自己负责，更是对他人负责。所以，不要让你的"薪水"很快就变成"流水"了，而是应该想办法让它在你的口袋里待得时间更久一些。

第三章　家庭生活，规划才能过上好日子

　　聪明的女人理财，她们知道好婚姻是爱情加面包一个不能少，她们有她们自己的省钱招数，对于家庭生活，她们会建立明确的财务制度。在家庭生活的规划中，节省是她们最大的主题。

理好财让感情更加牢固

　　度过了爱情的风花雪月，就要面对柴米油盐，这是人生的一个转折点，为了尽量避免转折点上的一些不愉快的事情，女人就要学会"打理"自己的小家。

　　金钱和感情这两者如果在一起谈的话，总让人感觉心里那么不舒服，但是社会是现实的，拥有甜蜜爱情的两个人都要去面对自己的生活，所以，要说金钱和感情没有关系这种认识是错误的。学会理财对感情来说也有一定的影响。

　　从简单的女人买衣服来说，作为女人有没有常常问一下自己，你知道自己每个月在服装上花了多少钱吗？其中有多少是他不知道的？回答至少有三种："我花我自己的钱，为何要多此一举向他汇报"、"他乐意为我要的一切埋单"、"我们每个月都有这方面开支的预算，超支的话会尽量在其他方面扯平"。让现实中的白领女性选择，她会毫不犹豫地选择第一种回答方案："虽然我刚工作赚的钱不算多，但是每个月在衣服上的开销，我想只要我自己能承担得住，不必要样样和他说吧。"这好像暗示需要他的"资助"一样。女人花自己的钱，真的与你的他无关吗？

　　恋爱时，两个人花钱购买的是一种浪漫，节约常常会被冠名"小气鬼"；而在结婚之后，花钱开始变成是一种浪费，节约则被美称为"会过日子"。

中国台湾作家三毛说过："一个人的爱情如果不落实到穿衣、吃饭、数钱、睡觉这些实实在在的生活里，是不容易获得天长地久的。"确实，每对恋人和夫妻，都有一本属于他们的爱情账本。现实生活中很多人都在说"你不理财，财不理你"，关于爱情的投资理财，最大回报不是攒取更多的金钱，而是感情的升温和稳定。一旦自己在这方面的"理财"失败，那么爱情账本上出现赤字就岌岌可危。

当下社会，花自己的钱的女性不占少数：她们有着一份还算不错的工作和收入，父母不需要完全靠她们供养，也不会天真地做着拥有浪漫爱情和富足生活的梦想。

然而，她们自认为自己有独立、自主的爱情观和金钱观，其实就是这两个方面可能搅乱了爱情的脚步。

27岁大型广告公司部门经理小柔就为此吃过亏。她拥有硕士学历，长得非常的漂亮，家庭条件也不错，因此身边总是有追求她的成功男士。她对其中一位有了好感，他们一起吃饭、唱歌，但令她纳闷的是，第三次约会之后，他总是用各种借口脱身。最近，她的闺友才小心翼翼说出自己的看法——AA制之错。原来小柔的父母从小经常教育她：和小朋友们买东西什么，千万不能花别人的钱。年复一年，AA制的消费理念在小柔脑海里根深蒂固。和男人共进晚餐，她坚持要买自己的那份；人家送了个小礼物快递到公司，她立马在网上拍下一个领带给人家送去……

这种理财的观念固然是很好，但是不适合放在此处，换句话说，小柔的理财观念用得太死，如果理财像小柔一样只会给自己的生活带来一些麻烦，还不如不理。真正的理财是一种理念，它不会只有一种方式，就像对周围的人一样，试想，你对周围的人总不可能是一个样子的吧，理财也要因人而异。

结婚两年多的媚和自己的丈夫伟最近为金钱问题闹了点小别扭。他们在婚前就达成协议：由媚负责日常开销，包括水电煤、物业管理费、娱乐活动等等；伟则负责每个月房贷近3000元左右。所以媚每月支出一定是小于伟的，作为男人来说，伟当然没有任何的怨言，他认为男人就应该多承担点责任。可最近，媚经常会莫名地发脾气，甚至和伟吵架声音一响她就说要"离家出走"。"我感觉这房子不是属于我的。"她感到了很不公平，在房子问题上，她只是附和。的确，没有从经济上参与两个人的重大投资决定，就容易带来日后的遗憾。这时需要两个人考虑对方的感受，考虑金钱的问题。

理财并不是完全的分割，作为夫妻，更应该把这种分割方式淡化。这样才能让自己的感情生活更加的牢固，但同时要注意的是，理财是一定要继续的，只是要稍微地调整一下方式而已。

颜虽然还没和自己的男友结婚，但她却很享受现在的这种两人消费方式。他为她办了一张信用卡的附属卡，并告诉她：以后刷卡就用我的。颜感到很高兴，也很珍惜这份感情，还博得了小姐妹羡慕的眼光。自从带着这张卡逛街，颜似乎比以前更加"缩手缩脚"了，要么嫌这贵，要么就说"买精不买多"。每个月的账单日，她比自己的男友还着急看。为此，她还会经常存一笔小钱到他的账户以免除一些"负罪感"。"为什么不呢？现在我买东西不再随心所欲了，而且这样也不会使信用卡积分分流，多合算呀！"颜和男友的生活方式很现代，也为两人今后共同生活奠定了理财基础。

有时候，女人花男人的钱，并不代表不自立，同样也不是不理财，而是一种感情的表达方式。

为了能够让自己的爱情账本"盈利"，最好做到下面几点：

1. 不轻易把感情和金钱混为一谈

当两个人的感情出现危机的时候，千万不要轻易地拿金钱说事。心理学家告诉我们，金钱就像一个聚满猜想的地方，如果双方不交流，对方会由此产生很深的误解。

2. 达成共识

双方要经常交换双方的金钱观，分享彼此的成长经验。不管在哪方面，沟通对两个人来说都是至关重要的。了解对方的金钱观和价值观有助于你理解对方的行为方式，进而确定自己和对方是不是"一家人"。理清彼此对金钱的态度与价值取向，可以爱得更明白，花钱也花得更开心。

3. 合理的规划

要合理规划"家庭银行"和自己的"小金库"。双方应对家庭长期规划达成一个共识，有必要讨论需要多少时间、节省多少钱才能达到远程的目标，再找出一个适当的投资方式，定期定额开始累积。当然夫妻也应该各自有可以运用支配的钱，需要一笔对方不过问用途的私房钱，这方面视双方的赚钱能力及家庭生活用途做调整。

说到底，理财并不是一个公式，双方要多沟通，最后可根据自己的情况做一下调整，这样的生活不会"差钱"同时感情才会更加的牢固。

要想生活幸福，就要理好财

在家庭生活中，女人要日子过得好，不但要有赚钱的能力，还要有保护自己利益的方法。如果你对朋友间的金钱往来和家庭中的利益分配还是一笔糊涂账，这将是一个危险的苗头。

生活中有这样一种类型的女人：她们有目标，有行动力，做起事来风风火火，该得的机会都没有随便放过，该挣的钱也都挣到了手。可是到了关键时刻，她们常常会陷入困境之中，钱都哪去了？

她们究竟是在哪个方面出了问题呢？

首先是交友不慎，为不相干的人作了奉献。

这种类型的女人，性格多是热情开朗的，朋友多，人缘好，有什么金钱往来也不好意思弄出什么动静来，头脑一热就出手，一点儿凭证不留，等出了问题时，怎"傻眼"二字了得。

蒋女士从事汽车美容与养护工作，要扩大经营，打算在城郊开设一间汽车修理保养厂。奈何构想虽佳，却无妥善地点，后来想到自己的中学同学赵某手里还有一块闲置的土地在找项目，便和赵某商量，打算承租，赵某欣然应允。蒋女士和赵某谈租金和租期，赵某说："自己人，随便啦！"蒋女士便告以心目中的租金和租期，赵某仍回答："自己人，随便啦！"于是蒋女士便雇工人前来整地，铺设水泥，并搭上钢架，打算2个月后正式开业。谁知此时赵某寄来了一封律师函，附上租约，上面白纸黑字：租金变成两倍，租期缩为一半，保证金也水涨船高。蒋女士看了，简直是欲哭无泪……

有一句谚语说："话是风，字是踪。"意思是口说无凭，若有约定，应该要有文字记载。尤其是关乎双方利益的契约行为，必须先讲明条件，签名盖章，才可进行下一步的动作。别因为双方是"亲戚"、"好朋友"就只说了算，要知道，对方若变了想法，你是呼天抢地都没有用的。

"先小人，后君子"是老祖宗留给我们的名言。如果一时拉不下脸，注意一下方式也就可以了。你可以温言软语地与对方商讨合作的约定，但该说的一定要讲在前面，该留的合约也不能马虎。

在社会上，与人交往，要注意给自己留退路，回到家庭与婚姻的小圈子之后，女人就彻底安全了吗？世上没有海枯石烂永不改变的事，你必须学会为自己开辟一条随时可以转身离去的退路——我们但愿一辈子用不着它，但它必须存在。

有句话说，男人向女人求婚是对女人最大的赞美。我们说，若他婚后肯把自己的钱交给女人掌握，那赞美就更大了。虽然有人说，男人把钱交给女人管，其实是他们使出的伎俩。女人抓住钱，就以为抓住了他，心甘情愿当管家婆，也不管他在外面干什么，男人乐得逍遥。

听来也不无道理。旧时女人抓财权，跟她们自身经济不独立有关，现在的职业女性已无此必要。夫妻财产分开，犹如包产到户，大大调动双方各自开源节流的积极性，不仅有利于家庭整体经济水平的提高，还可以在结婚纪念日之类的日子里，享受一下我送你一条领带，你请我吃一顿烛光晚餐之类的浪漫情调。

这样看来，丈夫的钱交不交给妻子倒不是最要紧的事了。但如果他连数目都不让妻子知道，那可是危险信号。夫妻之道最根本的是"分享"——有难同当，有福同享。没有分享，怎么有尊重和沟通？更谈不上爱情。然而有的男人苦的时候让老婆和他一起苦，成功的时候却不同她一起乐。有位女士，丈夫生意做得很大，她要买什么他都给钱：数百元的内衣，上千元的鞋，只要她说得出，要多少给多少，但就是不让她知道自己到底有多少钱——大概是防止离婚时财产分割之痛吧。

如今，女人先提离婚的比男人多，这可算是女人的觉悟，但受伤害最多的还是女人。

非离不可的，女人往往义无反顾。她可以放弃房子、票子、车子……唯独不能放弃孩子。女人不想让孩子吃苦！但让孩子跟着自己，女人更苦。带孩子的男人似乎没几个女人选择，而对于女人，年龄加孩子却足以葬送她的一生。

女人的善良和自尊往往使自己陷入尴尬。其实，只需义正词严、理直气壮一点，最大化争取自己的权益，或许就能摆脱困境。这就是在离婚时，千万别忘了管男人要钱。

准确地说，就是别放弃你可能和应该拥有的财产。这财产可以让你在将来的日子里，活得更有自尊、更加坦然。

即使你真的不知道他有多少钱，别放弃，你不知道，还有律师与法官，放下一时的面子，维护一生的权利，无论怎么看都是值得的。其实，钱和自尊并不相违背，也可兼得。真正的自尊往往建立在丰衣足食的基础上。

自古就有"人穷志短"一说，女人的志可以不短，可"一分钱难倒英雄女"时，你的手却不能不短。何况，要回自己的财产，要回你创造的财富，要回本应属于你的东西，就是要回了你的尊严。若不要，才是真正地输给了男人，同时也输给了自己。因此，要想拥有真正幸福的家庭生活，就一定要管好财。

学会"省"下生活中不必要的开支

生活中一些并非必要的开支，一点点消耗了你的金钱，让你总处于捉襟见肘的尴尬境地。当你每个月都有一部分钱不知道花在了哪里，有了要成为手无余财的"新贫族"的危机时，就应当认真检视你的收支，进行合理的规划。

世界上最好赚的钱就是女人的钱，女人都喜欢花钱，报纸杂志上那些各种各样的购物广告，都是给女人看的。女人常常疯狂地买回一大堆商品，然后扔进储物柜里，直到落满灰尘被当成废品处理掉。她们并不心痛，花钱的意义在于购物的过程，至于那商品本身的价值反而降到了其次。所以这样的女人是不会懂得投资的，她们只会让钱流出去，而不会让钱流进来。

在生活中，你可能常常会碰到这样的女人——或者就是你自己，她们一面抱怨手头钱紧，一面却经常买商业广告上的那些商品，从手机、服装到发棒、脂肪燃烧机、万能清洁剂等五花八门的东西都不在话下。结果就是这些并非必要的开支，一点点消耗了你的金钱，让你总处于捉襟见肘的尴尬境地。

女人盲目消费的原因是多方面的，而虚荣是其中的罪魁祸首。

由于虚荣心作怪，人们都喜欢受到别人的钦羡。例如，对不了解的事情，装出一副很懂的样子；不会做的事假装会做；自己没有的东西却宣称多得不得了等。再经过几年的奋斗，工资涨到三五万甚至更多，也许真的可以称得上事业有成，但生活追求也变得水涨船高，房子要住更舒适点的，车子要开更高级的，孩子要上昂贵的双语幼儿园，旅游要去国外的度假胜地……看起来生活质量是越来越好，实际上已经被账单套牢，退一步又已被水涨船高的生存标准惯坏了脾胃，只能继续让生活拖着走。

如果说男人因"房奴"、"车奴"的称谓误了终身，大部分时间都在为自己的虚荣上供，女人们却是心甘情愿地向奢侈品低头了。

自改革开放以后，经济飞速发展，这时候一些媒体开始了不遗余力的品牌鼓吹，仿佛不拥有三五件名牌，整个人就没了档次一般。不知有多少的小女子，都成了名牌的粉丝。当季的大牌超出了消费能力，她们就对打折的名品情有独钟。为了那块小小的商标，不惜长期挤在闷热狭小的出租屋里吃盒饭，只要衣裙光鲜亮丽，身上长痱子也在所不惜。

美国的畅销书《格调》对这种不成熟的消费心态分析得很透彻，她们之所以喜欢名牌，是为了获得自信。真正有底气的人，越来越热爱内心的自由，吃什么、穿什么，不是为了博得旁人的惊叹与目光，是为了自己可感知的舒

会赚钱的女人最有魅力

适度，是不役于物的潇洒。

简单地说，想要省钱做大事，你应该有物超所值的观念，或最起码你要懂得什么叫物有所值。很多女性买东西只在意买时的感受，却忽略掉它恒久的价值，比如，花1万块钱买一只表，但是，当这只表属于你的那一刻，它就已经不值1万块钱了。

如果有足够的财力，当然应该选择"高质量"的生活，但对于目前还要靠工资生活的女人来说，消费层次应该与收入水平相匹配。当你每个月都有一部分钱不知道花在了哪里，有了要成为手无余财的"新贫族"的危机时，就应当认真检视你的收支，进行合理的规划。

那么该怎么办呢？你应该慢慢地削减开支，但一定不要太仓促，你可以从改正一些错误的消费习惯开始：

1. 冲动的消费

你是不是一个冲动的消费者？如果是，必须先来算算这个习惯的成本。试想如果每一周都冲动地买个价值15元的东西，一年下来得花780元。当然，偶尔还是要慰劳一下自己，但也不要太过分。如果经常有别人陪着购物，并且还鼓励你去买超过预算的东西，那么，最好还是自己一个人去购物。

2. 用循环信用购物

大部分信用卡的循环利息为14％～21％，所以信用是很昂贵的。一台4000元的电视机，如果用利率15％的贷款购买，3年下来会花费4900元，也就是说，总价会超过用现金购买的约25％。如果一定要用信用卡，将消费的余额越快清偿越好。

3. 消费的时间不恰当

买刚刚送到商店里的衣服或当季的货品，是很昂贵的。事实上不久后，商品价钱就会降下来，特别是在销售情形不佳的季节里。其实可以等到新产品（如手机、电脑和电子设备等）上市后开始降价时再买，替自己省下些钱。

4. 安慰型消费

有些人则会以花钱作为武器，抒发自己的压力或沮丧的心情，譬如说，如果男性对另一半发脾气，女方就会跑到最近的购物中心去大肆消费，以此作为一种惩罚。这是相当愚蠢的。

5. 买个方便

省时的速食代价不菲，譬如说，一个知名品牌的冷冻面条，要比同样分量的一般面条贵上 2～5 倍的价钱。另外，所谓便利商店的东西也是比较贵的，因为它们的货物加成费用要比超级市场里的加成高。如果经常在便利商店购物，一年下来，两者的消费金额相差会有数千元之多。

不被这些不理智的消费习惯所干扰，然后你就可以静下心来从细节上为自己减债。举例来说，如果你发觉自己每个月都为购买图书资料或支付并不常用的体育馆会员费而开支不小，你就可以尝试着多去公共图书馆、同朋友换书看、以步代车多运动、退掉体育馆的会员等；如果你发现每天的午餐开销太大，你可以隔三差五地自己从家里带饭或同同事搭伙。千万别小觑这些措施，它们往往可以让你轻轻松松地每月减少几十元甚至几百元的开支。

尽管我们的宗旨是女人要赚钱，要最大限度地开发自己的能力去投资、理财、做生意，但如果你连自己的日常生活都安排得一塌糊涂，别的都将是奢谈。所以省下生活中不必要的开支，不但可以使你活得更从容、更踏实，更是对你财商的一种锻炼。

面包加爱情，才是好婚姻

不可否认，爱情与面包是每个人都注定不能回避，而且必须面对的两个方面。生活在凡尘俗世之中，每个人都不可避免地会触碰到爱情，每个人也都要通过吃饭来解决最基本的生存需求。

无论爱情的感觉是多么美妙，其最好的归宿应该是婚姻。也许，有人会提出反对意见，并提出"婚姻是爱情的坟墓"等一系列堂而皇之的理由，但想要爱情持久，就必须将其从半空拉回到地面上，并给其一个强有力的保障，也就是婚姻。

如果说爱情是一种令人窒息的激情，那婚姻则是一种细水长流般的温暖，一种"坐着摇椅慢慢摇"的坦然，一种执手相看两不厌的坚定。爱一个人，你能忍心看他在下班之后一个人孤独地吃剩饭吗？爱一个人，你能忍心看他在节假日独自默默流泪吗？爱一个人，你能忍心看他孤零零一个人面对各种工作、生活难题吗？

与让人飘飘欲仙、头晕目眩的爱情不同，婚姻生活是一种接地气的活动，两个人生活在一起，进而养育下一代，或者与父母生活在一起，共同奏响一组组锅碗瓢盆交响曲。其中，既有快乐的分享，也有痛苦的分担；既有柴米油盐酱醋茶的日常琐事，也不乏相互鼓励相互学习的情感波动。

在谈恋爱时，人们的头脑可以全部充满风花雪月，但进入婚姻生活后，请务必留出部分大脑硬盘空间给"面包"，即物质条件。人类得以存在和繁衍的第一要务是生存，而作为生存的必需品，"面包"虽然没有像爱情一样，被渲染成一种崇高的境界，但缺少"面包"对人类来说却是一种痛苦的回忆。

在中国这个一向重感情的国家里，虽然民间不乏唯美浪漫得一尘不染的爱情传说，但同时也有"贫贱夫妻百事哀"的说法，更有"嫁汉，嫁汉，穿衣吃饭"、"嫁鸡随鸡，嫁狗随狗"等俗语。

民间俗语在表达方式上可能显得有些粗俗，会被现代年轻人鄙视，却往往是长期生活经验的总结，其中反映的道理可能已经被验证为真理。在古代，女子扮演的是依附者的角色，结婚更像是生活的保证，极少是基于爱情的结合。

时至今日，人们在寻找另一半时，往往也会事先打听清楚对方的工作单位、收入等与物质条件息息相关的因素，尤其是在房价高耸入云的北京，有房的年轻人更是成为婚恋市场的"抢手对象"。

时间是极具证明力的武器，也是检验一切的唯一真理。经济基础决定上层建筑，物质基础会影响爱情与婚姻的质量。作为还算有些知识和文化的现代女性，我们当然不能一味追求物质和财富，做"宁愿在宝马车里哭，也不愿在自行车上笑"的拜金女郎，但我们也不能不切实际地仅仅依靠爱情而活，以为有了爱情就拥有一切。殊不知，如果缺少物质的滋润，爱情之花早晚会枯萎。

不要面包的爱情只是童话。要知道，饥肠辘辘、居无定所的爱情，以成熟者的眼光来看，并不代表浪漫与伟大，而是对自己和别人的不负责任。毕竟，我们不是生活在电视剧般的虚幻之中。

要面包的爱情才是生活。以适当的物质基础来为我们的爱情保驾护航，为我们的婚姻添砖加瓦，虽然有些辛苦，却更让人感觉踏实。

爱情诚可贵，面包价也高；若为婚姻故，二者皆重要。

想要爱得深，就要理财勤

两个人相爱的时候，通常会忘记理财，一方为了讨好对方，常常会互送一些精美的小礼物，这样显得比较浪漫，如果你说到钱，很多人就会带着鄙夷的目光对你说："你俗不俗，感情这么纯洁的东西，怎么能够考虑钱呢？"

然而，爱情不是生活在真空中，没有了理财土壤的培育，再美的爱情也容易枯萎。为了爱情更长久，恋爱中的情侣们还是关注一下理财吧。

刚参加工作不久的王先生曾经这样说道："我最近刚刚谈了个如花似玉的女朋友，你忍心让她挤公交车吗？忍心让她去一家小店吃拉面吗？忍心让她看着心动的衣服不给买吗？不忍心，那就得委屈自己的钱包了。可我只是个普通的工薪族，一个月最多也就三千多元的收入，谈恋爱之前自己还够花，现在越来越觉得'心虚'了。"

"自己的钱都不够花，更别提理财了，上个月就超支了一千五百多元。还好，有信用卡救急，可不知道这样花下去什么时候是个尽头，两个人能否撑到结婚还是个问题。"

一边享受着香甜如蜜的爱情，一边却为自己的钱包日益干瘪而暗暗着急，王先生为了自己的面子和虚荣心，活得真是太辛苦了。即使能够用钱能够换来爱情的甜蜜，一旦没有了金钱的支撑，这种爱情能够维持多久还很难说。

建议像王先生一样的人还是现实一点得好，量入为出，告诉女友自己真实的经济实力。否则，一旦某一天女友转身离去，你将会人财两空。

"认识男友之时，两个人都是清贫的大学生，完全是因为相爱而走到一起的，那时的爱情不掺杂一点任何的杂质。两人在一起没多久，就把挣来的钱放在一起花。男友是个很节俭的人，除了喜欢买一些书之外，很少给自己买其他东西，但也很少给我买东西。我们很少出去玩，更多的时候是在一起看书，上自习，然后去食堂吃很便宜的饭，本应该是很浪漫的爱情，因为过度节俭反而多了几分辛酸。"

"毕业之后，我们都找到了非常不错的工作，也有了自己的收入，可男友依然节俭不减当年，我非常希望他能用第一个月挣到的工资为我买点什么，但是他没有。他说，自己还面临着买房的压力，没那么多闲钱。再后来，我们分手了，很大的原因就是我觉得他不舍得为我花钱，其实我的要求并不高，但是他却没能满足我，也就说明他不够爱我。"一位女士在谈到自己的感情时说道。

有一句被女孩们奉为择偶标准的话是这样说的："自己不一定非要找个有钱的男人，但一定要找个舍得为你花钱的男人。"即使自己的钱不是很多，也需要适当地用来滋润一下爱情，否则就是过于"抠门"，这种行事方法会把爱情无情地扼杀。也许就是因为舍不得花几十元给爱人买一束玫瑰花就把爱情给弄丢了，这样做值吗？

对此，相信很多人都有同样的感受，理财方法放到这里，这样的钱也是应该花的。节省是为了自己更好地生活，如果节省让自己"妻离子散"的话，还是不要节省的为好。

"我本来是一个对理财挺有计划的人，可自从谈恋爱之后，这种计划性似乎在慢慢消退。女友是一个在消费上没有什么计划的女孩，总是喜欢我能带给她让她惊喜的礼物。前段时间，为了纪念我们相识4周年纪念日，我给她买了一款新型手机，由于当时买得比较仓促，后来发现自己买贵了。但是，'千金难买美人一笑'，只要她喜欢，贵一点也没有太大的关系。我认为，过度精打细算会降低爱情的质量，有时候花钱太多也会舍不得，但转念一想，为了维护我们之间的感情还是值得的。我基本上没有和女友谈过如何理财的问题，可马上我们又将面临买房子和结婚的问题，有些迷茫，因为现在我们两个人收入都不高，再加上花钱比较随便，基本没有什么节余。"一位感到迷茫的男士谈到感情这样来说。

保证爱情的质量固然非常的重要，但也应该学会规划两个人的未来，特别是打算结婚的情侣。建议类似的人跟女友仔细谈一下理财的问题，毕竟两个人以后的日子还很长，只要转换一下自己的思路，两个人照样可以从理财中享受到爱情的甜蜜。

看到上面的这些例子，很多人都会对爱情和理财的关系更加的糊涂，到底应该怎样来看待爱情和理财之间的关系，想要调整好爱情和理财的关系，主要应该避免下面几点：

1. 爱情生活里没有金钱

生活在物质世界的情侣，怎能脱离与金钱之间的干系。当热恋期度过之后，开始柴米油盐的平凡日子，不健全的财务关系就是埋在你俩之间的定时炸弹。

回避并不是一个长久之计，相爱的人共同规划生活也是相当甜蜜的事情。一起讨论计算每月的生活费用，明确各项开支两人如何支付，然后建立共同的账户，用这个账户里的钱支付日常开销。这样的生活会让双方产生互相需要的感觉。

2. 在经济上好像陌路人

想借 AA 制体现自己平等的爱情？要求收入少的与收入多的出同样数量的钱，这也叫公平？绝对 AA，是一种"伪公平"的陷阱。收入少的一方经济压力倍增。对方存折数字稳步变大，而自己的几乎零积蓄，长此以往，怎能享受美好的爱情。

能者多付，量力而行，这才是两个人最公平的原则。按照收入比例来确定各自所需承担的日常开销，这样每个人都能存一些钱，送礼物给对方之时也不至于心存芥蒂。

3. 过于关心对方

管理两个人的财政是没错，但假如顺带连对方的钱包也管，那就有点越过界了。因为对金钱的管理会成为一种权利。心理学家告诉我们，如果在爱情关系中一方拥有绝对控制权利，长久下去会造成两人关系的不平衡。

最精明的管家，也要懂得尊重对方的自由，对对方的消费模式不要妄加评议。另外，偶尔尝试一下角色交换如何？不当家不知油盐贵，让他也尝尝操心的滋味，顺便为你培养一个得力的助手。

4. 所有的问题一个人扛

或许爱情是一种取之不尽的资源，但又有几个人能源源不断地给予金钱？谁也不是印钞机器。如果一方长期独自承担两个人的经济压力，心理日益沉重，怨恨怎能不滋生？爱情之路这时候也会走到尽头。

金钱的烦恼应该由两人来分担。即使一方比较富有，也需要另一方的参与。爱情或者生活的建设，都需要两个人的力量。否则，只有失衡，直到两个人之间产生隔阂。

5. 爱得不分彼此

相爱的两个人理应互相帮助，但也要视情形而定。事实证明，债务关系最有损两个人的爱情，易引发猜忌、不信任、不平等和依附关系，真是爱情的腐蚀剂。

亲兄弟也要明算账，好伴侣也不例外。借钱不是问题，问题在于要在一开始就讲清楚，保持信息透明度。心理学家说，不要开口向情人借钱，除非确定能够偿还再开口。

6. 不让爱情之火烧晕了理财的头脑

不要以为相爱和长期相处可以改变或适应对方的财务观，金钱观或花钱方式往往来自个人早期经验，根深蒂固。钱对每个人的意义也不同，也许代表地位、权力，或是获得安全感的途径，抑或影响自我评价，也可能纯粹就是享乐工具。

切莫耻于谈钱，别被恋爱的狂热冲昏头脑，至少也要在稍稍冷静下来的时候，考虑怎样互相了解对方的金钱观、价值观和行为方式，进而确定你们是不是一路人。

爱情中的理财课，你是否感到很难呢？其实这种理财方法除了理性，还要加入感性的因素，在感性和理性之间你能够很好地把握，那么你就获得了双丰收。

给双方作一个"财务体检"

结婚之前，出于对彼此的负责，要先去医院进行身体检查，这是几乎所有准备结婚的人都知道的事情。不过，结婚过日子，不是身体健康就可以家庭和睦、万事大吉，还需要良好的经济基础做保障。

通俗意义上的经济基础，就是指双方拥有的金钱数量。记得有人说过："好的婚姻就是一场成功的并购，并购的不仅是人，还有其附带的各种特质。"在我们看来，经济基础还包括软性的一面，即双方的理财能力与观念。

在导致离婚率不断攀升的各要素中，经济纠纷不可小觑。在美国，50％的夫妻离婚，是因为财务问题；在中国，经济矛盾所占的比重也逐年增高。别说你没见过这样的例子。

结婚不是儿戏，在此之前，双方应该对彼此有充分的了解和磨合，包括经济和理财状况。作一个"财务体检"，说不定就能够避免理财中不应有的失误，让婚姻之墙更加牢固。

那么"财务体检"该如何展开呢？

1. 要确定彼此共同的理财认知

世界上不存在完全相同的两片树叶，与树叶相比，人的复杂性更高，自然也不存在理财观念完全相同的两个人。

结婚前，在交流感情之余，双方不妨交流一下各自的财务状况。所谓男女搭配，干活不累，可能你会感到困惑的理财问题，对方却能提出恰当的建议，即使不能锦上添花，也可能会帮助你悬崖勒马。

2. 要建立长期的理财目标

结婚前，双方还未进入婚姻生活，但正是因为这样，才要制定目标。

只有制定共同的理财目标，双方才能在目标之下，互相妥协、互相监督，继续携手同行。

在制定理财目标时，不仅要考虑双方，还要将双方父母以及未来的孩子都考虑在内。当然如果两位誓做丁克一族，那就另当别论。

3. 要作好转换理财角色的准备

结婚前，单身生活的支出相对比较自由，理财方式大多较为粗放，或完全没有理财习惯。但如果你已经作好要当别人老婆或老公的心理准备，那么，请也作好转换理财角色的准备吧！

从婚前的"由我做主"到婚后的"有你有我"，理财应该是寻求婚姻生活和谐的重要一课，尤其是对于初入社会、经济根基尚浅的"新鲜人"来说。

一位职业女性黄女士这样说道："自金盆洗手，从月光女神的队伍中脱离出来后，我变成一名勤俭节约、朴素大方的'良家女子'。不是一家人，不进一家门。与老公相似，我也会定期乖乖去银行存工资。不同的是，我的理财思维更为开明一些，对股票、基金之类的理财工具，也多少有所涉及。凭借还算聪慧的头脑，我也小赚了几把，与存银行相比，收益那是相当可观。"

看到我在股市中的收获，老公也流露出了心动的表情。这是一个好兆头——人笨点儿不可怕，可怕的是还长有一个死活不开窍、不懂变通的榆木脑袋，好在老公不是这样的人，这为我留下了足够的改造空间。

因此说，建立家庭财务"体检"制度，养成理财习惯，增加生活保障，这对于刚刚步入社会、经济基础不牢固的年轻人来说，是非常合理而有效的理财方式。

养成每月整理对账单的习惯

每个月收到账单的时候，要留下来做整理，因为账单会列出消费明细，你可凭此分析自己的消费形态，检讨自己是否有多余的消费。如果你已经无法全部付清你的信用卡债务，就表示你的花费需要有节制。

养成整理对账单的习惯，可以帮助自己发现收入不足以负担开支时，就要缩减消费的欲望，按照需求的重要性来排序。绝对不要贪图一时的满足，等到信用卡账单一来，才开始懊恼不已。有计划地消费，不但可以得到满足感，更可以证明自己能持之以恒地储蓄而获得成就感。摆脱"月光族"的命运，才能为未来的人生计划，如买房子、投资或结婚等做准备。

信用卡的对账单其实总是透露出非常多的信息的，比如刷卡支出的状况、最低应缴金额的多寡、点数的累积、奖品的兑换，等等。养成每月整理账单的习惯，可以在对账单中得知个人的消费记录，就算是使用电子账单，也应该保存对账单的文件，方便随时调出来查阅。

聪明的女性持卡人如果懂得避免年费的支出，并且还能够充分了解银行"红利积点"的方式，那么，信用卡不但会为你带来理财的方便，还能因为你的使用而让你"享受"到一些福利呢！试试看，你会发现原来自己每个月可以攒下至少一半的薪水！

1. 快乐网购，方便又省钱

网购现在已经被消费者和网友公认为最有效的省钱方式之一，在网上很容易找到比市场上价格低的商品，而且质量也不错。网上购物方便快捷，但是仍然需要注意一些细节问题。

2. 精打细算善比较

精打细算是女人的本色，平时逛街买东西都知道货比三家，网购其实也是一样的道理。网上比价系统能通过互联网来实时查询所有网上销售商品的信息。特别适用？图书、实体工具等品牌附加值较低的商品，想知道某件东西在各大网站上的价格，只需在搜索栏里打入商品名称，点击查询就一目了然了，货比三万家也不难。挑选自己钟爱又低价的商品就是如此简单。

3. 别太相信便宜货

尽量不要太相信便宜货，不切实际的价格可能会有问题。有时候骗子会想方设法地发一些成功交易的图片和截图来企图迷惑你，千万不要相信，可以在交易详情里查看交易。另外，骗子有时会说些诱惑的话，这样是在诱惑你进一步上钩，千万别相信他的话。

4. 第三方支付平台付款

通过第三方支付平台付款的方式相当于先把款打给的是第三方支付平台

会赚钱的女人最有魅力

公司，只有等你确认收到货并且没有疑义之后，第三方支付平台才会把货款打给卖家。通过这样的一个过程，可以最大限度地保障买家的利益，杜绝了直接打款给卖家，出现问题之后卖家甩手不管的风险。

所谓第三方支付，就是一些和国内外各大银行签约，并具备一定实力和信誉保障的第三方独立机构提供的交易支持平台。

相对于传统的资金划拨交易方式，第三方支付可以比较有效地保障货物质量、交易诚信、退换要求等环节，在整个交易过程中，都可以对交易双方进行约束和监督。在不需要面对面进行交易的电子商务形式中，第三方支付为保证交易成功提供了必要的支持。因此，随着电子商务在国内的快速发展，第三方支付行业也发展得比较快。

5. 充分利用社区资源

一般的购物网站上都有相关的论坛，论坛里面有很多实用的帖子可以作为我们网上购物的参考。比如目前热销商品的排行、怎么区分商品的真假等。站在他人总结的经验上再出击，这样会少走很多弯路。如果遇到疑惑，还可在论坛上及时发布出来寻求咨询和帮助，不仅热心的网友会提供相关解答，网站的服务人员也会及时出来相助。社区内互动沟通的模式，使购物不仅仅是一个在网上选择、对比、决定的过程，更应该是一个体验、沟通和享受的过程。

6. 省钱压价有窍门

当你在网上一个店面购物达到一定金额的时候，可以和卖家洽谈减免一定的邮费；也可以在购物的时候，多约几个朋友一起购买，增大可以砍价的筹码；最好在购物的时候，一个阶段一个阶段地集中采购，省去每次购物都花费邮费或者快递费的支出。

7. 即时沟通，扭转不可议价的状况

购物的时候，最好还是和卖家多沟通一下，即时通信工具是比较好的沟通方式，比如 QQ、MSN 和阿里旺旺等。有疑问就要及时沟通，即使卖家在商品页面说明不议价，但是精明的人通过在线沟通，还是有砍价的可能的。尤其要注意的是，在没有确定好价格和卖家是否有你需要的商品型号、颜色之前，最好不要拍下物品，免去"只拍不买"的麻烦。

购物不能贪图便宜

在买东西时，我们可能都有过讨价还价的经历。为什么会讨价还价呢？其实就是我们无意识中在考虑我们所买的商品的功效、耐用性等，也就是商品的性价比。所以，通常来说，那种具有多种功能的产品会比单一功能的产品好卖。而那些耐用而且比较容易维修的产品更会受欢迎。比如，美国经济危机时期，有厂商推出一种新式口红，这种口红两头都可以用，可以涂两种不同颜色，结果很受欢迎。

当然，居家过日子，每天都面临着"消费"两个字，远不止简单的讨价还价这么简单。既然我们每天都得消费，那么，如何消费，买什么样的东西，就直接决定了我们的生活品质，也直接决定了我们是否能够省钱。

不过省钱并不意味着就是一定要买便宜的东西。我们可能都遭遇过类似的尴尬：想买便宜的东西省点钱吧，但是，偏偏买的便宜东西不让人省心，三天两头就出问题，出了问题还得再买新的，这样一算，买便宜货也没省下多少钱，反而添了不少麻烦。

这的确是我们购物时的一个悖论，也就是我们通常所说的：好货不便宜，便宜非好货。但是，这省钱之道也就存在于商品的差异性中了。不是所有的东西都要买便宜的，但也不是所有的东西都要买贵的。这就是买东西的艺术了！哪些东西应该买便宜的，哪些东西应该买贵一点的，哪些东西应该买价格适中的，应该什么时候买，其实这些问题归结到一块儿，很简单，就是衡量一下性价比，再考虑是否购买。

1. 使用年限长的、重要的物品要买耐用的，这时候要更加重视商品的"品性"

比如说，像家用电器、家具、汽车，油漆、地板、瓷砖、水管、电线、洁具（特别是马桶）等，这类物品的使用寿命都远远在一年以上，都属于可使用多次的商品。像这类物品，在首次购买时，就尤其需要多操点心，货比三家，买质量好的、有品质保障的、耐用的。"建议马桶、水龙头买名牌。瓷砖客厅买好点的，卫生间就不必要品牌的，质量好点的砖就行，但颜色和图案要好，要大气的。厨房建议自己打框架，再去订门板、拉篮之类的东西，出来的效果和买的是一样的。卫生间的柜子也是可以这样做的，据说能省很多，把省下来的钱用在家具和软装上，会明显提高整体的品位和档次。"这是一位专门做装修朋友的心得，女性朋友们可以参考一下。

对待这些物品，可千万不要因为一时贪图小便宜，或者是因为一时资金不足，而购买一些价格听起来很便宜的商品，那样，价低了，品质次了，前期你是省心了，等到后来你会有一连串的麻烦。"在装修房子的时候，我们家为了节约点，买了外观和高档货一样的水龙头，但其实那是质量差的低档货。结果，今天早上水龙头下面螺丝口断裂，家里水漫金山，所有的地板都被泡得翘了起来……"这是一个朋友的亲身体验。就是因为贪图一点小便宜，没有考虑性价比，买了一个品质差的水龙头凑数，结果就导致了一连串麻烦事情的发生。接下来，得重新装地板、水龙头，被泡坏的家具也得重新换。

如果不想要受这些罪，还不如在最开始买的时候就买质量好点的。也许会稍微贵一点，但是，以后能够省心啊！省心的同时，也省钱！

2. 一次性的消费品，可以更重视商品的"价格"，购买更便宜的即可

比如说像透明皂、垃圾袋等一些小的生活用品。日常不能缺少，但是昂贵与否又不会影响生活质量，这类商品就可以适当考虑买便宜的。

还有食品类，商场会有打折销售、买一送一等情况。可以选择这种便宜的时机购买。

一般来说，购买便宜一点的一次性消费品，并不会给生活带来多大的不方便，因为这部分商品要说质量，其实倒没有太大的差别，主要是品牌附加值的影响导致不同商品价格不一样。我们就没必要为这类商品多付出一些品牌附加值了。还是选择便宜的比较明智。这样，时间长了，可以省下一大笔钱呢。而用省下的这些钱，就可以在买重要的东西时多投资一点了。这就可

以形成一种家庭消费的良性循环。

3. 个性化的商品可以适度抛开性价比，可以依据喜好判断

比如说像平日的休闲服、家里的窗帘、软装饰，等等，这一类物件更加突出的是个人的审美、个性特点，因此，在购买时不必要参考价格，而是要将个性放在第一位。有很多很漂亮的衣服、装饰，虽然价格很便宜，但是的确很漂亮，不要因为害怕别人觉得你小气而不敢买，也不要为了赢得别人虚假的羡慕而专门购买一些贵的物件。这些东西毕竟是你自己在用，自己喜欢就行。

不过，我们还需要提及的一点是，性价比毕竟是一个感性的认识，在不同人的眼里，同一商品的性价比可能不同，所以，你在考虑性价比时应该结合的是自己的经验和与自己经济水平大致一样的朋友的经验。而不应该借鉴与自己经济水平相差过大的人的经验，这是不符合实际情况的。

外出旅行，钱也省了兴也尽了

放下那些快要让你发疯的工作，走出快要让你发霉的格子间，让自己憋闷的心灵去晒晒太阳，去享受旅途中的艳阳、绿草、飞鸟、人文所带给你的欣喜。你甚至不必在乎目的地，对于女人们来说，旅行本来就应该是漫无目的地行走，随意、随心、随性，直到碰上了好风景，再也不想转移视线和脚步，那么就停下来欣赏，然后重新上路。旅行是你对生活常态的放下，也是一种对自我心灵的放逐。旅行中的你会发现：世界原来可以如此的广袤无垠、海阔天空。

心动了吗？当然！不过你可能又要感觉荷包大出血了，这你可就想错了。旅行其实有很多种选择，并不一定非要你的荷包大出血才能玩得尽兴。不妨来看看下面的省钱攻略，相信会对你的快乐出行有所帮助。

1. 多参考旅行攻略。在出行之前上网去查找一下目的地的旅行攻略，很多有心的驴友都会把自己的旅行经历写成帖子发到网上。你可以根据他们提

供的旅行路线和个人经验作为自己出行的指导。这样可以让你少走冤枉路、少花冤枉钱。

2. 正确选择交通工具。如果乘火车也能在规定的时间内完成你的旅行，那就不要选择坐飞机，毕竟在价格上的差异还是很明显的。如果只能选择坐飞机（比如出国），那就多查询一下机票的价格，最好在折扣很低的网站上预订电子机票，价格有时会比火车票还要划算。

3. 计算好时间差。从居住地到目的地的时间是需要在旅途中度过的，计算好你行程的时间能够在很大程度上节省你的住宿费用，比如选择晚上乘车白天到达的旅行方式，就会为你省下当晚的住宿费，而大部分人也是用这种方式省钱的。

4. 选择淡季出行。想要省钱又舒心的旅行，当然有可能，那就选择淡季出行吧。不仅各种票价会相对便宜，最重要的是绝对不挤，不至于让你看不到"风景"，只看到"看风景的人"。没有假期？有什么关系，申请你的年假吧，不必非要把它留着等待奖金或者跟法定长假攒在一起休。该休息的时候就休息才是明智的做事态度，况且跟四处拥挤的长假放在一起，除了增加出行的成本之外，对你的心情放松起不到任何作用，还不如不去的好。

5. 争取住宿的价格空间。不管你的旅行目的地是景区还是城市，在旅馆的选择上都有很大的价格空间，而且不一定最贵的就是最好的。在你能够接受的条件范围内，货比三家，选择环境不错、价位较低的旅馆会为你省去不少住宿的费用。如果你在早上到达，不要马上去旅馆投宿，因为这时大部分旅馆还没到退房时间，而且你背着行李不好讨价还价，不妨先把行李寄存在火车站，然后一边玩一边寻找合适的旅馆。住宿时问清楚是否包括电话费，如果包括你还可以省去一笔手机长途漫游费。

6. 学会蹭听。报团出行不自由而且花钱相对较多，但是有一个好处就是有专人为你讲解。但是即使不报团你也可以享受到这种待遇，那就是要学会"蹭听"。很多地方的建筑或者风俗单凭自己看是看不出什么门道的，那就不妨跟着同路的旅行团去蹭听。既有导游讲解，又不用花钱，两全其美。

7. 多种交通工具结合使用。在旅行地如果可以坐公交车到达的地方就尽量不要打车，即使打车也要先商量好价格，看有没有压价的空间，很多长途汽车中途上车也是可以还价的，可不要为了面子不好意思哦。

8. 购物也有讲究。购物讲价这谁都知道，但是对于购物的时机也要掌握好，不要在有旅行团在场的情况下购物，导游带来旅行团的购物价格通常要比一般散客高，因为导游是有提成的。不管你买的东西多便宜也不要把"真便宜"之类的话挂在嘴边，因为听到的卖家会在你下一次购物时调高价格。

旅行真的是一件很让人愉快的事情，没有多少资产的你只要能精打细算，同样可以潇洒出行，玩得尽兴。

做时尚"拼客"，过省钱生活

"拼客"这个名字在城市里已不陌生，这里的"拼"是拼凑、拼合、拼接的意思。尤其是经济紧张的时候，各种拼客应运而生，拼房、拼吃、拼车……总之，能拼的都要拼。那要怎么拼呢？很多姐妹们可能会忍不住这样问。别着急，接下来看看他们都是怎么拼的。

1. 拼房。这是"拼"的鼻祖级方式，可以说"拼客"们就是从这里开始他们的拼凑生活的。通俗一点的说法就是"合租"。刚参加工作，高居不下的房价粉碎了你的置业美梦，甚至连房租都跟着水涨船高，自己租不起整栋房子，完全没关系，找人"拼"就好了。当然，这种方式大家已经司空见惯，甚至正在有效地实施，想必不用我再多费唇舌了吧。

2. 拼吃。嘴馋想吃大餐，又怕价格太贵"烫到"舌头，怎么办？找人"拼"啊！周末，你可以约几个有共同口味的朋友选好一家餐厅，一起美餐一顿，人多菜多口味全，吃完后各自 AA 制付账，谁也别不好意思。同事之间也可以这样，每人每周交 50 元钱作基金，到附近餐馆合伙点菜吃饭，平均一顿饭每人花 10 元钱，比周围二三十块的商务套餐要便宜不少，很划算吧？

3. 拼车。走路太慢，打车太贵，买车没实力，坐地铁公交太挤，那么不妨来"拼车"吧。之所以选择"拼车"主要有以下几方面的理由：节省费用，几个人顺路搭车，打车费用一起分担，能降低近60％以上的车费；省时方便，与司机约定好接送的时间和地点，出租车会准时停靠在您的身边，免除了到公交车站等车或路边打车的烦恼；舒适惬意，挤公交车之苦不需多言；交友结缘，原本并不认识的几个人，因结伴搭车而结交，相识相知，不亦乐乎；节能环保，同路者组合搭车，减少了城市道路车流量，缓解了交通压力，节约了宝贵的能源，还减少了污染，方便自己，服务社会，何乐而不为！

4. 拼婚。对于刚参加工作，积蓄不多的年轻人来说，结婚的确是一件高消费的大事。为了节省婚礼成本，不少新人决定寻找伙伴一起置办婚礼，即所谓的"拼婚"。"拼婚"可以是去集体结婚，也可以是集体拍结婚照、一起买家具、一起订酒店、一起租婚车，总之就是要获得单独行动不可能有的优惠和折扣，正在筹备自己人生大事的姐妹不妨参考看看。

5. 拼衣服。衣服也可以"拼"？很简单，就是身材差不多的几个闺蜜把各自的外套、大衣等拿出来大家换着穿，这样不仅环保，而且又能为你省去一大笔置装费。大家把各自的收藏拿出来分享，化零为整，看看你究竟多了多少件衣服，这个数目一定很可观。

6. 拼旅行。出去旅行对收入有限的姐妹而言往往是一件奢侈的事情，出一趟远门就要提前好几个月开始存钱。而且不管是报团还是单独行动都有很多弊端，报团不仅贵而且玩不好，单独出行感觉不安全，而且车票、机票、酒店、路线、门票什么的都得操心，想想都麻烦。所以，不如找人一起吧，可以是你的熟人，也可以是网上认识的"驴友"，找那些和你时间路线相同的人一起出发吧。只要人数足够，各大景点还可以买到团体票，住酒店也一样，你又可以省了一大笔。而且还有人陪、有人玩，旅途不会觉得孤单和寂寞。

7. 拼购。超市里有水果、商品打折了，但是必须购买几斤或整箱起，自己一个人吃不完、用不了怎么办，找你身边的那位和你有同样心思的阿姨"拼"一下就行了。当然，这种情况你得碰运气，有计划的拼购更加值得提倡。大家拼到一起去购物，买得多了不仅可以享受团购优惠，而且群体出行、集体砍价才是购物的乐趣所在。

8. 拼卡。健身卡、游泳卡、美容卡、美发卡、购书卡，为了保证生活的品质，我们需要的卡还真不少，但是一不小心就被这些卡"卡"住了。所有这些卡可以说每一张都价格不菲，要全办下来估计你的荷包也就瘪瘪的了。所以不如大家合办一张就好，这样不仅什么卡都有了，而且还节约了自己的成本，姐妹们有需要的不妨找好友、同事一起"拼拼"看。

"拼生活"的方式不仅让人们更懂得了珍惜和节约，也加强了人与人之间的合作与沟通。"拼一族"进行的各种"拼消费"，提供了一种节约的形式，在追求高品质生活的同时又省掉不少的银子。总之，"拼"是没有什么固定形式的，只要你能够想得到，你就能"拼"得起来。只有"爱拼才会赢"，不过这个赢，对于姐妹们来说，不仅仅是节省了开支，更是赢得了一份生活的快乐。

"拼消费"体现了中国人勤俭节约的传统美德，同时也节省了资源的浪费。"拼消费"不仅让大家都得到实惠，而且也增进了彼此的信任和友谊，起到了双赢、多赢的作用。

这是一种聪明的生活理念，"拼"得让人愉悦。在"朝九晚五"的生活定式中，蜗居在高楼大厦的城市精英们，即使每天都能在电梯里相遇，也很难给彼此一个深入交谈的借口。"拼生活"的出现，让背景相似和有共同兴趣的人聚集起来，促进了人际的沟通和交流，也拓展了都市人的生活圈子。

"拼生活"不同于盲目攀比和超前消费，而是一种理性的生活方式，也是一种理财方式。但是，由于大多数"拼消费"是属于随机行为，没有明确的规定，一旦引起纠纷将会很难处理，所以"拼一族"应该注意了解所"拼"的消费的具体情况，擦亮眼睛，谨防受到蓄意欺骗。

又省钱又享受，两不耽误

省钱是很重要的，但是我不能因为省钱而去过一种看起来不那么体面的生活吧？我们挣钱就是为了享受生活，如果不能用来享受，那么还省钱干什么？也许有些人会这样想。是的，的确是这样，我们不能因为省钱而大大降低我们的生活标准，我们不能因为省钱而天天在家啃馒头。但是，请记住，只要用对了方法，不仅可以省下钱，还丝毫不影响你充分享受生活。

让我们一起来看看杰克夫妇是如何过着既节俭又体面的生活的。从他们身上，我们可以看到，节省金钱和享受生活并不冲突，甚至从某种意义上说，如果没有节省金钱，便不能享受生活。

杰克夫妇退休了，他们住在洛杉矶的一个高档社区里。他们有一幢价值120万美元的别墅，一辆普通的轿车，此外，他们还有数百万美元的净资产。但是，他们依然十分节俭，关心他们日常开支中所支付的每一个硬币。正如杰克夫人所说：我的丈夫和我都是白手起家的，知道每一个硬币的价值，因而我们俩都很在乎我们的钱。

除了漂亮的房子，杰克夫妇同样有能力购置高档的汽车和时髦的衣服，但这并不是他们的风格，他们依旧开着那辆普通的，甚至可以说是有点破旧的轿车。杰克夫人认为，轿车和房子不同，轿车属于消费品。就那些一旦购买了就会失去其全部或大部分初始价值的产品而言，关心其价格是很重要的。像汽车和衣服这些物品的价值极不耐久。

省钱，并不是降低生活质量，你还在过街天桥上买15块钱一件的T恤，顿顿盒饭解决，还在"月光族"的大军中无法突围，还以穷忙族自嘲吗？

省钱是一种生活态度。省钱，是为了改善生活质量，并非降低生活质量。当我们盲目地开始省钱，戒掉去心爱的餐厅吃饭的习惯，戒掉逛街，戒掉和朋友在酒吧谈天说地，戒掉去电影院……我们的生活还能剩下什么？难道只是纯粹地作为一个生物活在这个世界上，失去任何乐趣吗？如果你打算这么做，那么很不幸地告诉你，你的省钱计划不出一个月就会举白旗。只有在保证了生活质量的情况下，才能够开始省钱，这非常重要，因为它将决定你能持续多久。

省钱并不是让你变成一个守财奴，锱铢必较，一毛不拔。定期下馆子、逛喜欢的百货公司、和朋友们外出消遣，如果取消这些活动让你感到沮丧的话，请继续，但是这并不代表你被允许胡吃海喝和刷卡血拼，你要记得只点可以装进肚子的，不点需要倒掉的，只买能用上的，不买用来囤积的。定期记账，知道自己的钱花在了什么地方，以便对下个季度的消费计划做出调整，把省下来的钱存进银行或者请专业人士为你设计投资理财计划，当你在工作两年后依旧在每个月底发愁，你需要停顿下来，重新理财。穷忙族的消费水平可以很高，但是，在你踏入 25 岁后，你需要开始设计自己的将来。省钱是一种负责的生活态度，不仅仅是为自己。

1. 建立一个自动储蓄计划

在银行建立一个只存不取的账号，每月定期从你的工资卡上划去一小笔不会影响你日常开销的钱，可能仅仅是一顿饭的钱，或者一次泡吧的费用，但是当你开始这么做的时候，你已经不再是月光一族。

2. 为那些不必要的商品维护一张"我不需要它们"列表

在手机或者随身携带的笔记本上记下你不需要的物品清单，购物的时候坚决不予购买，随着你的清单越来越长，你会发现，即便离开了这些东西，你的生活依旧可以照常继续。

3. 有困难？上网

当你不知道自己需要购买的东西是否正在打折促销的时候，可以上购物网站，说不定还能淘到比实体店更便宜的货品，偶尔还能获得现金券，留待下次购物使用。

4. 选择一个高利率的网上银行来激励储蓄

钱存到一定量的时候，你已经坚持省钱一段时间，这时候你需要选择一个高利率的银行帮你存钱，无论你是在工作还是在睡觉，你的钱都在银行里为你生出更多的利息，鼓励你继续省钱计划。

5. 购物省了多少钱，就存多少钱

购物省下来的钱不是用来购更多的物，也不是给你机会胡吃海喝。没有预期的打折或者降价给了你一笔小横财，既然它不在你的消费计划里，请把它存进银行。

6. 冻结信用卡（仅针对消费狂人）

如果你无法压抑自己刷信用卡的欲望，请把信用卡手动销毁，如放进冰箱或者微波炉，让银行从你的工资卡自动转账还款，否则，你永远无法逃离这个大黑洞。

7. 不要小觑零钱

把零钱也存起来，放进储蓄罐里，积少成多，看起来有点老土，但是，这可以帮助你养成不浪费的习惯。况且，积少成多，100个硬币加在一起就是1张百元大钞，恭喜你，又可以存进银行了。

8. 为奢侈品建立一个"等待"时间表

当你非常希望拥有某件奢侈品的时候，请不要立即掏出信用卡，而是等待，一个月或者更长的时间过后，把它从你的等待列表中翻出，看看你是否依旧希望拥有它。也可以建立一个"日薪原则"，例如，你每日的薪水为100元，而你希望买一个2000元的游戏机，那你需要等待20天，等自己努力工作20天后，再回头看看是否真的想买它。等待可以让你分辨出哪些是你真的希望拥有的物品，而哪些仅仅是一时冲动希望抱回家的，想好了再买总比买完后悔去退货来得容易。

9. 存小钱买大件

当你需要换电脑或者其他大件物品的时候，请立即建立一个相关账户，例如"电脑"账户，把平时省下来的所有小钱都存进里面，直到你可以买到为止，在此期间，你依旧在往之前开的储蓄账户里存钱，而这个账户只是帮助你在不影响正常理财计划下能够购买真正需要的大件，当你这样做并且买到了电脑的时候，你会发现自己开始爱惜买回来的电脑，就像一个马拉松，你坚持跑完了全程，电脑是奖品，无论它价值多少，你都将异常爱惜它。

赶不完的时尚，淘不完的服装

人靠衣装，三分长相，七分装扮，漂亮的衣服会给青春增添无限光彩。在人生中最美丽的季节，谁都不想让自己显得很老土。年轻女孩，都有追逐时尚之心，然而时尚的脚步实在很难赶上，今年买了新款，到下一季又会有新的服装款式、面料和花色，时装设计师们永远都在制造不同的流行，每一年都有不同的流行，各个季节的流行也不相同。

　　每到换季的时候，女孩子们都会在服装店流连忘返，在商家的蛊惑和新款时装的诱惑下一掷千金。等到钱包瘪了，面对塞满过时的衣服的衣柜发愁的时候，才后悔当初不该买那么多没用的衣服，所以买衣服还是大有讲究的。

　　要购买生命周期长的衣服。经常浏览时尚杂志，充分了解时尚的趋势，掌握时尚的精髓所在。在购买服装的时候，要挑选那些经典、不易过时的款式和花色，然后添加一些时尚的元素，这样既不会显得落后也不会让你为时尚付出太多代价。

　　注意服饰的搭配性。马钰买了一双漂亮的靴子，回家把所有的衣服都试遍了还是觉得不搭配，她只好再去商场买了一件外套，发现如果再有一件裙子就比较好，于是买了一件新款的裙子，紧接着又配了一条围巾、一顶帽子、一个包，这才感觉整体效果比较好，只是这样一来，靴子只花了两百多，而其他的配件加起来却总共花了两千多。买了马鞍又买马，相信马钰的经历很多人都碰到过。所以在穿着方面，除了单件服饰的精致，总体的搭配也非常重要，既要求风格协调，又要体现自己的特色和品位，那么在购买服饰的时候，就要事先想好与自己已经拥有的服饰的搭配，最好选择那些容易搭配的服饰，尤其是那些与不同风格的衣服搭配能够起到不同效果的衣服或者首饰，这样能够让自己的衣服穿起来看着有很多品种，自然就可以降低购买的数量了。

　　选择购买的时机。一般来说，女装的时效性特别强，每个季节新款上市时价格一定很高，等到季末的时候，就降价声一片了，到处都在打折，用一般甚至更少的价格就能买下完全相同的产品。刘敏冬天的时候，看中了一双靴子，但由于是在当季，所以价格比较高，标价是680元。虽然款式和颜色都很满意，试穿之后觉得也很合脚，但她还是没有当时买下来，因为她知道这双靴子不是流行的款式，而是经典的风格，如果能在季末打折的时候购买一定会省下很多钱，于是她就耐心等。果然，初春再来专柜，她惊喜地发现这双原价680元的靴子已经因为号码不全而降价到了200元，而她所需要的号码正好有。于是刘敏毫不犹豫地买下了这双以后几年都不会过时的靴子。两个月的等待让刘敏省下了 480 元，足够买一件新款的春装了，实在是超值。

学会砍价。除了被动等待商店的打折活动，还必须学会主动砍价。你如果自己不开口商家可不会自己给你便宜。不要怕丢面子，没人会笑话你，要知道你跟商家磨一会省下的可是自己的银子。服装价格确实水分很高，你要是不砍价，挨宰的就是你。

一个人逛街很容易被商家蛊惑，如果能够与几个朋友结伴逛街就可以彼此配合，一个拿着衣服挑三拣四，一个对店家软言软语，既不能让人家生气不谈生意了，也要让店家明白自己不会上当。等到磨得差不多了，就说出比自己的心理底价稍微低一点的价格，卖方稍微提高一点就成交。

很多人习惯去大商场买衣服，因为不想跟小店老板讨价还价，认为大商场的价格透明，没有杀价的余地，所以干脆不考虑砍价的问题。事实上，现在的商家基本都是与厂家联营的，而导购小姐的收入也是由厂家发放的，厂家为了增加销量也会给导购一定的降价空间，因此不管商场里是否有促销降价的活动，都应该跟导购小姐要求折扣。

张萌看中了一件外套，在营业员主动给她打折以后满心欢喜地掏出 600 元钱买下了。这时候，来了两个女顾客，同样看中了她这种款式的外套，把营业员拉到旁边，说了半天，几个人终于喜笑颜开，衣服也开始熨烫了，但是两人却迟迟不开票交钱。张萌觉得很纳闷，营业员还算老实告诉张萌，卖给那两位小姐只要 450 元，怕她不高兴，准备等她走后再付钱。张萌非常生气，终于明白原来大商场也是可以还价的。

买东西先要问老板最低价，先了解店家的心理承受力，以及商品真正的价格。这个战术的关键是开始要一个劲儿地喊价高，让老板再便宜一点，等老板一点一点把价格降下来，降到她告诉你最低价的时候，再补砍一下。遇到女老板，一次就从 400 元砍到 150 元，她多半不会承受的，而一点一点的磨价则比较合适。

同样风格的衣服这家店里有，另外的店里肯定也有，价格会有一些不同。

这就需要腿勤还有对于此类的衣服，可以多在几家商店逛逛，若其中有店主流露出想和你商量商量价格的意向后，你也不必急着和她开始口水仗。你可以很轻松地说在别家店也看到过这样的衣服，质量不见得差，价格比你低一半，即使你以前根本就没有问过价钱，不是都说兵不厌诈吗？此时，小店老板们会很急切地表明你不识货，以那样的价格绝对买不到。当然，你可以很轻松地说一句去别家再看看，即使没有买到衣服，起码也摸清楚了行情。来到下一家店和老板理论的时候就有了心理准备，还下来的价钱也差不到哪里去了。

买衣服要"淘"，擦亮眼睛，宁缺毋滥，不要被所谓的跳楼价冲昏了头脑，买了一些可能只能穿几次的衣服。与其买今年能穿明年就过时的衣服，还不如多花点钱买经典不易过时的衣服。

穿衣搭配讲方法，"省"出不同风格

爱美之心人皆有之，尤其是女孩子更想在外人面前保持一个完美的形象。因此，望着那满满一柜子的衣服，好多女孩还是发愁"为什么就没有衣服穿呢"？于是，每个月的工资光置办衣服就让你的钱包瘪瘪的了。其实，并不是你没有衣服穿，只是你不懂得搭配而已。衣柜里的衣服只要你善于搭配，同样可以穿出不同的风格，穿出不同的美感。这就要求大家在选购服装的时候多花些心思了，坚持以下原则，你的银子才不会白花。

1. 找到自己的穿衣风格

我们要的是"人穿衣"，而非"衣穿人"。没有自己的风格，再怎么昂贵和华丽的衣服穿到身上，也不能让你更有气质、更漂亮。能够给我们留下深刻印象的穿衣高手，不论是设计师还是名人，其原因只有一个——他们创造了自己的穿衣风格。至于自己的风格怎样确立，最重要的一点就是不能被千变万化的潮流所左右。而应该在自己所欣赏的审美基调中，加入当时的时尚元素，同时从自己的气质涵养入手，融合成个人品位，只有这样，才能具备自己的穿衣风格。

会赚钱的女人最有魅力

2. 经典款式不能少

服饰的流行是没有尽头的，但是无论潮流怎么变化，最基本的服饰都不会退出历史舞台，而这些能经受得住潮流考验的基本服饰就是经典的款式。具备这种特质的服饰通常是设计简单、剪裁大方、做工精良的骨灰级款式，像白衬衣、及膝裙、宽腿裤等，这些经典款的衣服一般都不会过时，随时拿出来穿着上街也不会有人笑话你老土。想要推陈出新的话，只要在这些衣服上面加一些流行的配饰就能起到耳目一新的效果。

3. 身材、脸形、肤色、气质，这些才是搭配的要点

很多衣服都是挑人的，与其让它挑你，不如你来挑它，挑那些跟你相配的衣服，而不是跟模特相配的衣服。为了避免被一时的购物气氛迷惑，彻底了解自己是非常重要的基础课程，读懂自己的身材、气质、肤色，了解自己适合的色彩和款式，才能让搭配出来的效果更完美。

既然是为了省钱，那么最重要的一点就是重新整理你的衣橱，如果你的衣橱里已经有的，不管再经典、再漂亮，都不要再去买了，买了就是浪费。在开始你的混搭行动之前，你要做的不是买新衣服，而是找旧衣服，如果你已经掌握了搭配的要领，那么你就会发现自己那些要淘汰的旧衣服突然之间都派上了用场，那么恭喜你，你的荷包又一次避免了被"洗劫"的命运。

穿得漂亮并不一定要破费很多，只要你学会了聪明的搭配方法，就算你全年都穿旧衣服，也能天天穿出不同的风格。

每个女人都想让自己青春常驻、光彩照人，因此，脸应该是女人投资最多、也是最花费心思的一部分了。即使平时不爱化妆、不爱打扮的你，恐怕化妆桌上也堆满了瓶瓶罐罐。

可是，所有的化妆品中你常用的也就那么一两个，花那么多钱买回一堆不用的东西，你说自己亏不亏？不省钱脆弱的皮肤都已经状况百出了，再省钱这张脸还能要吗？当然能！遵循以下原则，你一样可以找到省钱又有效的护肤品。

1. 大牌未必真好，小牌未必不好

女人们迷信大牌也不是一天两天的事了，单从精良的广告制作上，就让

那些大牌化妆品的效果已经不知翻了多少倍。但是是真的好用，还是你的心理作用，那还真不好说。同理，小牌的化妆品未必不好用，尤其是那些刚刚创牌的，为了树立口碑，除了保证质量还要最大限度地压缩利润，其价格甚至只有大牌商品的几十分之一。就冲这几十分之一，你多抹上几遍恐怕效果也能赶上那些大牌了。

2. 关于化妆品换季的问题

首先，从购买的角度而言，一些季节性的化妆品因为过季往往会降价销售，这时候购买会比较划算。当然，产品的保质期也要看好，不过一般的化妆品在未开封之前至少有1～2年的保质期，所以，一般可以保证你在下一次换季时使用。

其次，你自己的化妆品也要换季了。那就要做好保鲜工作，保证在下一次使用时不会变质，避光、通风、冷藏是你要为它们找的位置；如果已经过了保质期或不打算再使用，也不要直接丢掉，看看还有没有其他的用途，比如擦脸的用来擦身，如果实在不想用了，拿来擦皮鞋也行啊。

3. 购买数量要注意

数量越多平均下来价格越便宜，这个道理大家都清楚，而且也是这样做的。但是并不是所有的化妆品都应遵循这个原则。对于用量较大的爽肤水、润肤霜、面膜、洗发水、沐浴露等产品，购买容量多的自然比较合算。但是，在用量较少的彩妆选择上还是选择小包装的产品比较好，因为彩妆产品开始使用后保质期就会缩短，像睫毛膏的使用保质期通常只有 6 个月，你如果选择量大的，只能是白白浪费了。

4. 做女人要"专一"

这种"专一"不是要你非得坚持使用那款不适合自己的化妆品，而是要你尽量做到可以一次性购买全年的护肤品或者做到在同一家商场或专柜购买产品。一次性购买的好处可以省去你再次购买的麻烦，而且购买得多还可以享受更多优惠；在同一家商场或专柜购买，还会获得相应的累积积分，积分越多自然也就越优惠，而且商家对于老顾客也总是很给面子地多送一些小样作为回馈。

5. 学会索要小样

说到小样，我们要知道无论是化妆品专柜、大型网站还是淘宝小店，几乎都会提供试用装和产品小样。不要不好意思开口，多跟她说两句好话，让她多送你两瓶。

同时，一些大型网站在女性美容频道往往设有网友试用的专栏，特别是有新品发布的时候，你就有机会申请到免费又好用的正品小样。

至于淘宝等购物网站的小店里，只要购买产品，也会有小样赠送。不过他们的小样很多时候是拿来卖的，因为都是试用装，他们无论卖多少都是只赚不赔，所以你可以买到非常便宜的大牌化妆品。

省自己的钱，过好自己的生活

如何才能赚钱？很多人最先想到的就是投资。这自然没错，可是，除此之外，没有其他的方式吗？你是否和很多人一样，把省钱给忘记了呢？

其实，省钱也是赚钱。你每省下一块钱，就等于你多赚了一块钱。积少成多，久而久之，数额可不小。省钱，就要从我们日常生活中的每一个细节开始，从节约我们手中的每一块钱开始。让省钱成为一种习惯，一种融入你血液、融入你灵魂中的习惯，这对于你的未来，有着深远的意义。

生活中总是有许多这样的人，他们试图把自己的观点强加给他人；而另外一些人，则十分在乎别人的看法，让别人的看法影响自己的决断。

有些人本来很节约，注意节约每一滴水、每一度电，但可能会遭到别人的讽刺，说他们像葛朗台一样，把那些钱省下来干什么用！

这些人的成见根深蒂固，如果不能掌握很好的方法，运用适当的方式，很难说服这些固执的人改变他们的偏见。如果你很在乎这些人的说法，怕别人说你吝啬，便渐渐地放弃了节约这种优秀品质，那么，你很难积累起你的财富，即使你挣得很多，但花得更多，金钱便慢慢地从你身边溜走了。

对付这些人的冷嘲热讽，你可以告诉他们无数滴水积起来也能成为大海，告诉他们节约是一种美德，节约有利于环保、可持续发展、保护资源等。你可以向他们说明：节约水电，不只是为了自己省钱，更是为了整个地球的未来，为了子孙后代还能够有资源可以享用。

有些人受到一些电视、电影里面奢侈、豪华、浪漫的影响，为了让自己心爱的人高兴，为了制造浪漫，动不动就去买99朵玫瑰，还要特别贵的那种，要不就是买昂贵的戒指等首饰，生怕花的钱太少不能表达自己的心意。在这上面花了太多太多的钱，效果怎么样我们暂且不说，这样做其实是把爱情和金钱等同起来，是在玷污神圣的感情。谁又能说一个精心挑选的小礼物、一个意外的小惊喜、一段月下的漫步，比不过那些昂贵的首饰？浪漫，其实不是用钱堆出来的，而是用你的心、用你的创意制造出来的。

因此，你大可不必怕人说你小气而去买那些昂贵的首饰来讨好女友，你应该对她们说，像爱情这么神圣的事，是不允许用金钱来玷污的。

有些人虽然知道节约能省钱，不过他们觉得自己在一个不错的公司有一个不错的职位，每月收入有好几千，在他人眼中也算混得不错了，就是再怎么不济，也绝不会沦落到贫穷的行列。他们才不屑于去省那一两块钱呢。省钱过日子是没钱人的事。如果那样过日子的话，会被人看不起，脸上没面子。

省钱只是没钱人的事？真的是这样吗？其实，绝大部分富人在日常生活中，都很注意节约，会省下每一分能省下的钱。最新的一项统计调查表明，在全球首富500强中，有着节约意识的富豪占到了总人数的84％，如果除去那些向来以为不奢侈便显示不了身份的贵族王室，这一比例还要更高。

如果有人告诉你某个大富豪身上穿的休闲服只是几十块钱的杂牌货，某个富翁购物时照样使用优惠券，某个富人将坏了的鞋子修补好后照样穿，你听了后也许会付之一笑，觉得这么不可能，要么就是在说一个破产的富翁。可是，我可以明确地告诉你，有不少富人确实就是这样做的。

比尔·盖茨富不富？这位世界首富照样很节约。盖茨平时穿的衣服都是一些很普通很平常的休闲服，他很少去买名牌西服，还有人曾发现过他穿的牛仔裤上破了一个小洞（这可不是像某些新新人类为了所谓的时髦故意弄出来的洞）。他乘飞机通常坐经济舱，吃的也是一般人吃的那种三明治和汉堡。据说有一次他开车应约去见一个朋友，稍微晚了一点，饭店的停车场都停满了。服务生建议他把车停在贵宾区。贵宾区的停车费自然比一般场地的停车费要高。盖茨觉得这样做纯粹是浪费，把车停在贵宾区和普通区没有什么区别，还要多花那么多钱，就不肯同意。盖茨的那位朋友见状，便提出由他支付多出来的停车费，但盖茨还是不同意。他说，我不是缺这些钱，而是觉得完全没有必要把车停在贵宾区，白白多花停车费。至于这多出来的停车费是你付还是我付，都改变不了浪费的事实。最后，盖茨还是找了个空地，把车停在了普通停车区。

显然在停车这个问题上，他显然不是因为缺钱才这么做。到底是什么原因使盖茨不愿多花几元钱将车停在贵宾区呢？原因很简单盖茨作为一位天才的商人深深地懂得花钱就像炒菜放盐一样，应该恰到好处。盐少了，菜淡而无味；盐多了，苦咸难咽。哪怕只是很少的几元钱甚至几分钱，也要让它们发挥出最大的效益。一个人只有当他用好了他的每一分钱，他才能做到事业有成，生活幸福。

股神巴菲特，在省钱方面有着自己独特的见解。他虽然坐拥亿万资产，但仍然住在几十年前买的小房子里，还是经常自己去商场购物，并每次都把商场给的优惠券收好，以便下次购物时使用。有人问他：你这么有钱，为什么还使用优惠券呢？这样做不过每天能节省一两美元，一生才能够节省多少?!

巴菲特答道：省不了多少？你错了，这省下的可不少呢，足足有上亿美元呢。

一天省个一两块，能够省下一亿美元？虽然巴菲特是股神，但那人还是怀疑。巴菲特分析道：虽然，每天省一两美元，从表面上看起来没有多少，但是如果我一直这样坚持，一生中我大约能省下 5 万美元。而你不这样做，那么，假如我们其他收入一样多的话，我至少比你多出 5 万美元。更重要的是，我会将这 5 万美元用于我的投资，购买股票。根据过去几年来我平均投资股票获得的 18％ 的收益率，这些钱每过 4 年就会翻一番，4 年后我就会有 10 万美元，40 年后将达到 5120 万美元，44 年后就超过了 1 亿美元，60 年后就超过 16 亿。如果你每天省下一两块钱，到时候你会拥有 16 亿，你会怎么做？

换了你，你会怎么做？我想，看到这一点任何人都会乐意去节约这每天的一两块钱，把它们用于投资，以便得到巨大的收益。但实际上，我们真是这么做的吗？

古语说，亡羊补牢，犹未晚矣。那么从现在就开始吧，从你身边的每一件细小的事情开始吧，正所谓：不积跬步，无以至千里；不积小流，无以成江海。

"奢侈"也是一种理财好方法

其实，与其让那些需要不断更新的廉价品充斥生活，还不如在经济许可的情况下，消费一些看似昂贵，细算却更经济的奢侈品。其实，"奢侈"也是一种理财的好方法。

舍得吃换来身体本钱

每每工作闲暇，办公室的主妇们聊得最热烈的是关于柴米油盐的话题。大伙你一句我一句纷纷抱怨物价一天天上涨，歆歔"蒜你狠"、"姜你军"、"糖高宗"、"煤超疯"……让人抓狂。精打细算的主妇们说起省钱高招各有心得，连 80 后独生女霖玲都誓将"抠门"进行到底。

霖玲很少参与这样的话题，似乎这些与她无关，因为她对"吃"很讲究，从来不"随便吃"。她平时十分关注杂志和电视里的养生常识，坚持用高档化妆品，坚持食疗美容。在老公陈文看来，她的确够得上浪费。每晚睡前必备纯牛奶，一半喝，一半用来洗脸；银耳汤一半喝，一半用来涂眼角平皱纹。鸡蛋去壳去蛋黄留下蛋清加上维 E 和珍珠粉用来敷面，几块钱一瓶的矿物质水用来面部补水。别人减肥多是节食，可霖玲不是，她说减肥得适当补充蛋白质，可为了做蛋白质女人，她每天忙着跑菜场买新鲜牛肉、虾仁；还有让陈文觉得奢侈的是，霖玲经常为陈文煲营养汤，陈文认为家里随便煲个普通汤品就行，可霖玲却舍得，像西洋参甲鱼之类的汤品光成本陈文都有点心疼，可霖玲却说好料有好汤，陈文平时工作繁忙，压力过大，这款汤品补气养胃、清火除烦，对他是再适合不过了；饭后为陈文削梨切瓜，也丝毫不嫌麻烦。虽然觉得霖玲奢侈，可陈文还是乖乖做了美味的俘虏。霖玲为家里准备的早餐从来不马虎，比如早餐的鸡蛋，她有很多种做法。陈文早晨想睡懒觉，霖玲就在他耳边轻语："今天我做的蛋品又换了新口味，要不要尝一尝？"陈文总忍受不了色香味俱全的美食诱惑。被她这么一养，本来结婚之前瘦得像根竹竿的他现在身体结实多了，还有了将军肚腩。陈文免不了怪罪"营养师"霖玲，霖玲说："补充营养有什么错呢？只怪你运动太少！"隔天，霖玲便办了两张健身年卡，硬拉他一起去运动。

善于保养的霖玲看起来比同龄人年轻自信许多，最重要的是为家里省了大笔看病的钱。上次单位组织体检，不少年轻人都检查出各种身体毛病，霖玲安然无恙。大家向霖玲取经，霖玲笑得灿烂："我的绝招——舍得吃，身体是本钱！"

聪明的女人会养胃，她懂得健康生活方式的重要性，舍得为此花本钱。她讲究吃"好"吃"对"，用食疗美容为自己的美丽加分；在物价飞涨的年代，依然不降低生活品质，舍得把钱花在家人的健康上。看起来她在生活中比较"奢侈"，实际上却是投资健康生活方式，赢得未来。

注重品位为生意助力

新兰永远那么时尚精致，出众的气质让你在一大堆女人中一眼就可以找到她。她不会买廉价的衣服，总是穿几个固定品牌的衣服，做工精细，而且非常符合她的身材和气质。她衣柜里的衣服分门别类地摆放，不同的场合，她会有不同的衣服，怎么看怎么顺眼。上次跳槽，去新公司面试前，她特地为自己挑了一套得体的职业裙，落落大方的外表为她赢得了不少印象分，在众多竞争选手中脱颖而出。

新兰一年在衣服上花费的开支不少。老公林跃开公司，虽然家里不缺钱，有时见新兰大包小包往家里揽，也免不了要说几句，可当新兰换上新装，在他面前兜圈，他不禁眼前一亮，也啧啧赞叹新兰独具眼光。新兰总是娇嗔："太太漂亮老公才会有面子嘛！"一次签约会仪式上，新兰打扮得高雅不俗，林跃跟生意伙伴喝酒谈事，他们的太太则聚拢在新兰身边，讨教新兰的择衣打扮经验。新兰索性给她们来了个小型时尚沙龙，分析每个人身材的特点，讲解色彩搭配和饰物点缀的要点。末了，新兰说，一个女人出席社交，在打扮上要有 5 个以上的亮点，这样会恰到好处地体现你的品位和特点，让人对你印象深刻，而超过 13 个以上的亮点则会适得其反，让人觉得你像棵缀满礼物的"圣诞树"……她的"亮点理论"和她的色彩指导让那些太太们听得入了迷。宴会散了的时候，太太们纷纷向新兰要联络方式，新兰一一留下电话号码，她明白，女人们之间建立了关系，也就等于为男人的生意多搭了一座桥。果然，之后，有个并不熟识的生意场上的老总找到林跃说："你的漂亮太太真厉害，我夫人回家以后一个劲儿夸她！什么时候我们再聚聚，我夫人还想和她多交流呢……"

就这样，无形之中新兰为老公赚了不少人缘，拉了不少订单，林跃的生意越做越红火。

如今的"好太太准则"里除了最重要的"上得厅堂，下得厨房"之外，还要多加一条"入得社交场"。参加这种场合，切不可穿着随便，因为着装素质和服饰反映的是品位和实力。在着装上多投资，也会得到意想不到的收获。当女人深入男人的社交圈，充当独特而美丽的私人名片，有利于男人融洽关系，为他的生意助力。

管理好你的财务，生活才会好

在现实生活中，我们一定见到过这样的情况：一个人，每天为了一日三餐而奔波劳累。突然某一天，他中了 500 万的大奖。有了这么多钱，他去高档饭店，把那些没吃过的山珍海味全都吃一遍，什么名牌衣服、首饰、汽车、别墅，通通都要。然而几年后，他便从暴富重新变回了原点。

会赚钱的女人最有魅力

106

为什么会这样？因为他对自己的财富缺乏规划，不知道如何管理，胡乱挥霍，钱来得快，去得也快。

要管理好自己的财务，就要从自己的日常财务收支入手，整理好自己的日常财务收支。每天都坚持记下你的每一笔开支、每一笔收入，这样，你就知道平常一般会收入多少、支出多少，主要都有哪些方面的开支。通过进一步的整理分析，你还可以知道哪些钱是可以省下的，等等。

事实胜于雄辩，我们还是先来看一个例子。从中，你会发现记录日常开支，整理好自己日常财务的一些好处。

张小姐，25岁，未婚，在北京某企业做经理助理，月薪3500元。她是典型的都市月光女神，每月的薪水都花光光，甚至有时还要向家里要，不知道钱都花到哪里去了。在理财专家的建议下，她开始记录自己的日常收支。下面是她一个月的开支：

还车贷：约1200元；衣服：960元；化妆品：420元；娱乐：360元；其他费用：400元。

总计3340元，其中现金支付1850元，信用卡支付1490元。

让我们一起来分析一下张小姐的开支。

这3340元的开支中，衣服和化妆品是大头。作为一名女性，买些漂亮衣服和化妆品是应该的，但3500元的工资，1380元用在了这上面，占了三分之一多，则有些过了。（据张小姐说，虽然这个月稍微多了点，但平时每月花在这上面的钱也在600元左右。）好在张小姐是和自己的父母住在一起，吃饭基本是在家，因此少了房租、水电、吃饭等费用。不然，张小姐一个月的花费就更多。

原来不记账的时候，张小姐每个月只是感觉到钱不够花，但又不知道钱都花到哪去了，每到月底就盼着发工资，发了工资后的第一件事情就是去银行还信用卡欠的账，接着再去商场狂买东西；下个月，又是盼着发薪水、还账、买东西……周而复始，陷入恶性循环。

张小姐开始记账之后，月底一统计，发现自己竟然在服装和化妆品上花了那么多的钱，真可谓是触目惊心，其他方面也有不少不必要的开支。于是，张小姐在第二个月的时候，有意识地控制自己在衣服和化妆品方面的开支，结果，一个月下来，总共才花了2600元，足足省了差不多800元，终于不再是月光女神了。

如果你想拥有亿万财富，那么记录每天收支的重要性，无论怎么形容都不过分。它是建设你的财富大厦坚实的基础。而记录自己日常收支的工作，其实是很简单的，只要按照时间、花费、项目逐一登记，知道每一笔花费用在何处，再记录清楚采取何种付款方式（如刷卡、付现或是借贷）就可以了。

不要小觑了对采取何种方式付账的记录，这能让你在每月统计的时候知道，你的资产负债大概是多少。

接下来，我们应当把每笔开支按消费性支出与资本性支出进行归类。消费性支出就是那些用来买日常消费品的支出，如购买食品、衣服、演唱会门票等的支出。这些支出，消费完了就没了，不会增值。另外一类就是资本性支出了，比如你买了1万元的股票。这样的支出不同于买1万元衣服的支出，你的现金减少了1万元，但你手中多了1万元的股票，而且，这些股票在未来的日子里很有可能会给你带来更多的收益。

做完了这些，记录日常收支的工作基本上就搞定了。但我们不要忘记了，还有一件事情是和记账工作一起进行的，那就是一些票据的收集。

虽然记录日常收支是一个看起来很平常的事情，但是，它确实是了解你的财务状况的一个最好办法。只有了解财务状况，你才能管理你的财富。

不要让债务降低了生活质量

资产和负债，是财务中经常要用到的两个词。这两个词一个跟收入连在一起，一个跟支出挨在一块，含义可谓是天壤之别。很多人自信地认为，要把这两者区别开来，简直比区分什么是大象什么是蚂蚁还要容易。但在实际生活中，很多人搞不清楚什么是资产什么是负债，往往把一些负债给看成是资产。也许你就是其中一员。

一旦你明白了资产和负债的区别，你就会尽力去买能带来收入的资产，你不断地这样做，你的资产就会不断增加。同时，你还要注意降低你的负债和支出，这会让你有更多的钱投入到购买资产上来。

生活中总是有这么一些人，明明知道一些东西会让他们背上债务，可是他们却满不在乎。债务，对他们来说，已经是司空见惯。难道花明天的钱圆今天的梦真的这么潇洒吗？

有这么一位月光先生，某名牌高校博士毕业，在一家大型外企的中国总部做部门经理。不算奖金，年薪30万。他穿着名牌西装，开着奔驰车，出入高档消费场所。真可谓是风光无限，美煞无数人也！可是这位仁兄，每月的薪水都花光光，一年下来，不但没有积攒下一分钱，而且还欠银行贷款十余万元，是一个彻彻底底的月光先生。

有这么高的收入，为何也成为月光一族？原来，这位仁兄觉得自己在大型外企工作，收入颇高，职务也不低，自我感觉良好，觉得自己俨然已是一位成功人士，成功人士就要学会享受人生，就算自己现在还不是百万富翁，至少生活上也要看起来像一个百万富翁。于是贷款买了奔驰车，租住着高级公寓，香槟只喝法国的，牛排只要里脊肉，咖啡只喝卡布其诺的，吃饭只去西餐厅……这样下来，虽然他挣的钱多，可是花的钱更多，不成为月光才怪！

于是，每当月底发薪水的时候，这位仁兄第一件事情就是去银行还贷款，拆东墙补西墙，把信用卡里的透支给补上。虽然去银行还钱的时候，这位仁兄偶尔也会想想，这样做是不是值得，但每当看到人家投来美慕的眼神，这位仁兄就把还钱的苦恼抛到九霄云外去了，照样过着他的百万负翁的生活。于是，他慢慢地却不可阻挡地陷入了债务的恶性循环之中。

债务有很多种，像看中一套房子会升值，我们借钱把它买下来，然后等待时机把它出售，从中赚取差价，这样的借贷看起来是债务，它却能够给你带来更大收益。公司的发展也是一样，在当今时代，没有银行资金的帮助，没有其他的资金来源，公司要实现快速地增长几乎是不可能的。

但是，如果使用贷款进行纯粹的消费，用明天的钱圆今天的梦，是极其危险的。轿车、高档家具、名牌服装……这些都是常见的导致我们贷款消费的东西。

很多人认为，有一辆轿车，是身份的标志，是一个成功男人的象征；有很多人认为，搬了新家，原来那些老旧的家具配不上这么新的房子，于是贷款买了全套的高档新家具；有些人认为，必须站在消费潮流的最前沿，出了什么新产品，自己就必须在第一时间内拥有。钱不够怎么办？贷款呗，分期付款呗。于是，高档消费品一个个进入了这些人的家，那些越来越多的利息也就接踵而来，越来越多的债务随之而来。在他们的头上，乌云密布，挥之不去。

消费借贷和其他任何一种贷款一样，会产生高额的利息。如果你贷款买房，贷款 50 万，还款期限为 30 年，利率为 5.51%，还款方式为等额本息还款，那么你所需还款总额为 102 万！也就是说，你的利息是 52 万，竟然超过了你从银行借款的本金！

其实，我们都知道，消费信贷没有任何好处，它具有强大的破坏性，打击你的信心，耗费精力，让你越欠越多，并让你陷入恶性循环之中，让你一辈子都为银行打工。

消费信贷虽然表面上听起来不错，是用明天的钱圆今天的梦，实际上是一种寅吃卯粮的行为，它让我们离长远的目标更加遥远。如果我们借贷以提前享受富裕的生活，那实际上自己剥夺了自己的动力，经过一段时间，你会发现你离富裕越来越远，你的信心也会被打击得所剩无几。

如果很不幸，你已经欠下了大笔债务，看了上面这些也不要灰心丧气，更不要破罐子破摔，打起精神去寻找好的解决方法。

面对债务，我们首先不要去推卸责任。咒骂那些广告商用诱惑的话来欺骗你、让你陷入了债务危机没有任何作用。要记住，只有弱者才会推卸责任。再怎么怨天尤人也没有用，只会气坏了你的身子，丧失了翻身的资本。正视现实才是正途。

其次，面对债务我们不要恐惧。恐惧只会雪上加霜，灾难是过去的终结，灾难毁灭的只是过去，带来的是新生。如果你从这些债务中学会了如何控制自己的情绪，学会了如何用理性的思考去代替那些冲动的物欲，那么，你应该感谢你的这些债务，是它们让你迷途知返。

不是所有的欲望都需要及时得到满足

过度地追求欲望是理财赚钱的大敌。人有七情六欲，有财欲、物欲、权力欲、色欲、食欲等，欲望可以有积极和消极之分，当一个人觉得欲望得到满足时，心理就会平衡，比如有衣有食就知足的人心态会比较阳光。但是追求欲望对每个人来说都不一样，有的人对自己应有的、适合自己的、在道德允许的范围内的事物产生并满足欲望，而有的人则贪得无厌。俗话说，吃着碗里的看着锅里的，对于前者这种人追求欲望应该属于积极的，自然后者这种人追求欲望就是消极的表现。心理学大师罗杰斯需要层次论里的五个层次需要就是说的七情六欲，这些需要得不到满足的时候，心理就会出问题，所以积极的欲望对身心健康有促进作用，如果过分地、消极地追求欲望，将会影响身心健康，比如，一个人刚在家吃完饭，而又被酒店里的山珍海味所诱惑，控制不住自己的食欲，吃进去很多东西，结果对身体造成伤害；一个对财欲过分追求的人也是如此，他们为金钱而伤害到亲朋好友，结果弄得除了金钱之外什么都没有，人际关系很僵，亲情、爱情、友情都远离而去，自己变得很孤独，影响了自己的身心健康。

管理自己的欲望，需要有坚强的毅力和良好的心理调节功能，当我们有消极的欲望出现时，最好采取转移注意力的方法，让自己的注意力转移到其他事情上，可以减少对欲望的要求，也可以采取认知调节法，从另一个角度得到自己该得的满足感。

任何债务的发生都是有其原因的，一般说来，债务都是出现在我们不能控制自己欲望的时刻出现的：看着别人开着宝马、奔驰，而自己却挤公交，多没面子，于是也想着自己能够开好车；看着别人喝着香槟、吃着鱼翅，而自己只能就着咸菜啃馒头，多么痛苦，于是想着自己也能够山吃海喝；看着别人穿着高档时装、用着高档化妆品，而自己却一件衣服穿了好几年，多么羡慕，于是也想衣着时尚。可是，要满足这些欲望都需要钱，需要大量的钱，如果没有钱的话，那就只能放弃，而放弃则意味着欲望得不到满足，于是便感觉痛苦。

如果能坐上好车，吃上大餐，穿上那些漂亮的衣服，戴上那些昂贵的珠宝、首饰，我们的虚荣心就会感到很满足，从而体验到快乐。虚荣心每个人都有，无非是有些人在物质上羡慕虚荣，有些人在精神上羡慕虚荣；有些人虚荣心很强，有些人没有什么虚荣心罢了。有着这样或那样的虚荣心，有着或大或小的虚荣心，这些都无可厚非，关键是我们要学会控制它，学会忍受当欲望不能得到满足时所带来的小小痛苦。

春秋五霸之一的楚庄王，就是一个能主动隔绝欲望的典型例子。有一次，令尹子佩请楚庄王赴宴，他爽快地答应了。子佩在京台将宴会准备就绪，就是不见楚庄王驾临。第二天子佩拜见楚庄王，询问不来赴宴的原因。楚庄王对他说："我听说你在京台摆下盛宴。京台这地方，向南可以看见料山，脚下正对着方皇之水，左面是长江，右边是淮河，到了那里，人会快活得忘记了死的痛苦。像我这样德性浅薄的人，难以承受如此的快乐。我怕自己会沉迷于此，流连忘返，耽误治理国家的大事，所以改变初衷，决定不来赴宴了。"

楚庄王不去京台赴宴，是为了克制自己享乐的欲望。由于楚庄王能注意与欲望对象保持一定距离，所以他才能在登基后，"三年不鸣，一鸣惊人；三年不飞，一飞冲天"，成为一个治国有方的君王。

古往今来，凡成大事者，必有强烈的欲望，有欲望并不可怕，关键是不要被欲望牵着鼻子走。如果你不能主宰自己的欲望，那么，你最好远离那些令你迷惑的对象。人们总是很容易被一些感官的东西强烈地刺激，从而忽视了那些因为借贷而带来的长远痛苦。也许大家都很了解消费信贷的危害，但仍然有人会忍不住，觉得只是用信用卡透支买一些自己所喜欢的衣服、首饰，只有几千块钱而已，不会有那么严重。真的是这样吗？我们一起来看看发生在拉斯维加斯的一些故事吧。

赌城拉斯维加斯每年有上千万的游客慕名而来。为了吸引更多的人参与赌博，拉斯维加斯的赌场老板们联合起来，安排了大量的车免费接送游客去拉斯维加斯旅游参观，并给每位乘客免费赠送 20 美元的筹码，让他们去各个赌场赌上一把。

林老板就是这些游客中的一个。林老板原来在北京秀水街练摊，专做老外的生意。由于出道比较早，发了不少财。后来去美国旅游，中间有一站便是赌城拉斯维加斯，林老板禁不住免费筹码的诱惑，前去小试两把。林老板的手气一开始还不错，几把就赢了上千美元，林老板一看钱来得这么容易，于是把身上的钱全部押上去了，结果没想到，几把下来，身上的钱全输光了。这林老板输红了眼，又叫家人汇钱来，想把本给捞回来，没想到后面的运气越来越差，原来的钱没赢回来，把老本又输光了。最后，幸亏老乡的帮助才回了国，要不就会在异国沦为乞丐了。

如果你学会控制自己的欲望，知道哪些可以拥有，哪些不应该拥有，那么，虽然你会暂时承受一些欲望不能满足的痛苦，但从长远看来，你必将获得满足与幸福。

量入为出，幸福家庭的二人世界

男女双方在结婚成家后，理财就成为夫妻双方共同的责任。柴米油盐酱醋茶哪一样都离不开钱，对于新婚家庭的每一对夫妇来说，如何面对家庭理财确实是一个大问题。那么，怎样才能根据双方的实际情况，建立起合理的家庭理财制度，把家庭稳定的收入由小变大，起到保值增值的作用？

经过了购买新婚用品、婚礼、旅行之后，积蓄花得所剩无几。婚姻意味着责任，当两个人开始共同生活，建立了以家庭为中心的经济中心时，自然要把它经营好。然而，如果没有丰厚的物质基础为后盾，又没有基本的理财概念，那么将来琐碎的生活只会将两个人的爱情消磨殆尽。要使婚姻关系向前发展，要使财务状况好转，其他的事务也井井有条，夫妻二人就有必要学习理财这门学问。可以从以下方面着手：

1. 计划家庭未来

夫妻双方应及早计划家庭的未来，对诸如养育后代、购买住房、购置家用大件物品等进行周密地考虑。

计划自己生育下一代的时间，并为此做好充分的准备，不要让意外给家庭的经济也带来意外。定下大概的生育时间，不忘适当地做些短期储蓄。还有就是为即将出生的孩子预留必要的生活费用开支和学习教育的开支。

2. 尊重对方的用钱习惯

通常由于价值观和消费习惯上存在着差异，在生活中，每对夫妻都会发现在"我的就是你的"和保持私人空间之间存在着一些矛盾和摩擦。如果夫妻中有一个人非常节约，另一个却大手大脚，那么要做到"我的就是你的"就非常困难，矛盾也就不可避免。

现代人讲究独立自主，许多理财顾问同意所有人都应该有属于自己的私人账户，由自己独立支配。这种安排可以让我们做自己想做的事，比如你可以每星期做美容护理，他可以进行自己喜欢的体育运动。这是避免纷争的最好办法，在花你自己可以任意支配的收入时不会有受制于人的感觉。不过需要注意，你应该如实记录你的消费情况，就像其他事一样，夫妻之间应该坦诚布公。

每个人的用钱观念不同，夫妻双方应充分尊重双方的用钱习惯和生活习惯，即使对方过于节俭或者无度消费，也不要过分干预。爱人是你的朋友而不是敌人，是想要帮你的理财顾问，而不是想找你麻烦的纪律检查官，夫妻双方需要在共同生活中循序渐进地进行改造或适应对方的用钱习惯。

3. 改掉婚前的"小资"消费习惯

先生习惯下班时买鲜花送给太太，一个月下来就是一笔不小的开支；两人很少自己动手做饭，天天去饭店；先生换手机是家常便饭，太太的衣服也是今天买明天扔等习惯，都会让你们的钱在不知不觉中流失。毕竟家庭生活更注重的是实际内容，而不是美丽的形式，所以还是要抛弃这些比较浪费的消费习惯。

这里为大家收集了几条家庭消费开支管理的基本原理，运用得当，有助于建立起最基本的家庭理财系统：

（1）先储蓄再消费。如果不用储蓄，你现在的生活可能逍遥许多，上周在百货公司看中的香奈儿内衣、电子市场上的新型家庭影院、市面上最流行的电脑。可是真这样去做的人，可能一辈子也买不起大房子，万一将来遭遇失业、健康、子女教育，或是想干点别的什么，都是可望而不可即的事了。因此不管多少，每个月至少要拿出收入的 10％、15％、20％甚至更大比例存起来。当然，这个比例是以一般情况来讨论，若总收入仅够糊口，或总收入大大超出基本生活所需。及早储蓄除了为未来的生活做出保障，还有靠复利的功效来增加财产的设想，故选择储蓄也是一种合理的理财手段。另外，把余钱投入一些风险较低的投资领域，增加家庭的金融资产则更具积极作用，如中长期债券、合作基金等。

（2）以收定支。所谓以收定支是说有什么样的收入水平，就过什么样的生活，收入提高一步，消费水平就可以提高一个档次，绝不能好高骛远，不能将收入全部花光，这是保证一个家庭和平稳定的先决条件。人的欲望是无止境的，如果放任购物欲，必将拖垮家庭经济，甚至导致家庭破裂。有些夫妻对金钱很不重视，把两人收入全放在一个抽屉里锁好，夫妻两人各执一把钥匙，谁要用钱谁从里面拿。这种做法固然体现了夫妻间的相互信任，但自另一个角度来说，也很容易将家庭财政推向崩溃边缘。

（3）不要盲目赶时髦。年轻人往往成为市场主导者，新产品一上市就买下尝新，如此便会产生一种领先的满足感。只是新产品初上市，产品质量不一定好到百分百，而其中利润实在非常丰厚。随着产品在市场上逐渐推广普及，价格会一降再降。况且，现代科技日新月异，新产品层出不穷。例如，某名牌新型手机上市，售价 4500 元，半年不到，降价到 2800 元，而此时又有更新、更酷、更炫的产品推出。同样道理，先买后用也往往会使预先买的物品过时，使预买的东西变成浪费。因此除非急用，否则尽量不要购买新产品。

4. 建立家庭财务体系

结婚之初，先把双方的闲散资金集中起来，建立一个家庭基金，以应付家庭生活中诸如房租、水电、煤气、食品杂货等日常生活开销。

在家庭消费上，应该量入为出，设立一个记账本，了解每个时间段的开支状况，每个月核对一次家庭账目，平衡家庭收支，夫妻双方要经常商量一些消费的调整状况，比如削减额外开支或者省钱订制大件物品的计划等，以便让家庭理财方案更合理。

此外，夫妻双方应该各从工资中提取一部分资金共同参加银行的零存整取储蓄，这笔资金可以去购买债券或投资人寿、家庭财产保险，也可以投资理财股票或者基金，每年设定固定的收益率，使共同的投资理财有更大的收益。

5. 大胆投资

在不影响家庭正常生活的情况下，根据双方的特点进行一些大胆的投资。当投资总额不超过自己家庭资产的 1/3 时，一般不会影响家庭生活。要寻求稳妥、能保值的理财产品，国债是最稳妥的理财方式之一。考虑到不交利息税、提前支取可按相应利率档次计息等优势，国债应作为新婚家庭理财的首选。开放式基金具有"专家理财、风险小、收益高"的特点，购买运作稳健、成长性好的开放式基金或具有储蓄性质的货币基金也会取得较高的收益。

6. 购买保险

随着年龄的增大和社会经验的增加，适当增加为家庭起到重要保障作用的保险。按照中国人的婚姻习惯，女性往往选择比自己年龄大 3～5 岁的男性结婚，而按照平均生命的规律，女性的平均寿命又比男性要长 3～5 年。这就导致了许多女性在最后的 6～10 年甚至更长的时间里是一个人度过。所以，建议一般家庭的女性，为自己的另一半买些终身寿险，为自己买些定期寿险。保费建议以不超过整个家庭收入的 10%～15% 为宜，夫妻双方的保额是双方总收入的 10～20 倍。

不妨学学动物理财的智慧

传统的家庭是男主外，女主内。现代家庭模式已经改变了，大部分家庭都是双职工，妻子和丈夫一样也要赚钱养家。不过妻子一般比较细心和节俭，所以很多家庭掌握财政大权的仍然是妻子。

据国际市场调查公司 AC 尼尔森提供的一份报告显示，目前中国七成以上的家庭已经由 25～44 岁的女性掌握了"购物大权"。小到油盐酱醋，大到家电房屋，妻子的意见都起着主导作用。而基金投资方面，基金机构客户多是男性掌舵，而个人客户则多是女性客户，这从一侧面证明了中国家庭的财政大权大多仍然掌握在女性手里。另外，据银行统计，最受银行关照的 VIP 客户，女性占到了一半以上。

一般来说，女性具有兼顾八方的才能和细腻的心思，所以更能全面兼顾理财的方方面面。比如，逢年过节，妻子会备下夫妇双方父母的礼物，在孩子教育经费、家庭生活费、养老备用金、意外事故备用费等方面，细心的妻子大都能够安排得妥妥帖帖。这也是中国大多数家庭的财政大权掌握在妻子手里的原因。于是无形之中，家庭也就有了分工合作。

家庭分工合作明确才能使生活有条不紊地进行，不过要是像这位农夫一样，把家庭责任看做是明确划分责任区域的任务，就难以让家庭避险了。

结婚意味着女性走入了人生中理财的新阶段，在夫妇双方明确分工合作的基础上，该如何理财呢？

动物专家把我们常见的动物分为攻击型、勤奋型、狡诈型、依赖型、求知型和简单型 6 种，这说明动物和人一样，也是有性格的，但要说这些性格各异的动物在理财上各有千秋，许多人肯定会感到诧异。实际上，各种动物之所以能生存下来，与它们的"理财"能力有着密切关系，很多动物可以称得上是"理财高手"，值得我们人类学习。

1. 狮子家庭"男主外，女主内"

狮子在家庭理财上有着严格的分工，公狮负责圈地，看到一块没有被其他狮子发现的土地，先撒几泡尿表明土地所有权，然后由母狮在领地内狩猎。捕到猎物，公狮母狮一起享受。

狮子的这种分工跟现代人的"男主外，女主内"异曲同工。男人应该像公狮一样，积极去发掘新的领地，努力创造财富；女人则应当学习母狮，把男人创造的财富打理好，别让家庭资产流失。这样，夫妻共同努力，才能分享创造财富和科学理财带给他们的美好生活。

理财启示：

(1) 夫妻双方应当让善于理财的一方担当理财大任，利用好家庭的资源优势。

(2) 夫妻理财可以有具体的分工，也可以实行 AA 制，各理各的财。这样，除了便于分散风险之外，还可以减少家庭财务方面的纠纷。

2. 兔子家庭分散风险

在动物中，兔子是弱者，天上有老鹰，地上有野兽，兔子为了生存，通常要在觅食的区域内挖有多个洞穴。这样，万一遇到敌人，可以就近藏到一个洞穴里，从而确保自身安全。这也就是人们常说的"狡兔三窟"。

理财生活中，可以学学兔子，多选择几个投资渠道，比如说追求稳健可以选择储蓄、国债和人民币理财，追求收益可以投资房产、信托和开放式基金，并且要根据形势及时调整和选择更好的"洞穴"，这样可以最大限度地化解风险，提高理财收益。

理财启示：

(1) 对于普通工薪投资者来说，搭配理财产品要兼顾收益性、稳妥性和灵活性，比如购买开放式基金，可分别购买货币基金、债券基金和股票型基金，从而兼顾以上三点。

(2) 虽然分散投资能减少风险，但不能单纯为了分散而盲目投入自己不熟悉的领域，这样效果往往会适得其反。

3. 豹子家庭精打细算

人们经常用的一句口头禅叫"吃了豹子胆"，其实豹子不但胆大，而且心细，对于一些事情还会"分析"和"思考"。豹子在捕食猎物时，往往会考虑自己的付出是否值得，比如它对兔子之类的小动物常常会不屑一顾。因为它知道，追一只兔子和追一只羊、一只鹿所消耗的体力成本是相当的，所以在付出同样"成本"的情况下，它会选择物超所值的猎物。

人类理财也应当这样，如果投资期限、风险等要素大体相当，应尽量选择收益高的投资品种。比如，国债和储蓄的风险性相当，但收益却有一定差距，这时应学习豹子，在经过计算分析后，选择回报高的投资品种。

理财启示：

（1）现在银行推出的理财产品越来越多，但受地区、时间等条件限制，很多人购买某一个收益相对较高的理财产品需要费一番周折，因此需要考虑多得的收益与付出的时间成本是否相当。

（2）不能被表面化收益所迷惑。目前银行外币理财产品的预期收益相差很大，有的为4%左右，有的则高达10%，这就需要投资者看清理财产品的投资方向，不能盲目为追求高收益而使本金造成风险。

4. 田鼠家庭最会储蓄

田鼠这种动物的智商是非常高的。秋天是丰收的季节，田鼠知道趁机储备粮食便可以安全度过寒冷的冬季。通常情况下，一个田鼠需要储备七八斤甚至十多斤粮食，而运送和储存这么多的粮食，田鼠肯定是要花费很多时间和精力，但它们却非常专注，乐此不疲。

随着人们收入的提高和消费观念的转变，现在把每月收入全部花光的"月光一族"越来越多。花钱如流水肯定很潇洒，但到了用钱时捉襟见肘也非常尴尬，所以只花钱不攒钱的年轻人应该学学田鼠这种提前计划、积谷防饥的理财思路。

理财启示：

（1）零存整取攒钱最有利，这种存款方式要求每月固定存入，时间长了，就自然而然地养成定期储蓄的习惯。

（2）定期定额投资开放式基金可以帮助家庭储蓄。这种基金业务是借鉴了保险业分期投资、长期受益的营销模式，其最大特点一是多次申购摊薄了投资成本，避免了一次性投入的潜在风险；同时，准入门槛较低，一般每月200元以上就可以投资，可谓投资小见效大。

5. 狼的家庭注重稳健投资

在动物之中狼应当算是最冷静和沉稳的，每次进攻之前它都要仔细了解对手，先用对峙来消磨对手的耐力，然后伺机而动；如果面对比自己更强大的对手，狼会借助集体的力量群起而攻之，绝不打无准备之仗，所以狼在一生的进攻中很少失手。

目前理财渠道越来越多，面对各种保本、保息以及高利率、高回报等诱惑，我们应该学习狼的冷静和沉稳，正确分析，看看这些产品是不是真正适合自己，避免盲目行为导致的理财失手。

理财启示：

（1）最好的理财师是自己，只有不断学习理财知识，掌握理财技巧，才会更加有效地避免盲目投资所带来的风险，从而实现稳妥收益。

（2）投资应按照因人而异、因时而异的原则。如果家庭收入不是很高，并且负担很重，则应采用稳妥理财的方式，因为风险性投资往往会使自己的生活雪上加霜。

总的来说，在家庭消费上，妻子一般会精打细算，量入为出，让日常的开销细水长流，注重储蓄和积累；在投资上，妻子则一般比较谨慎，对高收益但是高风险的投资，比如股票、外汇、期货等不会贸然进入，而更倾向于选择稳健型的投资项目。所以家庭里由妻子担任理财的角色还是很有好处的。

当然，妻子掌握财权并不是说家里大小事都是妻子一个人说了算，夫妻之间还是要多沟通，多商量，尤其是牵涉到重大的投资项目或者大型消费支出，比如买房买车买电器之类的，更需要双方认真研究，达成一致意见。另外，妻子掌握财权不能剥夺丈夫的财产支配权和消费决定权。有的妻子把丈夫身上的钱搜得干干净净，让丈夫没有任何消费决定权，这一方面影响了丈夫在外面交际应酬，另一方面也影响了夫妻双方的信任与感情，有的丈夫只好去存私房钱，来逃避妻子的经济管制，一旦被妻子发现免不了会引起误会和争执。所以妻子当家还是要把握好分寸。

家庭财务体制是幸福生活的保障

有人说，这个世界上有一个男人可以无条件爱你、给你钱花，那他一定是你父亲，除此之外，包括自己的老公在内，任何男人的钱不能白花。

1. 天下没有免费的午餐

天下没有免费的午餐，你在得到丈夫的钱的同时，可能不知不觉中会失去在家里自立的地位或者男人对女人应有的尊重。这年头女人绝对不能在金钱上完全依赖男人。

徐小姐的老公收入比她高，每次回家总要给她留下一笔不小的钱。因此，徐小姐买衣服、买化妆品以及日常生活的消费水平一下子上了一个档次，并考虑起了买车，引得小姐妹们羡慕不已。

可是老公每次回到家里以功臣自居，什么活也不想干，经常对徐小姐呼来呵去。徐小姐开始还以"嫁汉嫁汉，穿衣吃饭"、"女人花老公的钱是应该的"来回应他。但是有一次，为了家庭琐事两人闹起了矛盾，老公给徐小姐撂下一句话："就你这种表现还想让我给你买车？"气得徐小姐够戗，同时也明白了吃人家嘴短，拿人家的手软，花老公的钱也不是理直气壮的。

如果凡事依赖老公，认为养家是男人天经地义的事情，自己只要管好家就行了，长此以往必然受制于人，自己在家里半边天的地位也就会发生动摇。所以即使结婚了，女人也不应该完全依靠老公，经济上的独立并不影响夫妻感情，反而会减少家庭生活中很多由于金钱问题引起的矛盾。

那么，在家庭生活中夫妻双方究竟有怎样的责任和义务呢？总的来说，就是丈夫不要认为男人只要在外面挣钱就可以了，家务是妻子一个人的责任；妻子也不要以为花老公的钱理所当然，只有花自己的钱才心安理得。

2. 适合于"AA制"理财的家庭

妻子掌握家里的财政大权虽然有很多好处，但并不是所有的妻子都有理财的能力，都能理好财，这个时候为了把家庭建设好，管理好倒不妨在家庭分工理财中尝试 AA 制。AA 制比较适合于以下几种家庭：

（1）观念超前的家庭。实行 AA 制的先决条件是夫妻双方对这种新的理财方式都认可，如果有一方不同意，则不能盲目 AA 制。俗话说"强扭的瓜不甜"，如果一方一定要实行 AA 制，最终会因物极必反而影响家庭整体的理财效果。

（2）高收入家庭。实行 AA 制的主要目的不单单是为了各花各的钱，而且还是为了各攒各的钱。对于一些收入较低的家庭来说，两人的工资仅能应付日常生活开支，这时则没有必要实行 AA 制，采用传统的集中消费和集中理财会更有助于节省开支。

（3）夫妻收入相当的家庭。夫妻双方的收入往往有差异，如果丈夫月薪10000 元，而太太仅收入 1000 元，这时实行 AA 制，难免有"歧视排挤低收入者"之嫌。从传统伦理上讲，夫妻收入差距较大的家庭不宜实行 AA 制。

（4）对于那些不愿集中理财，也不便实行 AA 制的家庭，可以创新思路，实行灵活的 AA 制。

也就是说，可以实行一人管"钱"一人管"账"的会计出纳制。这种理财方式由善于精打细算的一方管理现金，而思路灵活、接受新鲜事物快的一方则负责制订家庭的理财方案。这就和单位的会计、出纳一样，不是个人管个人的钱，而是以各自的分工来管小家庭的钱。

当然，也可以实行"竞聘上岗"制。夫妻双方由于理财观念和掌握的理财知识不同，实际的理财水平也会有所差异，因此，擅长理财的一方应作为家庭的"内当家"。和竞争上岗一样，谁理财理得好、谁的收益高，就让谁管钱。如果"上岗者"在理财中出现了重大失误，这时也可以随时让另一方上岗，这种"轮流坐庄、优胜劣汰"的理财方式实际也是一种 AA 制，相对普通 AA 制来说，这种方式比较公平，避免了夫妻之间的矛盾，还能确保家财的保值增值。

3. 实行 AA 制需要注意的事项

实行 AA 制需要注意以下一些问题：

（1）坚持公开透明的原则。虽然是 AA 制，但夫妻双方都有知情权，也就是夫妻双方应主动向对方通报自己的收入和积蓄情况。如果一方借 AA 制之名偷着攒自己的"私房钱"，时间长了夫妻之间就多了戒备和猜疑，那就违背了通过 AA 制减少摩擦、提高生活质量的初衷。

（2）建立必要的家庭共同基金。无论怎样 AA 制，一个小家庭应当有自己的"生活基金"、"子女教育基金"，以及购房、购车等"提高生活质量基金"，根据夫妻收入情况，每人可以拿出一定收入放在一起进行存储或投资，专款专用，这样更利于家庭理财的长远规划。

（3）AA 制不是斤斤计较。实行 AA 制不能天天为你的钱、我的钱以及谁吃亏了、谁占便宜了这些小事而计较，不能成为 100％的绝对 AA 制，"一家人不能说两家话"，千万不能因 AA 制而疏远了夫妻之间的距离。

（4）双方都有义务维护家庭利益。无论理财和消费分得怎样清楚，在对家庭的贡献上应都要尽力，不能因为 AA 制而忽视了对整个家庭的维护，虽然两人各理各的财，但不要忘了一个共同的目标，那就是为了小家庭的生活越来越好。

家庭理财要靠两个人共同努力，夫妻同心，共同发挥聪明才智才能尽量减少矛盾，将家庭财务管理得井井有条。

科学规划未来，实现理想生活

每个家庭都希望过上幸福美好的生活，沉浸在新婚喜悦中的夫妻，这个时候就该考虑如何有效安排家庭经济生活，积累财富，提高和改善生活质量了。

理财是一项涉及家庭生活和消费的安排、金融投资、房地产投资、事业投资、保险规划、税务规划、资产安排和配置以及资金的流动性安排、债务控制、财产公证、遗产分配等方面综合规划和安排的过程。理财不是简单地找到一个发财的门路或者做出一项投资决策。

1. 年轻家庭理财误区

刚建立的新家庭，由于夫妇二人都比较年轻，很容易陷入家庭理财误区：

（1）急功近利

年轻人往往急躁、不够沉稳，青年白领虽然属于高素质人群，但是年轻人的急躁特点仍然不能彻底摆脱，在家庭理财方面的表现就是急功近利。理财的核心是合理分配资产和收入，不仅要考虑财富的积累，更要考虑财富的保障。从这个意义上说，理财的内涵比仅仅关注"钱生钱"的家庭投资更广泛。

（2）不考虑家庭实力，盲目跟风

从家庭理财的角度来看，人的一生可以分为不同的阶段，在每个阶段中，人的收入、支出、风险承受能力和理财目标各不相同，理财的侧重点也不相同，因此需要确定自己阶段性的生活与投资目标，时刻审视资产分配状况以及风险承受能力，不断调整资产配置、选择相应的投资品种与投资比例。更重要的是，投资人要正确评价自己的性格特点和风险偏好，在此基础上确定自己的投资取向以及理财方式。

（3）追求短期收益，忽视长期风险

近年来，在大多数城市房价涨幅普遍超过 30％ 的市况下，房产投资成为一大热点，"以房养房"的理财经验广为流传，面对租金收入超过贷款利息的"利润"，不少业主为自己的"成功投资"暗自惊喜。然而在购房时，某些投资者并未全面考虑到投资房产的真正成本与未来存在的不确定风险，只顾眼前收益。其实，众多投资者在计算其收益时往往忽略了许多可能存在的风险，存在一定的盲目性。例如现在北京望京地区许多业主已经开始感受到了投资房产的风险。

（4）过于保守

许多人把存款当成唯一的理财工具。的确，在诸多投资理财方式中，储蓄风险最小，收益稳定。但是，央行连续降息加上征收利息税，已使目前的利率达到了历史最低水平，外汇存款利率更是降至"冰点"。在这种情况下，依靠存款实现家庭资产增值几乎是不可能；一旦遇到通货膨胀，存在银行的家庭资产还会在无形中"缩水"。存在银行里的钱永远只是存折上的一个数字，它既没有股票投资功能，也没有保险的保障功能，所以应该转变只求稳定不看收益的传统理财观念，寻求既稳妥、收益又高的多样化投资渠道，最大限度地增加家庭的理财收益。

（5）追求广而全的投资组合

分散投资、避免风险是许多人在理财过程中坚定不移的信念。于是在这种理论指导下，买一点股票，买一点债券、外汇、黄金、保险，家庭资产不平均或者不平均分配在每一种投资渠道中。认为东方不亮西方亮，总有一处能赚钱。

广而全的理财方式确实有助于分散投资风险，然而，在实际运用中，这样做的直接后果往往是降低了预期收益。因为，对于大多数人而言，由于篮子太多，却没有足够的精力关注每个市场动向，结果可能因为照顾不周而在哪里都赚不到钱，甚至有资产减值的危险。因此，对于掌握资产并不太多的家庭来说，优势兵力的相对集中，才能使有限的资金实现最大的收益。当然，也不是说应该把所有的余钱都买股票，或者把全部家当都用作房产投资，而应该把资金集中在优势投资项目。

2. 做好理财规划

基于以上种种，家庭理财应该做合理规划，做到以下几点：

（1）明确理财目标

凡事有了目标才会有动力，在理财方面也是一样，明确合理的目标是人们坚持理财计划的动力。目标可能会随着时间的推移而调整，但必须明确。人们的生活中不可避免要有很多潜在问题，这些问题可能现在还没有直接影响到生活，但是可能在不久的将来，它们就不请自到了，比如失业、养老等问题。如果不能正视这些问题，哪天问题一旦出现，就束手无策了，因此必须在问题出现之前，就开始直面这些问题并制订计划，才能坦然面对。

（2）保持清醒

某个证券营业部门口有一个老太太，居然在股市投资获益丰厚，有人问她投资的秘诀，她说就是门口没有自行车、世道冷清的时候自己跑去买股票，等到门口自行车多得不得了的时候去卖股票。这个故事告诉人们，投资股票要头脑清醒，保持一定的纪律性，该了结的时候一定要执行。

（3）建立家庭保障体系

在建立家庭资产的阶段，应该选择一个没有风险的简单投资机构，最好是采取储蓄或者投保的方式。应该制订应急计划，在银行里存一笔钱。

照顾好家庭，保护好家庭，在死亡保险、人寿保险、夫妻理财等方面都应有所考虑，应该制定一套伤残应急措施，寿险计划应该考虑到配偶、孩子，等等。在保险公司购买一份大病方面的保险，这笔钱不但可以用来支付家庭所需的小额预算外开支，还可以用来应付诸如看病之类所需的大笔费用。最重要的不是现金本身，而是要有能及时变现的途径和保障的功能。

成了家的年轻人，每个人的收入都对家庭财务安全有很大的影响，这个阶段的保险，重在提供对家庭成员，尤其是主要收入来源人的意外保障。可以安排家庭收入的 10％左右资金用于购买商业保险，购买保险首要关注的是产品的保障功能，可以考虑能在发生家庭成员发生意外时提供财务保障的重大疾病险、住院医疗险、人身意外险等。

（4）建起家庭资金链

小家庭理财就是从两个人的工资卡开始，工资卡是家庭资金链的核心，可以选择一方工资卡所在银行作为家庭主要资金存放的银行。

在工资卡之外，可以开立两个银行活期账户，一个用于家庭结算，一个用于家庭投资，并各申请一张银行贷记卡。这些账户分工明确：结算账户主要用于应付日常家庭固定的公用事业费支出和归还贷款；投资账户用于归集投资资金，记录家庭投资过程；而用贷记卡消费，既可以获得免息透支的好处，还能让银行的"对账单"成为家庭消费记账单，定期检查、分析家庭的消费水平及消费结构。

（5）做好财产组织计划

做好财产组织计划，建立一个家庭资产情况一览表，这样可以随时了解收支情况的变化以及有关法规的变化。需要注意的是全家人都应该对家庭财产状况了解得很清楚，除了遗嘱和其他有些有关财产的文件外，应尽可能地使财产组织计划详细完整清楚。这样才能确保万无一失。

(6) 量入为出多样化投资

量入为出是投资成功的关键，在决定任何大额开支项目的行动之前，都应该考虑自己的资金支付能力和支付的方式。在量入为出的基础上，需要进行投资多样化，使家庭资产多样化，避免过于单一，组成家庭资产的过程中要使固定资产、货币资产和金融资产这三者大体处于平衡状态。

小家庭的投资，重在持之以恒，聚沙成塔。每个月在扣除固定支出和日常消费外，其余部分应当进行投资。对于月收入在 5000 元以上的家庭，日常消费和固定支出应当控制在总收入的 70％以内（收入总量越高，比例还应降低），以 20％左右的收入用于投资，短期长期投资各一半。货币型基金是小家庭短期资金投资的好选择；股票型基金是小家庭长期资金投资的选择。

(7) 注重整体收益

投资应该注意整体收益，关心税制的变化情况，根据税制情况改变理财方式，变化投资方向和注重投资安全可以更好地应付各种形势。对投资者而言，真正有意义的是投资组合的税后整体收益，也就是说，投资效果的好坏关键要看拿到的股息、利息和价格增值之和。

(8) 深思熟虑选择房产

购买住房是一种建立终生资产的行动，所以应当深思熟虑。房子是人们居住的场所，也是大多数家庭中最大的开支项目。因此，在选购房产的时候应该慎重，综合考虑各方面的条件，比如地点、价格、大小、户型、环境等各个方面，绝对不可以仓促行事。

有的年轻人在年轻的时候就买了一套足够三个人甚至五个人住的房子，结果要支付大笔的住房贷款利息，并且给自己带来更高的养护费用、税收和杂费，消耗更多的现金。他们希望自己的房子升值，但是即使升值了，也只是在这套房产被重新抵押或者出售的时候才能享受到其中的收益。只有在我们能够让资产产生更多价值和现金流时，投资或者积累资产才是适当的。

总的来说，在申请住房贷款时，一定要分析自身家庭结构、国内工作性质、收入状况等，以便能够正确把握个人贷款总量以及贷款期限，尽量避免由于考虑不周带来的贷款风险。

(9) 及早为退休做准备

不论目前的投资收益有多好，都不能真正代替养老计划。只有养成良好的储蓄习惯，才有可能确保后半生无忧。

充分重视退休账户，退休前最好用其他一些投资方式来弥补社会保障措施的不足。每年应该确保养老计划和个人的退休账户有充足的资金来源。对大多数人来说，退休账户是最好的储蓄项目，因为它不但享受优惠税收，并且公司也有义务向员工的账户投入资金。

小两口过日子，要处理好家庭各类开销并用好银行、基金、保险等林林总总的理财工具，念好小家庭的理财经，最好能够按比例分配家庭日常支出、投资、偿债、保障等，做好家庭资金管理。

新生活的开始，对于每个小家庭而言都是充满希望的，合理的家庭资金管理将帮助您实现一个个生活的理想。

自觉维护家庭财务制度，确保生活幸福

结婚成家后，理财就成为夫妻双方的共同责任。新婚后的一段时间内，应该充分尊重对方的用钱习惯，即使你觉得对方过于节俭或无度消费，也不要太多干预，只能在共同生活中循序渐进地适应磨合。对于重要的财务收支，要共同商量，免得引起不快。

新婚家庭的经济基础一般都不强，所以不要超越经济承受力，讲排场、冲动消费。要避免买很多不必要的物品，在遇到对方提出不必要的购物提议或要求时，不妨坦陈自己的意见和理由。

夫妻双方的收支情况采用透明的方式比较好，最好也不要设"小金库"。对于日常生活开支，在不浪费的前提下，双方自由支配收入，但应该将节余资金进行有长期计划的投资，通过精心运作，使家庭资金达到满意的收益。

会赚钱的女人最有魅力

对于刚建立家庭的年轻夫妇来讲，有许多目标需要去实现，如养育子女、购买住房、添置家用设备等，同时还有可能出现预料之外的事情，也要花费钱财。因此，夫妻双方要对未来进行周密地考虑，及早做出长远计划，制定具体的收支安排，做到有计划地消费，量入为出，每年有一定的节余。

新婚家庭不妨设立一本记账本，通过记账的方法，使夫妻双方掌握每月的财务收支情况，对家庭的经济收支做到心中有数。同时，通过经济分析，不断提高自身的投资理财水平，使家庭的有限资金发挥出更大的效益，共同建设一个美满幸福的家庭。

家庭理财其实并不难，从了解收支状况、设定目标、拟订计划、编列预算、执行计划到分析成果这六个步骤，可以轻松进行家庭财务管理。至于要如何预估收入掌握支出，那就需要从家庭收支的记账开始了。

首先，要选择好记账方法，从每天的记账开始，把自己的财务状况数字化、表格化，不仅可以轻松获知财务状况，更可替未来做好规划。记账贵在坚持，要清楚记录钱的来去，从而清楚地知道每一个项目花费的多寡以及需要是否得到确切满足。

通常在谈到财务问题时有两种角度，一种是钱从哪里来，另一种是钱到哪里去，每天的记账必须清楚记录金钱的来源和去处。大多数人采用的是流水账记录，按照时间、花费、项目注意登记。

其次，要特别注意记好钱的支出。资金的去处分为两个部分，一是经常性方面，包括日常生活的花费，记为费用项目；另一种是资产性方面，记为资产项目。资产提供未来长期性服务，例如买一台冰箱，现金和冰箱同属资产项目，一减一增，如果冰箱寿命五年，它将提供中长期服务，如果购买房产，同样带来生活上的舒适和长期服务。经常性花费的资金来源，应该以短期可运用资金支付，如吃东西、购买衣服的花费应该以手头现有的资金支付，若用来购买房屋、汽车的首期款，则运用长期资金，而不是向亲友借贷或者短期可用资金来支付。消费性支出是用金钱换东西，很快会被消耗，而资本性的支出只是资产形势的转换，如投资股票，虽然存款减少但是股票资产增加了。

最后，收集整理好各种记账凭证。如果说记账是理财的第一步，那么集中凭证单据一定是记账的首要工作，平常消费应养成索取发票的习惯，平日在收集的发票上，清楚记下消费时间、金额、品名等项目，如没有标识品名的单据最好马上加注。

此外，银行扣缴单据、捐款、借贷收据、刷卡签单以及存、提款单据等，都要一一保存，最好放在固定的地点。

储蓄是你与财富靠拢的第一步

储蓄的意义并不仅仅在于攒几个钱，它可以使你形成把未来与金钱统一成一个整体的观念。当你手中有了一部分可以自由支配的钱财时，就开始以一种不同的层次有了自我体验。你的思维、眼光、方法都有了全新的改进，从而可以自然而然地把自己手里的资金过渡到更"赚钱"的门类上去。

行家们以为，储蓄是一种极为落后的理财方式。如今的银行利率还赶不上通货膨胀的速度，那么储蓄就不是理财而是蚀财了。那么储蓄的观念在今天已经过时了吗？不，以储蓄的方式理财，回报率并不会太高，但对家庭理财来说，几乎所有的投资门类都是从储蓄开始的。

靠存钱不可能发财，但是你可以用来为积累做准备。追求长期增值、较高报酬率和税务优惠的人们，通常会去使用一些投资工具，例如股票、债券、基金、年金和不动产，但这些人哪来的钱去做投资呢？除非是发了一笔横财，否则这钱恐怕还是得来自储蓄。存钱并不需要花费很多的时间或精力，你可以从简单的银行存款开户做起，累积到一定量的时候，再转而做其他投资。你也可以考虑去存一个储蓄债券，它能够在银行中买到。

储蓄的意义不仅仅是把钱积攒起来，当你除了生活必需的开销之外，手中有了一部分可以自由支配的钱财时，才可能主动探求其他的理财门路。

刘娟刚从学校毕业的时候，在一家公司的行政部门工作，办公室里有几位姐姐、阿姨级的人物，常凑到一起谈储蓄、债券等方面的问题。那时候刘娟保持着大学校园里的生活习惯，和几个好友联系热络，大家在一起吃饭、看电影，每月的工资以吃光用尽为潇洒。听人讲怎么存钱才合算，最简单的名词都是陌生的，什么"年期、利率"根本和刘娟的生活不沾边啊。说实话，那时刘娟以为储蓄是一种落伍的习惯，实在没有学习的必要。但是到后来，当基金、股票等理财工具在她们那个城市普及的时候，在公司里，那位热衷储蓄的大姐先行一步，自然而然地把自己手里的资金过渡到更"赚钱"的门类上去。所以说，无论理财的门槛多难进，未来的道路有多长远，储蓄都将是你的第一个台阶。走出这一步之后，你会发现自己的生活将会发生一些奇妙的变化。

茉莉有一位大手大脚的母亲，她家总是一有了额外的钱就把它花掉，因此从来没有多余的钱可以存下来。

当茉莉开始独立工作赚钱的时候，她注意到一些奇怪的现象，即使她的收入高了许多，但是似乎每到月底仍然是一毛钱不剩。

这个时候，有个朋友的公司邀茉莉入股，她至少需要30000美金的现款，但她一辈子也没有存过那么多钱。所以她订出一个时间表，想在6个月内存够钱，一个月要5000美元才行，这个数目似乎很遥远，但是茉莉凭着信心就这么开始了。

一件有趣的事发生了。因为茉莉专心理财并且相信她能赚到5000美元，她越来越注意到自己以前轻率用钱的弊端。她也开始留意一些机会，是她以前没有注意到的。另外她想到，自己以前在工作上只会投注精力到某个程度，现在由于必须有额外收入，她就在所从事的工作上多投入一点精力、一点创造力。茉莉开始冒比较大的风险，她需要客户为她的服务支付更多的代价。她为她的产品开发新市场，她找到利用时间、金钱和人力的方法，以便在较少的时间内做完更多的事情；借着被她自己称作"首期款"的储蓄单，她加强、放大了自己一向就拥有的能力。很快地，茉莉的财富一步步地累积了起来……

如果你曾经锻炼过身体，你就知道肌肉是有记忆的。一旦你锻炼出一块肌肉，要再炼出来就比较容易，赚钱也是一样。当你开始伸缩你的财富肌肉时，你就开始以一种不同的层次有了自我体验。你的思维、眼光、方法都有了全新的改进，此刻，金钱也会慢慢随之而来了。

在现实中，也许人们都懂得千里之行始于足下、聚少成多的道理，但大部分人都把它理解成一种信念，真正实行起来的人并不多。中国香港女作家梁凤仪曾谈起，她年轻时买的第一套住宅用的就是小钱。那时她单身在美国，很希望有一套自己的住房，可刚出道薪水很低，于是她下定决心，强迫自己从每月的工资中扣下一部分存入银行，然后设法把这笔钱忘掉。到月底不管钱有多紧张，或是看中了什么衣物，绝不去动它。几年下来，她就是用这笔钱作为首期付款买下了自己的住房。我们每个人其实都有这种能力，关键是我们干不干。

现在来告诉大家一个奇妙的发财秘诀，它的道理很简单，事实是这样的：当你的支出不超过全部收入的90％时，你就会觉得生活过得很不错，不像以前那样穷困。不久，觉得赚钱也比往日容易。能坚持只花费全部收入的一部分的人，就很容易赚得金钱；反过来说，花尽钱包里的钱的人，他不但存款账户上永远都是空空的，自己的能力也得不到相应的锻炼。

有一个所谓9∶1法则，那就是当你收入10元钱时，你最多只花费9元，让那1元"遗忘"在钱包里，无论何时何地，永不破例，哪怕只收入1元，你也保证冻结1/10。这是白手起家的第一法则。

别小觑这个法则，它可以使你的钱包由空虚变充实。其意义并不仅仅在于攒几个钱，它可以使你形成把未来与金钱统一成一个整体的观念，使你养成积蓄的习惯，刺激你获取财富的欲望，激发你对美好未来的追求。从另一个方面来看，当你的投资进入最后阶段时，这最后的一块钱往往能起到决定性的作用。

耐心打造你自己的"黄金存折"

无论什么时候你都不能忘记，投资理财是一个漫长的过程。如果你需要一份根基牢固并且可以稳步增长的"黄金存折"，那么要尽早投资，留出足够的时间去等待收益；其次是在投资的过程中切忌朝三暮四、摇摆不定，坚持会给你带来最为丰厚的回报。

女人们总是爱幻想的，她们很容易为一夜发财致富的神话着迷。一位遭遇平凡的人，能够因为某个机会，立刻赚得大钱，这是多么振奋人心，多么引人入胜，多么令人羡慕不已！但是你是否知道，拍电影为追求戏剧效果、吸引观众，而必须放弃冗长无聊的细节，将一个白手起家的有钱人的成功，全归功于一两次重大的突破，把一切的成就全归功于少数几次的财运。戏剧的手法就把漫长的财富累积过程完全忽略了，现实生活中不可能有那么肤浅而富戏剧性的事情。

无论什么时候，你都不能忘记，投资理财是一个漫长的过程。如果你需要一份根基牢固并且可以稳步增长的"黄金存折"，就应该抛掉一切好高骛远的幻想，踏踏实实地开始自己的理财计划。把美好生活的希望建立在一个一亿分之一的奇迹上，最终也等不来撞到树桩上的兔子。而且，要是你对如何处理一大笔意外之财没有正确的打算，那么很快你将再度贫穷。

有一位著名的投资理财专家，多次提到一个创造亿万富翁的神奇公式。

假定一位身无分文的年轻人，从现在开始每年存下 1.4 万元，如此持续 40 年。如果他每年存下的钱都投资到股票和房地产上，并获得每年 7％的投资收益率，那么 40 年以后，他能累积多少财富？

一般人猜的金额，多在 200 万元到 800 万元之间，最多的也不超过 1000 万元。然而依照财务学计算复利的公式，正确的答案应该是 1 千多亿元，一个众人不敢想象的数字。这个神奇的公式表明，一个 25 岁的上班族，如果依照这种方式投资，到 65 岁退休时，就能成为亿万富翁。

当然，理论上的亿万富翁，并没把现实中那些各种不可测的因素计算进去，比如天灾人祸，市场低潮，而任何一次投资的失误都可以使我们颗粒无收，甚至把种子也赔进去。但这个公式给我们的启示是：投资理财没有什么复杂的技巧，最重要的是观念，观念正确就会赢，每一个理财致富的人，只不过养成了一般人不喜欢、且无法做到的习惯而已。

只要耐得住性子，将资产投资在正确的投资目标上，复利自然会引领财富增长。相对而言，投资理财比创业要轻松些，只要方法正确，将钱投资于股市、房地产，耐心等待十年、数十年，致富的成功率是非常高的。

1973 年的夏天，莎拉和琳达这两个大学室友毕业了。莎拉发现，她为获取文学学位而选修的陶器学，对她的职业发展并没有什么帮助。她选择了一份秘书工作，挣着微薄的薪水。琳达以法学优秀毕业生的身份毕业，在一个有名的法律事务所获得了一份高薪工作。莎拉担心自己永远走不到前面，因为她的薪水只有琳达的一半。她决定每年坚持留出 2000 英镑，投资一家平均年收益 10% 的管理基金。相反，琳达觉得过了多年拮据的学生生活，既然现在是一名高收入的律师，是该报答自己的时候了。她是一个"购物治疗型"女孩，挥霍完现金，就靠一张又一张的薪水支票度日。

10 年过去了，这时琳达才感觉到，当了 10 年的购物狂，她没有留下任何有价值的东西。她决定每年拿出 2000 英镑，投资到与莎拉相同的基金中去。

后来，莎拉和琳达都五十出头，她们相遇并比较财产。在过去的 20 年里，琳达共投入 40000 英镑，现在增长到了 125000 英镑。莎拉投入的只有琳达的一半多，而且最近 20 年没有投入 1 分钱。她的账户余额为 230000 英镑，几乎是琳达的两倍。即使后者每年继续投入 2000 英镑，她也赶超不了莎拉。简言之，莎拉享受复利计息的时间比琳达要长。这个故事的残酷结论是，即使琳达每年继续投入 2000 英镑，她也永远赶不上莎拉了。

这个故事给我们的启示是：女人要想拥有属于自己的"黄金存折"，就要尽早投资，留出足够的时间去等待收益；其次是在投资的过程中切忌朝三暮四、摇摆不定，坚持会给你带来最丰厚的回报。

投资的本质就是相信延期的回报，所以，投资理财是一项长期行为，投资者要有长远打算。许多失败者之所以没能使自己的财富成倍地增长，很大的原因就是因为受到急功近利思想的影响，只顾短期利益，过早地抛出手中的资产，退出市场。他们忘记了只有以长远的眼光来审视商机，才能获得丰厚的回报。

许多国内投资者比较乐于短线频繁操作以此获取投机差价。他们往往每天会花费大量的时间去研究短期价格走势，关注眼前利益。在市场低迷的时候，由于过多地在意短期收益，常常错失良机；特别是在证券投资时，常常是骑上黑马却拉不住缰绳被摔下来，并为此付出不少买路钱。更有甚者，误把基金作为短线投机，因忍受不住煎熬，最终忍痛割爱。

美国的基金经理人伯恩斯认为："只靠衡量今天或明天应该怎样本身就是一种非理性的想法。我们应该探讨的是未来 30 年的问题——换言之，你真正需要的是一个长期策略。仅仅知道明天怎样是远远不够的。"

著名的投资专家巴菲特就特别注重长期投资。在巴菲特看来，任何短于五年的投资都是失败的投资，因为企业的价值通常都不会在这么短的时间内充分体现出来。如果做短线投资的话，投资者在其中所能获得的一点收益也会由于资金要在银行周转而被银行和税务部门瓜分。据统计，巴菲特在投资股票的时候，一般的持有周期都在八年以上。巴菲特认为，既然任何一个企业的内在价值在短期内无法体现，就要坚持长期持有。不要顾虑股市的短期跌升，最终一定会得到丰厚的回报。

有计划，你才能赶得上生活的变化。一位具有"理财管理能力"的女性，不会放任自己辛苦赚来的钱四处"流浪"，或是等着通货膨胀侵蚀它原有的价值。不论单身或已婚女性，都该好好管理自己的财富，制订长远的财务计划。为了将来的自由和保障，你应该尽早建立自己的黄金账户。

第四章　理性消费，女人就应该对自己好点

应该说，这是一个讲求消费的时代，能挣会花是很多时尚女人的标志，但她们决不乱花，也不会挥霍金钱，而是追求合理的消费，只在自己的收入范围内生活，她们会让自己养成良好的购物习惯，在消费时也会识时务。

能挣会花是时尚女人的标志

现在流行"钱商"这样一个概念，钱商就是一个人认识、把握金钱的智慧与能力，包括正确认识金钱和正确使用金钱。

一个人怎样使用金钱是检测其钱商高低的唯一方法。理财专家指出："从一个人在储蓄、花销、送礼、收礼、借进、借出和遗赠等方面的做法，就知道一个人能不能赚钱。"

"会花钱就等于赚钱"。乍一听，总觉得有悖于中国的传统常理。在中国人的传统理念里，能赚会花总是和吃喝玩乐联系在一起。所以有不少中国人在挣了一些钱之后，总喜欢深藏不露。更有甚者终其一生，花费甚少，身后却留下巨款一笔，让人大吃一惊。

女孩们会花钱的比比皆是，同样的钱放在女人手中总是比男人们会花。会花钱就等于赚钱看来还是有前提的，不是花 10 元钱，换来了 10 元的货这样简单，而是花了 10 元钱，得到了 12 元，甚至更高价值的商品，这才是真正意义上的赚。会花钱就等于赚钱的前提是花费之前多思量，凭一时冲动或心血来潮花钱，其结果常常是换来了一时的快感或满足，并没有得到更多的事后利益。当然，这种经大脑思考过后的决定，可不是婆婆妈妈讨价还价或优柔寡断地无从选择，而是在消费之前将自己定位成一个合格的市场调研员。

会花钱等于赚钱的最高境界应该是在和朋友们一起分享那份物超所值带来的喜悦。社会发展至今，周围的人似乎都是高智商，兜里的钱很容易被别人赚去好像是好久以前的事情。

花钱是一门学问，有的人花了 1 元却挣了 100 元，有的人花掉 100 元却一文不赚，更有甚者，全部赔光亦有之。

有的女人在看完后不禁一笑：原来自己也是她们中的一个啊。而现在花多少已不是关键，新观念就是花了 10 元后能赚多少。

并不是每个女人都"会花钱"。"会花钱"是花了 100 元钱，得到了 200元甚至更高价值的商品；更有些深谙花钱学问的聪明人，花了 1 元却挣了 10元。在不放弃生活的享受，不降低生活的品质的前提下，"花最少的钱，获得更多的享受"，这正是"会花钱"的女人的过人之处。

生活中的每一处细节，"会花钱"的人都会利用得恰到好处，把每一分钱都花在刀刃上。"我有钱，但不意味着可以奢侈"是她们的心态；"只买对的，不买贵的"是她们的原则。

如今社会不断进步，生活水平日益提高，勤俭持家、使劲攒钱的老观念已经落伍了。"能挣会花"日渐成为最流行的理财新观念。

女人能赚钱，并不能说明她有品位、会生活，懂得人生的乐趣。评价女人的生活能力要看她怎么花钱，或者说怎么对待钱。女人应该知道怎么把钱花出去，应该知道如何经营好自己的家庭、经营好自己。赚钱是技术，花钱是艺术。赚钱决定着你的物质生活，而花钱则往往决定着你的精神生活。同时，会花钱的女人还能从花钱中感受到生活的乐趣，从而使赚钱成为一项有意义的、快乐的事情。

没有消费计划，就没有幸福

如果女性在消费时没有计划，往往会使自己的生活陷入困境。所以女性应该学会制订理财目标和消费计划以达到理性消费的目的。

你是否觉得自己的衣柜里永远缺一件随风飘动的连衣裙，你是否总觉得戴在身上的首饰总是少了那么一两件？女人就是这样，每月花费很多钱在装饰、打扮上，喂饱了各大时装店或商场，却饿瘪了自己的钱包。调查显示，有一半以上的女性消费者是冲动型购买者。她们在购物时往往没有计划，喜欢什么买什么，而且很多女性经常会购买几周以后才会需要或者根本就不需要的东西。

因此，聪明的女人在购物时要做到七戒，以达到理性消费进而理财的目的。

1. 戒掉坏习惯。现在的女人喜欢把购物作为宣泄情绪的通道，这样的坏习惯会让女人的钱包在不知不觉中"消瘦"下来。

2. 戒无所事事。女人闲下来会做什么？购物。而购物带给女人的则是无止境的花销和账单，所以，女人千万不要让自己无所事事，要丰富起自己的业余生活，这样会节省下一笔为数不小的开销。

3. 戒乐极忘形。成群结队去购物可以说是女人的最爱，但是女人总有一定的攀比心理，看到人家买，自己也跟着买，但是等回到家，才发现，有很多东西是自己根本就不需要的。

4. 戒贪小便宜。很多女人爱贪小便宜，非常关注什么打折了，什么买二送一了，什么办会员卡送奖品了等。商家的小花样永远层出不穷，但买家算不过卖家，女人如果不戒掉贪小便宜的"恶习"，相信她们的钱包又会缩小一层。

5. 戒耳根软。感性让女人总是不会说"不"。大声地对对方说"不"吧，否则你的家就会变成商场了。

6. 戒虚荣心。女人的虚荣心有时候容易泛滥，事实上，夸赞也是商家的一种营销手段。

7. 戒一时冲动。女人冲动起来不管不顾，但是，冲动过后就会懊悔，为什么要让冲动害得自己理财不成反而欠账呢？戒掉坏习惯，理智地购物才会让生活变得更加美妙。

要想做一个充满智慧的财智女性，要想把握住自己的理财前景，首先就要制定自己的理财目标，将所有的消费控制在自己的掌握之下，这样才能有助于遏制购物冲动。制定理财目标通常有以下几个步骤：

1. 第一步：了解自身的财务状况

了解自身的财务状况，才能增加理财的成功概率。所谓了解，就是要清楚地列明自己的资产，包括固定资产及流动资产等，然后对自己目前的生活状况进行分析，最后订立出一个可以达到的目标。目标不是随随便便写出来就可以的，如果目标订得太高太远，只能增加个人的负担和压力。女性应该按自己的资产负债及损益情况而制定一个适当的财政预算。

自身财务诊断方式：

首先，计算资产负债表。应把所有的资产都计算在内，比如现金、定期存款、活期存款、其他投资产品以及一些固定的资产，比如房产、汽车等。

其次，列出所有的负债，包括长期负债和短期负债，比如所借外债、房屋贷款、汽车贷款、分期付款等。

再次，计算净值。即将所有的资产减去负债额，得出的净值。

一个清楚明了的资产负债表可以帮助你诊断出一个较明确的财务状况，根据这个状况，你就可以订立合理的财务目标。

2. 第二步：订立目标要分阶段

目标的订立是因人而异的，一般来说，根据计划对象的年龄，收入状况，以及收入的稳定性而大致分短期、中期及长期三个目标。

3. 第三步：风险评估

风险，同每个女性的年龄有着密切的关系。最简单的评估法是随着年龄的增长，把可承受的风险递减。一般来说，风险和回报大致上成正比，所以年轻的女性所能承担的风险比较高，在计划投资时可以选择波动比较大的投资产品。随着年龄的增长，女性应当慢慢地选取一些相对比较保守的投资项目。

同时，风险也与女性的婚姻状况密不可分，对已婚女性来说，风险系数应该略微低一点，因为已婚女性理财将涉及整个家庭，因此应该稳健一些。

金卡时代，注意别"卡"走了你的钱

信用卡、优惠卡、贵宾卡，这个时代，只要你一出门，就难免要遭到"卡"的围剿。刷卡消费固然风光便利，手中的钱在不知不觉中流失的烦恼却只能独自品尝。女性朋友们要明白，消费的理由只能是需要，不要被那些小卡片套住出不来。

作为一个现代女性，谁的包包里没有几张卡呢？各大银行的信用卡是卡族的主力，其他各种名目繁多的优惠卡、贵宾卡就数不胜数了。但是不知你是否意识到，这些卡片都是吃钱的，你的钱就是它们最好的营养品。

很多女性喜欢逛街购物，看到喜欢的东西不论金额大小，有"卡"万事足。如果你正好也在其列，但是每次都能轻轻松松地全额缴清，那真要恭喜你，因为你是一位能充分利用信用卡的消费者！但如果你虽然具有以上的特性，可是每次却只能负担最低应缴金额，并且还继续累积高额的循环利息，那么，你并不是在"用"信用卡，而是被信用卡给"用"了！

许多人往往无法控制住当下购物的欲望，结果一发不可收拾。更何况刷卡并非给钞票，并没有付钱的感觉，有些女性朋友很容易就刷刷刷地过度消费或超额使用，从先享受后付款变成先享受后痛苦。账单来时无法全数付清，就得动用循环信用，支付未付清的账款产生的利息，利息再滚进账款，也影响了个人信用。

信用卡虽然让我们消费更方便，但是，每一位女性朋友都应该思考："自己真的适合使用这种塑料货币吗？"除非自己能做好信用卡管理工作，消费才不会吃亏。

李莉是一位快乐的单身女郎，但是，毫无节制地消费却是她最大的财务致命伤。每个月，她都是辛勤地工作，但是一下班看到喜欢的东西就刷卡，刷完以后的单据不是随便乱扔，就是揉成一团放在皮包里，所以每个月她都不记得自己到底刷了多少钱，刷的时候很开心，可是等到信用卡账单一来，整个户头剩下的钱就全部缴械。

会赚钱的女人最有魅力

你是不是拿到信用卡账单的时候，常常想不起自己何时消费了那么多的金额？或者还是在刷完信用卡之后，随手就把签过名的收据丢弃了呢？现代女性朋友使用信用卡，要先做好支出管理，因为"理债"比"理财"还重要。

刷完信用卡后，要将当月的收据整理好，这样不但随时可以对账，还可以随时提醒自己知道"已经刷了多少钱的债务"。若是你刷了信用卡，然后在下一次缴款期限前缴清支出，信用卡绝对会是一种方便的理财工具。如果只是因为钱不够用，就把信用卡当成是提款卡，那么，你马上就会一脚踏入负债的旋涡当中。

善用信用卡，还不算修炼到家，这个时代，只要你一出门，就难免要遭到"卡"的围剿。

女性们对各种会员卡、打折卡可谓情有独钟，几乎每人的包里都能掏出一大把各种各样的卡。许多情况下，用卡消费确实会省钱，但有些时候用卡不但不能省钱，还会适得其反。有的商家规定必须消费达到一定金额后才能取得会员资格，如果单单是为了办卡而突击消费的话，就不一定省钱了；有时商家推出一些所谓的"回报会员"优惠活动，实际上也并不一定比其他普通商家省钱；还有一些美容、减肥的会员卡，以超低价吸引你缴足年费，可事后要么服务大打折扣，要么干脆人去楼空，让你的会员卡变成废纸一张。

女性买东西，多喜欢成帮结队，进店后几个人会商议、评判一番，事后如果买得满意，又受人夸奖，还会成为商店和所买品牌的义务宣传员和推销员，劝自己的小姐妹也赶快去效仿购买。如此一来，被"卡住"的概率无形中又增加了好几倍。

钱女士虽已是徐娘半老，身材肥胖，但家境优越又仗着有做老板的丈夫的"面子"，平时一批相好的小姐妹们都对她"礼让"三分。为此，每当外出逛街购物，只要钱女士看中的，大家都附和着说好，劝其买下。有两个做生意的小姐妹，更是常常投其所好，主动为钱女士介绍一些所谓品牌服装、化妆品，甚至钻石、首饰、古董之类的物品，编成种种故事，尽量说服钱女士。于是，轻信小姐妹，轻信朋友的介绍，钱女士不但一次次花钱买这买那，而且还常常成为所买之物的推销员。在朋友们的介绍和"帮助"之下，钱女士眼下已拥有上海十多家高档时装、化妆品、首饰商店和厂家的金卡或贵宾卡，成为这些商店、厂家固定"交钱"的长年客户。而背地里，有人却常常评价钱女士没有眼光，没有脑袋，不会理财，只会做"冤大头"。

认真回忆一下，你的许多"卡"是不是也如钱女士一般，是在唧唧喳喳的怂恿声中办下的；或者是在商家天花乱坠的推介中，眼前一片玫瑰色；忙不迭地去钻那便宜的圈套：到银行办事，有位朋友说认识这家银行的经理，办个金卡取钱就不用排队了，于是填表拿了金卡；去理发，人家说先交2000元钱成为金卡会员，然后什么服务都打5折，于是又多了一张金卡；与家政公司打交道，押些钱，优先请小时工，又来了一张……

金卡有几个主要特点：第一，发卡单位都是想用户所想，超用户所想。金卡包含了许多你用不上，甚至根本想不到的功能。第二，你总是付出太多，享受太少。第三，金卡在满足你的虚荣心方面，总是力度不足，或角度错误。比如说，先交10万元钱，可以成为某汽车装饰公司的超白金客户，不仅所有产品打8折，而且爱车终身享受免费打蜡。但是，10万元买蜡，恐怕得用一辈了呢。就算你能死撑着不掏钱，你还得能撑住面了。

信用卡称得上是"塑料货币"，有着它方便快捷的优势，比较适合这个信息时代，而你要成为哪个行业、哪家店铺的"贵宾"的时候，绝对应当警惕。商家无利不起早，纵然会给些折扣，也是为了把你拴得更紧一些。女性朋友要明白，消费的理由是因为你需要，而不是为了积累到某个额度、换取某一种优惠。赶紧清理你包里的卡，别让它们温柔地拖累你的脚步。

避免挥霍金钱的习惯

想买件外套，价钱降下来了，你正在考虑到底要不要买它！买辆汽车吗？现在购买优惠2万元……

我们都曾经站在这种该不该消费的十字路口不下数百次。而当我们终于决定要去买某件东西时，总会有"是不是还有更好的方法来花这笔钱"的感觉。这种感觉，通常不太明显，而且是下意识的，却常会破坏买东西，或是获得那项服务时所得到的乐趣。更糟糕的是，买下这东西后，就让我们口袋空空，这笔钱或许原本可让我们用来做更好的消费、储蓄或投资呢！

我们怎样才能避免挥霍金钱的习惯呢？一个解决的办法，就是以积极的态度来用钱，以取代消极的态度，或只是一味想要戒除坏习惯所采用的种种徒劳无功的方法（就像一味地要求吸烟者和减肥者不去吸烟和不去吃东西一样）。圣地亚哥国家理财教育中心提出了"选择性消费"的观念，就像下列情况，你不应该对自己说："我该不该买这东西？"而应该问："这东西所值的价钱，是不是在我这个月花钱的预算金额内？是否正是我所要花的钱？"换句话说，你要问问自己，到底有多么想要花这笔钱来买这东西，而不仅仅是告诉自己能不能花这笔钱。

"我不应该花这笔钱"——是理财专家所谓的"消极的输入"，因为它是消极的讯息，容易被忽略，这也是人类的心理。然而消极的输入会迫使我们合理化我们的购买行为，如"这东西颜色很漂亮"、"这东西正在打折"和"我真的很想要这东西"等的说法，就是一些很普遍的例子。

其实，若透过选择性的消费，你想要花钱的本能还是能够得到满足的。这就像一个正在减肥的人必须减少卡路里的吸收，但每天却又还可以吃一点冰激凌一样，你不必试着去完全改变生活方式，而且也不必强迫自己克服心理上的排斥感。

不要误以为选择性消费很简单，其实它并不简单，它需要不断地练习。给自己一些选择，先列出物品的优先顺序，然后再列出一个购物清单（当我们去超市时会列出清单，为什么买其他东西时不会如此）。问问自己，用同样的金额，还可以购买哪些东西？至少去比较三个不同商品的价格、服务和品质，你将会看到什么事情发生？你的消费是可以掌控的，无视于习惯、冲动或者是广告，你将能够购买真正想要的东西。如果养成了这个习惯，能够聪明地消费并存下所省下来的钱，也可能成为富有的人。

在你养成选择性消费的习惯之前，必须先知道怎么处理你的金钱。通常在人们还没改变消费习惯之前，是不会开始储蓄的。除非你能增加所得，否则要多存一点，就必须少花一点。为了养成选择性消费的习惯，首先要改变以下6个错误的消费习惯：

1. 冲动的消费

你是不是一个冲动的消费者？如果是，必须先来算算这个习惯的成本。试想如果每一周都冲动地买个价值150元的东西，一年下来得花7800元。当然，偶尔还是要慰劳一下自己，但也不要太过分。如果经常有别人陪着购物，并且还鼓励你去买超过预算的东西，那么，最好还是自己一个人去购物。

2. 消费的时间不恰当

买刚刚才送到商店时的衣服或当季的货品，是很昂贵的。事实上不久后，价钱就会降下来，特别是在销售情形不佳的季节里。其实可以等到新产品（如计算机、电脑和电子设备等）上市后开始降价时再买，替自己省下些钱。

3. 购买爱情的权力

有些女人将爱情和花钱视为相等的事，这是错误的想法。每当她们因为忽略了他人而有罪恶感时，就会去买贵重的东西来显示她们的关心；有些人则会以花钱作为武器，抒发自己的压力或沮丧的心情，譬如说，她们如果对另一半发脾气，就会跑到最近的购物中心去大肆消费，以作为一种惩罚。

4. 买"错"了东西

购物货比三家可以省钱，如果你想买家用器具。参考一下《消费者报道》之类的刊物，其中，有各种品牌、形式和等级的说明介绍，有些百货公司自营商品的品质，事实上和某些名牌是同质品，因为他们都是由同一家制造商所制造的。

5. 买个方便

省时的速食代价不菲，比如说，一个知名品牌的冷冻面条，要比同样分量的一般面条贵上二到五倍的价钱。为了省时和省钱，最好煮了一批后，将剩下来的冷冻起来。另外，便利商店的东西也是比较贵的，因为它们的货物加成费用也比超级市场里的加成高。如果经常在便利商店购物，一年下来，两者的消费金额相差可能有数百元之多。

6. 买个身份地位

信用卡的使用方便，常会使人立即当场就购买商品或服务；有些人在和朋友或亲戚比较物质生活时，会昏了头。在很多人的心目中，金钱和占有就等于成功。追求身份地位的人，会去买较贵、较好的东西，要靠家里坪数的大小或者是衣服的品牌标签，来证明他们比别人更成功。

女人的消费习惯将影响一生

女人不正确的消费心理和习惯，是男人一生的不幸。因为作为家里的"财政主管"，没有人能控制其花钱的质量。

首先，对于那些喜欢用名牌货的女人，男人要多加注意。因为，这样的女人往往会因其无法填平的虚荣心而浪费掉男人的一生。

我们经常可见一些追求时髦、喜用名牌的女人，几乎自头顶至脚尖都穿戴着名牌，走起路来就好像名牌衣饰长出手脚在走路一般。而那些女人是否个个均是富有之人呢？肯定不尽然。但她们通常能花少量的钱，巧妙地使全身上下皆是名牌。

基于名牌取向的根深蒂固，自然有人想借着它的魅力赚钱，因此任何名牌皆可见以假乱真的仿冒品。如路易·威登的手提包是极受女性欢迎的名牌，其仿冒制造商便不下五六家。至于仿冒品的品质及种类也很多，一般而言，仿冒品的价格大约为真品的 1/10，以这种价格买到名牌货的顾客皆心知肚明。

在日本有一种说法：稍一不小心，钱便会长脚逃走。所以，掌管家庭经济大权的太太们是否善于购物，会对存款之多寡造成天壤之别。

有些先生们抱怨太太缺乏金钱概念，不擅理财。例如最近有一位男士常常向人抱怨有关其太太的问题：

"我太太个性开朗，也很会做菜，但却有喜欢买廉价拍卖品的毛病，只要一有拍卖或甩卖场合，她便大买特买，好多从未穿过的衣服，都一直搁置在衣柜中，她自以为买便宜了，实际上却是花了冤枉钱！如今，因为她的浪费，已使我们家庭的经济陷入窘境。"

事实上，到拍卖场所走走逛逛，多半会有几样特别便宜、引人注目的商品，但是其他商品则不比平日便宜太多，商家的用意便是利用顾客买超低价的物品时，顺便购回不便宜之物品，以达到销售的目的。而中了商家圈套的女人可说相当多，她们多半是受到当场热闹气氛的影响，而买下不必要的物品，这是大多数女人的心理。

具有善用大拍卖机会之才能的女人并不多，奉劝男士们，一旦遇到，就应好好把握：至于热衷拍卖品及喜欢邮购这种物质欲求强烈的女人，千万要小心，她很容易毁掉你的家庭"经济前程"。

在你们的收入范围内生活

善理家政的妻子一般都有很高的生活情趣和生活艺术。而对家政的处理很大程度上是与金钱打交道。然而，真正做好这一点并不是件容易的事。可以这么说，在现实生活里没有任何事情比财务上的失误更使人伤心和令人厌烦的了。开销大于收入的妻子无疑是个脑筋糊涂、奢侈浪费的妻子。她不会使丈夫得到欢颜，这样的超越能力消费虽然可能使她的外表被装饰得华贵，但不会动人。

还有人认为，不管家庭的收入多少，应遵循"有钱就多花，没钱就少花"的消费原则。看起来这种做法等于没有处理好收支关系，没有将钱用在该用的地方。这实际上是一种毫无目的地花钱，等于将自己的钱让那些肉贩、面包商、时装商们去分享。

所以，应该提倡有计划有预算地花钱。预算开销将告诉你削减那些不太重要的项目，将资金集中起来办一些重要的事。比如为孩子存一笔教育经费，购买房屋、养老保险金，以及添置一些必需的家用电器、工具，等等。

作为女人，如果你平时没有养成计划用钱的习惯，从现在开始就应当学习如何处理家庭财务。这也是帮助你丈夫走向事业成功的重要方法。如果你

会赚钱的女人最有魅力

的丈夫有相当的收入，但花起钱来也大手大脚，你就应当帮他缩紧钱包，逐步培养他计划用钱的习惯。

你虽然可以参考其他成功妻子的家庭预算计划，但每个家庭的实际情况各不相同，不能完全照搬。你所制订的这个计划一定是属于你的且是独一无二的。

下面几点思路可以帮助你完成预算计划，也能提高你的理财艺术。

（1）将日常开销记录下来，使你对支出情况有个清楚的了解。在这些细目中分析哪些是应该开销的，哪些是可以节省的，以便日后注意。曾有一位妻子在月底清理账目时发现用于购买零食的钱就达 200 多元，这在她丈夫收入不太丰实的情况下，的确是个不小的数目。后来她改变了吃零食的习惯，也就节省了一笔可观的资金。

（2）根据家庭的实际需求列出每月或每年的开支计划。首先将你每月必须开支的部分列出来，比如食物开销、水电费、房租、孩子入托上学的教育费、医疗费、购置衣物费，等等。其次计划出你本月或者本年度拟购买的贵重物品，如小汽车、彩电、空调，等等。制定这些预算时，你所必须遵循的一个最根本的原则就是一定要在你们的收入范围以内，否则，你就应当尽量减少那些不太重要的开销计划。

（3）储存一定数额的钱以便应急。虽然眼下你和你的丈夫、孩子都平平安安，你的亲朋好友也都顺心安康，但一些意想不到的灾害难免有随时降临的可能。如果你将每个月的收入都用于开销，你就无法应付这些意外的紧急事件。所以，留有一定的活动资金以备应急对一个家庭来讲十分重要。如果你临时向别人借款，不但不能保证顺利借到，而且还要欠人一大笔人情。

（4）将剩余的钱用作获取更大的利益。前面已经涉及要储存一部分钱留着应急，对于一个收入较多的家庭，你也不必将所有的剩余的钱都存入银行，因为银行的利息毕竟太少。你可以将这些钱去投资一些有利润的商业活动；或者买一幢房子，然后出租给别人，收取租金；或者去办一个熟食店或者具有特色的杂货店，雇请一两名精明的人来经营，这样也可以获得更大的利润，达到钱生钱的目的。

女性在投资理财方面的误区

一直以来，传统的中国女人持有"干得好不如嫁得好"的观念，一切以丈夫为中心，只会看牢丈夫口袋中的钱，而忽略了自己的荷包。随着社会趋势的转变，女人在工作上，越来越多地与男性处于平等地位，在收入方面也开始与同等职位的男性不相上下，但在财务独立的同时，却仍然不懂得也没有意识到自己真正的财务需求及理财的重要性。

无论是事事以家庭为先的传统女性，还是"只要我喜欢有什么不可以"的女性，在理财上给人的印象，不是斤斤计较攒小钱，就是盲目冲动的月光族（每月花光所有的薪水）。

造成这种情况，大概是因为女人在投资理财方面有这么几个误区：

1. 缺乏理财观念

根据统计，美国有55％的已婚女人供应一半或以上的家庭收入，显示女人也越来越有经济能力来为自己规划财务。只是，女人还缺乏财务规划的主动性与习惯，53％的女人没有定出财务目标并且预先储蓄。有超过六成的女人没有准备退休金，其中有不少女性朋友认为"钱不够"，规划退休金的筹措。在中国这种情况也相当普遍，很多女人觉得"我的目标就是养活自己，很多其他问题留给另一半去做"。

2. 态度保守，心存恐惧

有不少女人不相信自己的能力，态度保守，甚至对理财心存恐惧。有调查显示，一般女人最常使用的投资工具是储蓄存款与定存，其他还有保险。这样的投资习性可看出女人寻求资金的"安全感"，但是却可能忽略了"通货膨胀"这个无形杀手，可能将定存的利息吃掉，长期下来可能连定存本金都保不住。

3. 容易陷入盲从

大多数女人不了解自己的财务需求，常常跟随亲朋好友进行相同的投资或理财活动，往往只要答案，不问理由，明显地不同于男性追根究底的特性，采取了不适当的理财模式，反而造成财务危机。

4. 为感情交出经济自主权

很多女人常在交出自己情感的同时，也在不自觉地将自己的经济自主权，交在男性的手中。一旦情感生变，很可能伤了心不说，还落得一无所有。

其实女人在理财方面因为细心和耐心，比男性有先天的优势，关键是要摆脱以上那些错误的认识，以下 4 个原则或许能给你一些帮助：

1. 相信自己的能力，关心自己的钱就像关心自己的容颜。

2. 明白自己的需要，拟定理财计划

先静下心来评估一下自己承受风险的能力，了解自己的投资个性，明确写下自己在短、中、长期的阶段性理财目标。

3. 学习理财知识，避免盲从盲信

许多周围的女性朋友总是觉得投资理财是一件很困难的事，需要的专业知识，自己根本无法建立，因此懒得投入心力。其实要取得投资理财方面的成功不需要太专业的深奥的经济学知识。现在你投入心力累积的理财知识与经验都将伴随你一辈子，都能帮助你建立稳健的财务，累积你需要的财富，这是一个多么重要和又必要的投资！你怎能不在意？

4. 专注工作，投资自我

虽然善于操盘投资理财，不失为女人致富的途径，但终归让你获得最多财富，并获得成就感的还应该是你的工作。毕竟，以工作表现得到高报酬，自我能不断学习成长是一条最忠实稳健的投资理财之路。

贷款消费需要慎重考虑

说起中国人和外国人理财观念的差距，多数人会想起中国、外国两个老太太买房的故事。外国老太太贷款超前消费，居有定所，生活质量高；中国老太太省吃俭用，靠一生的积蓄，最终买下房子，却已是风烛残年，无福享受了。因此，可以看出外国老太太的理财方式更为科学，中国老太太的观念确实是有些落后。

在某国企工作的张先生一开始颇羡慕外国老太太的潇洒。当时正巧单位集资建房，他怕重蹈中国老太太的覆辙，便从银行办理了 10 万元的住房贷款。一次交清购房款，拥有了属于自己的住房，一家人当时甭提多高兴了。可后来，张先生却怎么也高兴不起来了。

张先生和爱人都是工薪族，两人月工资加起来不到 2000 元，每月单是偿还贷款本息一项支出就将近千元，因此，家庭日常开支常常捉襟见肘，以致不得不节衣缩食，恨不得一分钱掰成两半花。住房条件虽然改善了，总体生活质量却下降了。同时，父母唠叨，老婆埋怨，张先生还要承受巨大的心理压力。他非常无奈地说，早知道这样，还不如不贷款。

随着各银行对住房、汽车等个人贷款业务的积极推介，先消费，后还款的生活方式逐渐成为一种社会时尚。那么，这种超前消费方式是不是人人都适合，哪些人办理消费贷款需要慎重考虑呢?

1. 传统观念强、心理承受能力差的人不宜贷款

对于多数人来说，"无债一身轻"、"量入为出"的传统理财观念在短时期内是很难改变的。此观念根深蒂固的人，就不宜盲目跟风，赶贷款消费的时髦。否则，到时为债务所累，背上沉重的心理包袱，就得不偿失了。同时，办理贷款应事先多和家人商量，取得他们的同意和支持，避免日后落下埋怨。

2. 要考虑自身还本付息的承受能力

目前银行中、长期贷款利率是同期存款利率的一倍以上，每月还本付息的压力相当大。因此，贷款之前要对自己的收入情况和每月还本付息额进行衡量，仔细测算，以此确定是否贷款，或确定所能够承受的贷款额。另外，在能够向亲朋借款的情况下，尽量不要贷款。目前存款利率非常低，你可以和出借人协商，按照银行存款利率为其支付利息。这样，出借人的利益不受损失，你又避免了沉重的贷款还息负担。

3. 有条件提前还贷

按有关规定，银行允许借款人提前偿还全部或部分贷款，提前全部归还

会赚钱的女人最有魅力

本息的，按合同利率一次结清还本付息额；部分提前归还的，以后每月还本付息额按剩余本金和剩余还款期数重新计算。这样，如果你办理消费贷款后，手中余钱积攒到了一定数额，这时可考虑提前偿还贷款或部分还贷款。因为日常积蓄一般是存成银行储蓄，如果不及时偿还贷款的话，一方面你的存款年收益不足 2％，另一方面要支付着 5％以上的高额贷款利息，3％的差额就白白流失了。因此，提前还贷是减轻利息支出的好办法。

你可以消费，但不要浪费

问问身边朋友的财务状况，你会吃惊地发现有近半数的人每个月都是入不敷出，甚至还要借外债。花的永远比挣的多，成为今天多数年轻人的生活现状。那么，女人应该如何花钱，花多少钱呢？这里，主要强调一种健康的消费观，那就是，我们可以消费，但是不要浪费。要做到不浪费，就需要在购物时有所节制。

很多女性朋友可能都会遇到这样的问题，因为自己一时的冲动而买了很多自己不用的东西，这种浪费的行为会在很长时间内让你心里感到郁闷。其实也是，你想想看，如果你花费很多钱买的东西自己用不上，那你每次见到它会不会感到后悔？

很多人都有这样一种观念，那就是节俭不是我做的事情，跟我没什么关系。其实，节俭与否，跟拥有金钱的多少没有关系。节俭，本身就是一个人的生活态度，并不是经济拮据的人才要有节俭的观念，任何人都应该保持这样一种意识。尤其是女人，因为女人通常是家庭里的最大管家，家里所有的东西都需要女人购买。这种情况下，女人有一个很好的省钱方式，那就是关注超市或商店的打折信息，在打折时，购回家里必需的日常用品。

当然，抢购也需要注意以下几点问题：

在抢购之前，要先明白抢购的目标，盲目地抢购只会增加多花冤枉钱的概率。所以，在去超市之前先花时间仔细确认自己到底要买什么，并且列出一个详细的购物清单。在超市抢购打折商品时，严格按照清单，不要让自己看着什么便宜就买什么。否则，全买回家了，不需要用的东西就会成为累赘。

1. 绝不要让自己带着郁闷的情绪进入超市或者商店。否则，郁闷中的女人会通过疯狂购物来发泄也是很有可能的。工薪阶层尤其需要注意，打折时去抢购就是为了省钱，千万不能因为发泄而让自己得不偿失，买了过多不需要的东西，而浪费金钱。发泄有很多种方法，或者说有很多种花很少钱就能达到发泄效果的方法，刷爆信用卡，只会让我们在痛苦之余又多了焦虑的情绪。

2. 对于同一类商品，要多计算单价与划算度。列了购物清单，只是让你清楚了该买什么商品，但是具体买哪一种就需要在超市购物时作比较了。看同类商品中哪一种打的折扣低，同时还要比较原价的高低，综合考虑之后选择最划算的。要知道，最低折扣的，并不一定是最划算的，所以，你得计算好了。也不要怕丢脸，没人会笑话你，家庭主妇都会这样做的。

3. 对一些家庭公用的日常用品尽量买大包装的，实惠！

4. 趁折扣抢购，能够省钱，这当然让人兴奋，但是，也不要兴奋过了头。最好在去超市的时候带上一个计算器，带上能够利用的现金券，将能利用上的资源全部利用上，久而久之，你会省下不少钱。

5. 对于自己特别喜爱的东西，又正处于打折状态下的商品。买之前仔细衡量一下，买回去之后，它的使用价值有多大。比如说，一双原价 1800 元的长筒靴现在只卖 500 元，真诱人对不对？可是，在买下之前，请你一定要仔细想想你的衣柜里到底有没有衣服来搭配，如果没有，连试都别试。别因为一时的贪便宜，也别因为一时的冲动，花掉自己一个月的日常开支，那不值得。

6. 需要提醒很多女人一句，网购固然方便、便宜，但是，也别忘了在购物前列一个清单。如果不列清单就在网店中徘徊，便宜的东西、名目繁多的新鲜商品，会让你不自觉地掏了腰包。而且，在网络上购物，尤其需要注意，货比三家，否则，你注定后悔。

7. 超市、商场等地方办会员卡时，如果是免费的，不要嫌麻烦，办上一张，随身携带。说不定什么时候在你购物的时候，优惠就随着这张卡片降到身上了呢！

省钱的方法还有很多很多，只要你在生活中做个有心人，很少的钱照样可以让你买到优质商品，照样可以提高你的生活质量，关键就在于你会不会省钱了。

节俭向来是中华的传统美德，就算现在生活富裕了，节俭也并不是一件丢人的事，浪费才是可耻的。对于那些花钱大手大脚、不懂得省钱之道、懒得列购物清单的女性，又会给别人留下一种什么样的印象呢？我们可以听听这些男人的评价："感觉这些把浪费当习惯的女性不适合居家过日子，挣钱少的男人估计养不起！""这种挥霍无度的女人，应该是很拜金的吧，不知道感情在她们心中占什么位置。"

看看，一个浪费的女人留给别人的印象是多么不好。还是永远牢记这条原则：女人，可以消费，但不要浪费。适度消费可以，随意浪费，则是你对自己的一种否定了。

省钱有妙招——花小钱过优质生活

不知从什么时候起，物价就开始"涨"声一片，是节衣缩食还是坐吃山空？其实，对于会理财的女人来说，就算花 100 元钱也能过得像贵妇那样优雅。接下来我们就看看怎样花小钱过优质生活。

1. 晚上 9 点以后去超市。很多超市的果盘、沙拉、糕点、熟食等，都会在晚上 9 点开始打折，价格可能是标签上的一半不到，但能让我们的夜生活更有"质量"一些。

2. 买机票在上午去买。一天内上午买机票最便宜，因为机票的折扣通常隔夜后会进行调整。而且要避免周一上午和周四晚上出行，因为这两个时间段坐飞机出行的人特别多。

3. 举办婚礼选择淡季。旺季结婚的人多，会出现找不到酒店、婚庆公司趁机加价等诸多不利因素，比较淡季而言，花费可不是多一点点那么简单。

4. 选择超市自有品牌。对于一些日常生活用品，很多超市都会推出自己的品牌，不仅物美价廉，而且质量与品牌商品相差无几。

5. 电影看打折的。好电影当然要去电影院看。除了众人皆知星期二全天电影半价外，有的电影院特地推出"女士之夜"，女人照样享受半价。还有"信用卡之夜"——持指定信用卡即可半价。另外周末早去几个小时，看早场大片最便宜只要10元，最起码也可以享受对折。

6. 换掉大衣橱。你是否常觉得衣橱太小，放不下越来越多的衣服。其实换个角度，大衣橱里塞得满满的衣服，究竟有哪几件常穿，又有哪几件穿过一次就压箱底？换个大衣橱，带来的结果往往是：盲目开支、买后悔，以及越来越拥挤的居住空间……快换个小的吧！

7. 把不用的礼物转送给别人。过年过节会收到很多礼物，其中难免有用不着的。如果碰到这样的情况，记得不要把礼物的吊牌剪掉，可以通过换一个包装纸，在合适的场合，送给别人。这样就不会造成浪费了。

8. 选择容易打理的发型。不管是男的还是女的，发型都很重要。但是打理头发并不是每个人的特长，经常去理发店又是一笔不小的开支。所以选择一种比较好打理的发型，不仅可以节省你的时间，也可以节省你的金钱。

9. 选择性购美容品。不一定要到大商场里去购买美容品，通过网络购买不仅方便，而且省钱。淘宝网上的淘宝商城中，很多品牌美容品打的折扣超低。

10. 购买电器时认准节能标志，当你购买新电器时，别忘了找一找节能推荐标志，这个标志意味着电器运转成本更低，也更环保。换掉你家的旧冰箱吧，一年可以节约不少电费呢。

11. 上班自带午饭。每天叫外卖，一个月下来，花钱不说，也没有多少营养，且品种有限。还不如自己做午饭带到公司里，自己想吃什么就带什么，也不会花很多钱。

12. 找到比购物更持久的快乐。终于完成一桩大生意，迫不及待要奖励自己，结果买了平时根本难得穿的昂贵鞋子。本想以此激励自己，却在收到信用卡账单时情绪低落了半个月。购物快感来得快去得也快，研究显示，运动和阅读才是能创造更持久快乐的源泉。

下面还提供了一些常见的省钱小窍门，你可以参考一下，看看哪些是你所需要的。当然，如果你有更多更好的方法，不妨把它们记录下来，和亲朋好友们一起分享。

- 尽可能地不要叫外卖。

- 在换季时去购置衣物，选那些能适合多种场合穿的衣服。

- 充分利用优惠券，注意打折商品。

- 货比三家，选择最合适的价位。

- 去平价大药房购买常用药品。

- 尽量使用当地的图书馆，只购买那些你想收藏的书。

- 合理使用空调，把它们调到合适的温度。

- 尽可能地重复使用和重复利用。这样你不仅可以省钱，还可以保护环境。

- 你在更新大型家用电器时，应考虑它们的节能效果。

- 戒烟。如果你做不到，就少抽一些。

- 戒赌。把你通常用来购买彩票或用于其他投机游戏的钱省下来。

- 如果你一个月只是偶尔去几次健身房，不要办理会员卡。

- 外出旅游时能够自助旅游最好，可以选择旅游淡季出行，提前预订好旅馆，选好出行工具。

- 参加旅行社可以和朋友组团出行，选择新路线会有意想不到的惊喜。

- 在旅游景点不要看到纪念品就买，只买那些在其他地方买不到的东西，而且一定要狠心砍价。

- 选用洗发水、洗衣粉之类的日常用品时，应选用那种大包装的，通常要优惠一些。

- 在超市货架上选东西，可以抬头看看，低头看看。你视线平视的货架上的东西往往最贵，而其上下摆放的东西会便宜一些。

合理消费，与"Buy"金女说再见

各大百货公司每逢节假日、周年庆打出的促销活动真是让人眼花缭乱，不知不觉中，就能让很多的女性朋友荷包大出血。

这些消费盛况真是让人大开眼界。往往早上七八点，天才刚亮，百货公司门一打开，随即涌现万人潮。有些人请假、不上班，就是要抢购限量商品。有穿着时髦的时尚美眉，顶着洋伞在排队；也有装扮美丽的贵妇，等着抢买一瓶3000元的顶级乳霜。百货公司的一个周年庆，光是一个楼层化妆品疯狂抢购的销售状况就是平常的几十倍。有些商厦索性72小时不打烊，赚得盆满钵满。

而除了周年庆典之外，现在服饰、电器，甚至是日本北海道帝王蟹，都可通过电视或网络来订购。在家里看电视，只要一不小心，下个月的信用卡账单就可能"炮火连连"。看到屏幕上光鲜亮丽的名模在走秀，很多女性也想试试自己在红地毯走秀的俏丽模样，几秒钟的想象空间，几千、几万块的金额，就可能因此从指缝间溜走！

很多粉领女性、单身熟女，甚至是年轻的妈妈族，因为消费不节制，而成为"月光族"、"透支族"，甚至是债台高筑的"负债族"，然后跻身"跳楼一族"。看来，聪明消费真是女性朋友一个非常重要的理财课题。因为，花钱消费，应该是要让自己的生活过得更好，而不是要让自己背负债务，甚至要花费掉自己的养老钱，那还真是得不偿失！

可是，很多人还无法察觉自己的消费无度。那么，到底要怎样才知道自己是不是位"Buy"金女呢？先看看你是否有以下的情形：

- 衣橱里塞了5件以上没穿过的新衣服。
- 心情变化很快，花了钱之后，心情马上又低落了。
- 走到店面准备购物就觉得异常兴奋。
- 把婚礼或活动当成Shopping（购物）的借口，而不是着重于分享别人的幸福、快乐。

会赚钱的女人最有魅力

• 已经债台高筑，入不敷出。

行为学研究者曾经指出，没有钱的人站在商店橱窗前，如果感觉到身边有人，就会先让到一边，因为这些人知道反正什么也买不起，所以更愿意让路给有潜力购物的顾客。

可是有些儿年轻女性可不同，就算刷爆卡，名牌包包里只有少许现金，一样展现强而有力的消费潜力。

有人曾经统计过，一般粉领上班族，每个月花的交通费、喝品牌咖啡的费用、置装费，以及和朋友唱 KTV 等娱乐费用还真是不少。

如果你能切实节流，减少这类吃喝玩乐的开销，每月省下三两千元的资金不算难事。财富的累积速度本来就需要时间帮忙，如果你总是怨叹自己是"月光族"，却又羡慕那些开名车、有千万存款的精英女性，那么，你理财的第一步，就是要先改变目前的消费习惯。

改变你的消费习惯，要有预算的观念，如趁着百货公司的周年庆典买东西，原本是很合算的，但是，趁着打折的时候买东西，是要用较少的金钱买到想要的东西，而不是因为打折期的闲逛而产生更多预算外的花费。没有预算的观念，虽然每天都可以买到很多意外的战利品，但是，每个月你收到账单时，在支出方面，也可能会产生令你意想不到的天文数字！

其实，购物是一件让人心旷神怡的事情，聪明的女性朋友可以运用聪明的省钱购物绝招，让自己在买东西时精省"小钱"，然后让"小钱"去滚"大钱"，才不会到最后望着满屋子买回来的战利品及账单，摇头感叹自己是个败家子！

追查你每一分钱的来龙去脉

追查每一分钱的来龙去脉，最好的方法就是做好存折管理，因为现在大部分人都把钱存在银行，存折上会记载你在银行所有资金进出的记录。聪明的女人每个星期至少刷一次存折，或在网上银行查看金钱进出的往来状况，只要 5 分钟的时间，你就能了解每一分钱的来往状况，进而提醒自己要开源节流。

聪明的女性会时时刻刻盯紧自己的收支状况，身边会有一个小账本，把每天的消费支出都记下来，然后每个月进行比较总结，看看哪些钱该花，哪些钱不该花。然后在下个月消费时就会注意，从而节省开支。收集发票也是一种简单的记账方法，因为收入多半是由公司直接存入户头，支出较为复杂。将发票按日期收纳好，不但可以兑奖，还可以从中分析出自己在衣食住行上的花费，拒做"Buy"金女，更可以让自己成为小富婆。

有人说，美丽的女人懂得投资外在，聪明的女人懂得投资内在！做个内外兼顾的美丽女子，做好预算，把钱花在刀刃上，就是最基本的理财功课。理性消费，才能让每一分财富，都能在你生命中发挥恰到好处的作用。

1. 学会"省"下不必要的开支

聪明的女性，不会把时间花在买名牌上，而是会把焦点放在理财计划上。你必须通过正确的理财计划，来帮助自己达到这些目的，以下是专属女性的三大省钱绝招：

首先，要养成网购习惯。同一样东西网店有销售的，一般比较便宜。经常到各个团购网站逛逛搜搜，看有没有适合自己的团购产品，一般会让你惊喜常在，省钱又好玩。

其次不要浪费。任何的浪费都是可耻的。冲动型消费，购买一堆用不着的商品，回家后发现没有用处，后悔莫及啊。社会资源有限，个人需求有限，千万不要浪费。

第三，付款之前冷静思考所购商品是否真正需要。在日常消费中，商家常常会打折促销，价格便宜，但却有可能恰好适合你，值得留意下。

2. 分清楚"想要"和"需要"

许多女性经常克服不了心中的那句"I want it（我想要）"，结果总是让自己入不敷出。事实上，消费的第一守则应该是要建立"I need it（我需要）"，行有余力才能应付"I want it"。但很多女性却在"I want it"和"I need it"之间晕头转向，直到最后被物品所俘虏，导致必须付出很大的金钱

会赚钱的女人最有魅力

代价。

李婷以前有一位同事，她在法国留学，长得很漂亮，她最喜欢享受"I want it"的感觉。虽然工作能力很强，但是薪水族毕竟赚得有限，但她隔三差五就要到欧洲旅行，一旅行就一定会买名牌回来。记得有一次支付完信用卡费之后她就透支了，还有 10 天才发薪水，她已经濒临断粮的状态。

最后，她只好把她的宝贝名牌拿出来拍卖，其中有一件非常漂亮的丝质衬衫，花了她近两千块。当初她简直是爱死这件衬衫了，但她没想到，要忍痛割爱，降价降到几百块，依然是无人问津。分清楚"I want it"和"I need it"，你会在生活中省下令你想象不到的 money（钱）！

许多女性认为，购买昂贵的名牌商品是一种宠爱自己的象征，兰蔻的口红、SK-II 的面膜、CHANEL 的香水、TIFFANY 的饰品、LV 的包包、DIOR 的套装……很多人拥有这些东西的秘诀就是省吃俭用 N 个月，然后刷光几个月的薪水。如果买名牌只是为了面子，却要付出生活清苦的代价，那么，你就该三思而后行！

简单地说，想要省钱做大事，你应该有物超所值的观念，或最起码你要懂得什么叫物有所值。因为一般来说，物超所值、物有所值、一文不值是买东西的三种感受。很多女性买东西只在一时的感受，却忽略掉它恒久的价值。

也有很多女性买东西懂得将未来的价值考虑进去。比如，同样花 1 万元买一个梳妆台，但是如果买的是古董梳妆台，自己再加以润色，东西越古越值钱，就算将来要换主人，它的价值可能也已经超过 1 万元。

一些名牌只要不是全新就只剩 3 折的价值，如果在"买"的时候就想到物品"卖"的价值，你购物时将会有另外一番考虑。

但是，省钱的用意，是用另一种方法来减少原有的花费，因为赚钱不容易，至少也要懂得如何节省，但绝对不是要占别人的便宜，千万不要因为省钱而成为一个抠门的人。比如，吃饭的时候点菜要点刚好的量，或者吃不完可以带回家，再加点菜色又是一餐；自己染头发或干脆走黑发的流行趋势，可以节省在外表上的花费；季节交替之际，冬天的衣裤都要清洗后收藏起来，如果自己能够学会清洗的技巧，就可以省下不少送洗费用，因为干洗几次就能买件新的衣服了。

掌握一门讨价还价的购物技巧

讨价还价是一门很高的艺术，心理素质要绝对稳定，须在瞬间内掌握对手的心态，即时组织好自己的语言，并在拉锯战中做到进可攻，退可守，还要随时调整心态，随机应变，必要时能面不改色心不跳地转变立场。

讨价还价这看起来简单的事情，其实还真不简单。下面就教大家讨价还价的几个技巧：

1. 杀价一定要狠

漫天要价是集贸市场一些卖主欺骗消费者的手法之一。他们开价比底价高几倍，甚至高出二三十倍。因此，杀价狠是对付这种伎俩的要诀。比如，一件连衣裙，卖主要价898元，一个懂得狠杀价的消费者给价228元，结果成交了。如果您心肠过软，就会上当受骗。

2. 别对商品表露太多热情

挑选商品时，切忌表露出对某一商品的热情，善于察言观色的店主会漫天起价，永远不要暴露你的真实需要。有些消费者在挑选某种商品时，往往当着卖主的面，情不自禁地对这种商品赞不绝口，这时，卖主就会"乘虚而入"，趁机把你心爱之物的价格提高好几倍，不论你如何"舌战"，最后还是"愿者上钩"，待回家后才感到后悔不迭。因此，记住购物时，要装出一副只是闲逛，买不买无所谓的样子，经过"货比三家"的讨价还价，才能买到价廉且称心如意的商品。

3. 漫不经心

当店主报价后，要扮出漫不经心的样子："这么贵？"之后转身出门。注意，"走"是砍价的"必杀技"。店主自然不会放过快到口的肥肉，立刻会减一小价，此时千万别回头。在外头溜达一圈后，再回到店中。拿起货品，装傻地问："刚才你说多少钱？是××吧？"你说的这个价比刚才店主

会赚钱的女人最有魅力

挽留你的价格自然要少一些，要是还可接受，店主一定会说"是"。好，又减价一次。

4. 对商品评头品足

颇考验功力的一个技巧。试着用最快的速度把你所想到的该货品的缺点列举出来。任何商品都不可能十全十美，卖主向你推销时，总是尽挑好听的说，而你应该针锋相对地指出商品的不足之处，最后才会以一个双方都满意的价格成交。一般可评其式样、颜色、质地、手工……总之要让人觉得货品一无是处，从而达到减价的目的。

5. 疲劳战术和最后通牒

在挑选商品时，可以反复地让卖主为你挑选、比试，最后再提出你能接受的价格。而这个出价与卖主开价的差距相差甚大时，往往使其感到尴尬。不卖给你吧，又为你忙了一通，有点儿不合算。在这种情况下，卖主往往会向你妥协。这时，若卖主的开价还不能使你满意，你可发出最后通牒："我的给价已经不少了，我已问过前面几个卖家都是这个价！"这种讨价还价的方法效果很显著，卖主往往是冲着你大呼："算了，卖给你啦！"这样，你运用你的智慧和应变能力就购到了如意商品。

你非得要赶这个时尚吗

时尚是一个美丽的陷阱，精明的商家总会利用诱人的时尚掏空女人们的钱包。面对这样的陷阱，你应该如何去面对？

现如今夸人漂亮不如夸人时尚，夸人时尚就等于是对本人相貌、品位、财富、地位的全方位的肯定，被夸的人一定乐开了花。所以，很多男女无不倾尽心力追逐那个悬在头顶的"美丽光环"。

在这个推崇个性与时尚的年代，时尚产业的人士们不厌其烦地推陈出新，今天发布这个，明天又是那个的天下，不能紧随其后就不能称之为"时尚"中人。这可真苦了那些追逐"时尚"的人士，拼命地赚钱，然后大把地花钱，给自己贴上时尚的"标签"。但是时尚并非一成不变，而是一个不停地变换更替着面具的精灵。因此，时尚的标签不能一贴就灵。

要追求时尚，贴上了标签不算完，因为还要不停地换才能跟着潮流更新，否则即使把它扔进冷柜里去速冻也不能延长一丁点保鲜期。怎么办？只有不断购买新的东西。这下自己可有事干了，时尚的潮流不停，所以你的购物就不止。

但是，不管你现在多么光鲜、时尚，有朝一日，赶不上时尚步伐的时候，就会像任何过期物品一样被无情地"丢弃"。

其实，在你为时尚而烦恼的时候，笑到要抽筋的人就是那些时尚的创造者，永远站在风头浪尖的人们。一直以来，她们高高在上，面对泱泱的时尚"崇拜者"振臂高呼："听我的，没错的！"也许你并不知道，追求时尚对你来说只是钱包里的"老鼠"，只会让你不断地花钱。

晓美就是时尚大潮中的一员。为了寻找到时尚的东西，晓美正在看一本典型的时尚杂志，华丽的铜版纸、色彩缤纷的图片，全是教人怎么穿衣打扮消费享受的。一件普普通通的半大风衣，标价 30000 元，头晕眼花地数了好几遍才数清楚 3 后面那一长串零，不禁倒抽了一口冷气，再看，一双羊皮短靴标价 5500 元，一个最新款的精致小包包标价 8800 元，晓美不敢再看了，最后实在没有办法选择了一条白颜色的裤子，价格 500 元，晓美满意地笑了……

白裤子买回家，自己就开始"受罪"了：刮风的时候最好别穿，家里养宠物不要穿，乘坐公交车也不要穿……总之，一个季节只穿了两三次，每次还没出门就被门边的灰尘印上一条黑印，到底要拿它怎么办？最后实在没有办法，只好将它高高挂起。

看到上面的这些，你还以为时尚是一种流行吗？这时候你应该想明白了吧，有时候，时尚并不是给自己带来美丽，而是给商家带来机会，带来一种赚钱的机会。你同时再考虑一下时尚的实用性，可以说没有一点，改变的只是外观而已，一件上衣就因为多加了几个大纽扣，你就要付出这几个纽扣百倍或者千倍的价钱……

你不要以为身着流行色，连牙齿都镶着水钻的时尚 MM 有多么的幸福，一个人落入了时尚的陷阱，你钱包里的钱就要"光荣献身"了，高兴的只是那些商家。稍微注意一点就会发现，前几年热热闹闹铺天盖地做广告的时尚玩意儿现在剩不下几个了，更多的产品更轰轰烈烈地席卷人们的视听成为新一轮时尚的代名词，引诱人们不断地追逐。

所以说，在我们平凡的生活中，一定要警惕那些时尚"老鼠"。不要让它把我们钱包里的钱给"啃"光了。

想要避开这只时尚"老鼠"，你就要注意下面的几点了。

1. 真的适合自己吗？

有些时尚产品是为部分人群创造出来的，比如色彩特别绚丽的服装，只是舞台上的"宠儿"。这些穿到一个打工者的身上，恐怕不但会惹人"注意"，而且会很不"方便"吧。面对这些物品，一定要考虑是不是真的适合自己。

2. 考虑到自己的得失

时尚的代价往往是昂贵的，在追求它之前，你不妨想一想，自己从中得到了什么？得到的东西和自己所花费的金钱成比例吗？如果不成比例，就要打消这种念头。

3. 多听听周围人的意见

如果你被时尚冲昏了头脑，那么在行动之前，不妨多问一下周围的人，然后再行动，这样可能避免不必要的金钱损失。

4. 学会比较

每当新的"时尚风"刮过来的时候，不妨和现在比较一下，如果只是衣服上多了几颗纽扣的改变，那么自己还是不要追逐的为好；如果时尚风刮过来的事物发生了大的改变，就要考虑到它的实用性，总而言之，一定避免性价比太低。

5. 少听少看

如果你实在抵挡不住时尚的诱惑，不妨把自己的注意转移到别的地方。让自己逛街的时间少一点，多花点时间在自己的学习和工作上。离那些时尚的朋友稍微远一点，即使在一起，不妨谈点别的话题。

只有用理财的眼光来看待时尚，才不会落入时尚的陷阱，让自己少花一些冤枉钱。更重要的是，心中少了一份追求时尚的劳累。

比现金消费省钱的方式

自己在消费的时候，还在使用现金吗？这种问题已经不是面子的问题了，而是一种理财的手段。

经济危机到来，赚钱的路子越来越少，所以要把心思更多地用在如何分配现有钱财、合理消费上。

在这方面，刷卡消费或者说无纸化消费不仅安全、便捷，更可以节省成本，很多时候，竟是意想不到的折扣和优惠。

去年深秋，韩童童和一位同事奉命到天津出差，办事、住店、吃饭、买礼品，一件件圆满到位，临到返回了，一摸口袋，两个人的现金加起来竟然不够买回沪的飞机票（单人全价1030元）！这下她们傻眼了。

忽然间，韩童童想起上海至天津有廉价航空航线，韩童童赶紧打开手提电脑查询，没错！是春秋航空，票价只要99元，这样，她们手中的钞票绰绰有余了。满怀兴奋，她们就要点击购买，没承想，网页提示要她们先要成为注册用户方可购票。没关系，这简单。输入手机号码，输入一组验证码，网站会给要注册手机发送一个初始密码，获得密码后登录，再据实填写一份个人资料后，就算成为春秋注册用户了。

她们两个神秘地围着一台笔记本紧张地操作。接下来，该选择航班了，当然是那诱人的99元特价票了！点击、选中、购买，这一步步真带劲，就像深陷沼泽的她们正一步步走向陆地。轮到付费了，网页突然跳出"请选择付费方式"菜单，她们两个把鼻子在屏幕上蹭了一圈也没发现有"现金支付"一栏。让她们选择的全是选择信用卡、支付宝什么的，还要开通网上支付功能！她俩顿时"晕"了过去，人家不收现金，这可怎么办？

还是同事年轻机灵，她说："我老公有张信用卡，好像听他说过能网上支

会赚钱的女人最有魅力

付。"赶紧打电话，她老公真不错，信用卡号都背得出，我们又向前进展了一大步。可是，还没完。网页几乎每进一步，都要求输入动态密码，而动态密码会发到持卡人手机上，这样我就不停地与同事的老公交换手机短信，虽然累点，但还算顺利！费了快两个小时时间，这两张特价机票终于买到。

当一块石头落地后，韩童童和同事相对而笑，仔细回味，无纸化操作真是不可思议。

现在，无纸化生活已经渗透到我们生活的每个角落：出门乘车用交通卡；餐饮、购物持消费卡或银行卡，连看病买药等也可持卡；工资则直接打进银行账户，再也不像以前每月发薪的日子到财务科点钞签字。

在金融危机影响下，最流行的话题是如何聪明地消费和理财，用更少的花费实现同样的生活水准。其实，除了在现金消费方面精打细算外，好好利用信用卡也能省钱。

1. 优惠活动多

不少人觉得办信用卡没必要，用工资卡就能实现刷卡消费。其实仔细比较就知道，同样是支付，刷工资卡购物仅是得到所购商品，但刷信用卡还能额外获得积分和优惠，善于利用一年能省好几千元。赵凤丽用的真情卡，自选商户 3 倍积分特色就很有吸引力，对于赵凤丽这种在化妆品和服装方面开支很大的"败家女"而言，选择百货类 3 倍积分，花出去的钱能迅速积累为卡里的积分，一年下来有 10 多万积分，可兑换几百元礼品。另外，开卡时送的自选保险，也有好几万元的女性健康险额度，很实惠。

2. 让爱车也省钱

宋丽萍最大的爱好就是开车和朋友们出去兜风，但开车、养车的花费逐年上涨。买车时，宋丽萍办了一张车主卡，刚开始只是看中可返还 1‰ 加油费或加油 5 倍积分优惠，还送意外险，可是不久后一次自驾游，她们几个车友遇到小车祸，虽没人受伤，但她和另外一个车友的车子同时抛锚。正发愁时，她想起车主卡带有 100 公里免费道路救援服务，于是打电话给信用卡客服热线，很快就有救援人员赶到，帮她们把车子拖带到附近一家修理单位。

因为宋丽萍是主卡客户，能享受免费拖车服务，可是那个车友光拖车费就花了近千元，结果她回家后第一件事就是申请车主卡。

3. 省钱省到天上

现在银行推出的航空联名卡不下十几种，要省钱就要选一张兑换条件最丰厚的卡。经多方比较，江蕾选了某银行的南航明珠卡，消费 1 块钱等于 1 个积分，14 个积分等于 1 个航空里程，比其他航空联名卡优惠。里程积累到一定程度，就可兑换免费机票。江蕾的经验是：选择在春节期间兑换最划算，因为春运期间机票紧张，几乎没折扣。此时用里程兑换机票，比淡季要省更多的钱。

让自己消费实现"无纸化"不但是一种流行的趋势，同时也是一种省钱的方式，既方便又省钱何不拿来体验。

消费也要"识时务"

识时务者为俊杰，消费也是一样，消费的时候多注意一下大的市场"气候"，才是理性消费之道。

消费，很多人都知道，但是很少人能够注意消费品的大市场，这种消费方式是一种缺乏理财观念的消费方式，为了能够在日常消费过程中，节省一笔开支，消费之前一定要看一下大的市场行情。

谈到消费品市场行情，首先谈到生活必需品，这些商品没有什么可说的，粮食价钱油品这些，价钱差距不大，都是国产的，无外乎有的是进口巴西大豆或者泰国香米什么的，毕竟少，大部分还是买同省或者大品牌的，去周围的超市，价钱差距不大。

谈到大中型的电器，这个也算是家庭必需品了，空调、电视、洗衣机、冰箱都是少不了的。毕竟相对价钱比较高。所以对于这些，一分价钱一分货的道理永远适用，但是好东西不便宜和性价比又相互抵制。所以，选择合适自己的产品永远是必要的。

要想精明消费，首先要对大环境有所了解，对消费品行情的不了解，让许多人消费时呈现出一种盲目状态，这种盲目表现在几个方面，一是不会货比三家，对货的品质到底如何心中无底。二是不关注令人眼花缭乱的让利信息，认为多花不了几个钱。三是购物时随着感觉走，促销员说好就买。

出现这样的现象主要在于商家与消费者之间没有搭起一个很好的沟通平台，一方面商家各种打折让利信息并没有完整地传达到终端消费者耳朵里，影响了卖场的销售；另一方面消费者对同一时间各大卖场的让利信息掌握不够充分，以至于多花了冤枉钱。这样交易的结果是双方都不能满意。这是一个不可忽视的消费盲点。

虽然许多商场，许多品牌会有各自的网站，但消费者的消费愿望在同一个时刻往往是多种多样的。例如在休闲的时候，某消费者想逛街购物，她可能会关心口红的打折信息，需要知道时装的让利幅度，甚至小到一条手链，许多消费者不会为了专门买某一样商品而特意逛街。

更多的时候，消费者可能更关心这样的情况：同样是口红，几个商家都在搞优惠促销，到底哪一个短期内更便宜？这是理性消费的一点，货比三家。

第二点是，如果我在这家商场买了东西，或者是这一次我购买了此品牌的货物，在下一次消费时能否享受更多的优惠呢？也就是长期内如何让自己少往外掏钱。

第三点是，同样是促销优惠，某卖场只持续三天，而某卖场会持续一周，也就是消费时间的问题。

消费者希望在合适的时间到合适的地方以合适的价格买到合适的商品，商家希望在合适的时间以合理的价格吸引到更多的消费者。这需要有一个为双方搭建的一个平台。

消费者的需要就是努力的方向。让消费者自己学会对比分析，学会理性消费。同时，我们要致力于与各大卖场保持良好合作与沟通，为消费者提供全面快捷的优惠信息。让消费者足不出户能知晓天下信息。而商家们通过一个平台提供信息，也能达到自己的销售目标。

对于日常生活中的消费，应该怎样来看待呢？下面是三种比较大的消费品。

1. 商品房

消费者必须注意以下四点：买房前要对开发商有充分的了解，最好选择信誉好的公司，注意查验开发商的许可证明，如《建筑用地证》、《建设工程规划许可证》、《商品房销售许可证》等，以保证买到可靠的房子，今后在办理产权证、土地证时不出麻烦；不能盲目相信广告，商品房的相关配套设施和环境质量一定要写入合同；在入住前一定要注意索要竣工验收报告，并取得质量保证书；缴纳物业管理费前，要问清物业公司的维修范围。

2. 手机

购买手机要选择正规经销商，要查看清楚主机、配件的外观，以免买到返修的旧货。注意索要发票，同时记清楚手机串号，串号是售后服务的重要凭据。谨慎购买捆绑销售的手机，它虽然价格较为便宜，但通话权利可能会受到一定限制。另外，千万不要图便宜购买水货机，质量得不到保障。

3. 家电

在商家大打价格战期间，各级消协受理的家电投诉量都大增，其中主要是彩电和空调。最严重的问题是宣传不实，虚假降价。此外，低价机还引发了不少质量投诉。在价格战期间，安装不及时、售后服务不到位的投诉也很多。消费提示：不要迷信"天上掉馅饼"，降价销售的往往是库存积压，或是不适销对路的家电，而家电是耐用消费品，不能图一时便宜而影响了长期的使用。买空调要选择合适的季节，不要总赶在7月，那时安装服务难以得到保证。

只有在日常的消费生活中识时务，才能让自己更加轻松地驾驭"消费"，从而让自己的消费更加省钱、更加愉快。

第五章　智慧投资，做一个多金的聪明女人

投资是一种货币转化为资本的过程，就是让钱生钱的过程。投资是一门大学问，对女人而言，投资于黄金白银、股票期货、珠宝收藏，都是一些很常规的赚钱方式。另外，对自己进行投资，对大脑进行投资，对自己进行知识充值，也是很多女性热衷的投资方式。

把自己当成赚大钱的项目来投资

把自己当成一个项目来经营，把自己当成一个能赚钱大项目来投资，这样自己不断地发展长大，少一分"江郎才尽"的危险。

对自己好，不如投资自己。懂得享受，不如懂得"充电"。或许大家都知道我们有了多余的钱，我们可以存银行、买股票、买基金、买各种各样的金融产品，这样可以把我们的钱生成更多的钱，大家对钱财这样的处理方式大多数人都知道，它有一个代名词——那就是"投资"。

年轻的人可能会说，两手空空，囊中羞涩，我们哪还有这个多余的钱来投资上述那些东西呢，这对于我们来说显然有些遥不可及，我们现在缺少所谓的资本，我们缺少金钱的资本，可我们却拥有年轻的资本，拥有时间和精力的资本，那为什么不好好利用我们所拥有的资本来创造我们未来更大的收益呢，买股票买基金的投资，不是包盈利的投资，只有对自己知识的投资才是只赚不亏的投资。

有这样一个年轻的女孩，王跃，英语系大专毕业。初进社会的时候，因为自己的学历比较低，同时家庭又没有什么特别的背景，只能在一家外贸公司担任前台接待的工作，月薪1500元。她的工作是比较琐碎的，每天除了接听和转接无数个电话，接待来访的客户，还要为老板订机票，为公司叫快递，

为同事订午餐。但是王跃没有倦怠，在尽职尽力地工作之外，她更清楚，只有不断地提高自己的能力和素质，她才能够获得更高的职业提升，否则她就只能停留在前台接待的位子上滞步不前。

利用自己空闲的时间，王跃通过自学考试，获取了本科的文凭；凭着自己还不错的英语功底，考过了英语专业的八级考试。在公司里，她在琐碎的工作之外，细心地学习做外贸的同事是如何在业务上"攻关"的，在同事忙不过来的时候，帮着做一些事情，也让她对外贸行业有了更多的认识。

老天不负有心人，两年之后，王跃成功地跳槽到了一家意大利的外贸公司驻沪办事处。不过，现在她担任的是经理秘书的职位。月薪也跳到了5000元一档。每月的收入提高了3500元，这个投资的收益率可不低啊。

我们说，投资自己更重要，其实并不仅仅局限于"脑力充电"和业务钻研上。我们可以投资自己的内容还很多。比如，在工作之余，多花点时间在健身锻炼上。现在的白领，大多数因为工作压力大，空闲时间少，一有空闲时间就是睡大觉，健康处于"亚健康"的状态。多给自己一点时间，投入在健身锻炼上，一来提高自己的身体素质，有更好的体魄去迎接工作中的挑战，要知道，身体是革命的本钱；二来还可以减少目前乃至将来在医疗和保健品上的支出，这笔花销可不是个小数目。从这个意义上看，投资健康，积极健身不也是另外一个角度上的理财吗？

谈到投资自己，应该从哪几个方面来做呢？

1. 获得学位

有人会说，处于职业生涯中期或晚期的人将不会有时间来收回获得高级学位的成本。这是一个计划，可能会推动你前进的一个计划，你可以在工作的同时完成。

2. 取得认证

技术、项目管理和人力资源等，就是一些认证可以帮助提升你的事业的领域，而且认证通常比学位课程所花费的时间和金钱要少。

会赚钱的女人最有魅力

3. 学习跨文化沟通技巧

如果你在国外工作，而不是说你的母语，考虑选修减少口音和美国商业礼仪的课程。

你怎么知道你是否需要这些课程呢？如果幸运的话，你的老板会告诉你。但是，你可能只是简单地被告知，你没有得到晋升职位是因为那需要良好的沟通能力。

4. 建立你的网络品牌

这对时间的要求比金钱要多，尽管一些网络服务可能会使你造成一些花费。（注：比如拥有自己的域名和网络空间需要每月自己掏腰包。）

把自己"晒"在网上可能是尖端技术或者翻成新新人类的行为，但是5年后就普遍了。

5. 找教练和导师

在你的职业生涯中有人帮你做关键决定是很重要的。

对于一些人来说，付费的职业顾问或教练是最好的办法。另外有一个或多个导师提供非正式的建议，这是最好的办法，可能取决于你需要的帮助有多么彻底。

6. 提升你的专业形象

职业交往既需要时间也需要金钱，但它们是一个很好的方式——认识你的行业为其他公司工作的人。

学会投资自己，让自己能像公司一样盈利，这种永久性的盈利能够让自己的人生更加精彩。

学会分开投资与生活

有些人投资失利，使得自己的基本生活也受到影响，这只能说明他致富的方法错了，才会付出这样高昂的代价。如果按照消费金钱、储蓄金钱、种子金钱这样的模式来分配你手里的钱，是不会付出这样的成本的。

有些女性朋友在生活上属于俭朴派，她们把自己所有的节余都存在银行，看着存单上的数字一点点增加，心里才有了安全感。即使明知道现今的利率赶不上通货膨胀的速度，也不敢轻易涉足任何一种投资项目。

的确有些人，想致富却被折腾得更穷，首先你可以不丢掉工作，只在业余时用种子金钱来投资，等站稳了脚跟再作其他考虑。这种模式致富的关键是看种子金钱，比如一个人月收入3000元，1500元做消费金钱，500元做储蓄金钱，1000元做种子金钱，如果投资失败，也只是种子金钱1000元没有了，消费金钱1500元和储蓄金钱500元依然存在，并没有折腾得更穷。

种子金钱是个独立的系统，它就是用来做投资的，它要种在你的致富试验田里，致富试验田就是你用来创造财富的一个田野，在这个田野上，你要找出一种适合你种植并能长出财富的一种东西。既然是致富试验田，就应该允许在这个田里用种子金钱进行试验种植，在试验种植阶段，许多种子肯定长不出来，也就是说用种子金钱进行投资失败是很正常的事，它并不会影响消费金钱系统和储蓄金钱系统，它们是各自独立的系统。许多人认识不到这一点，他们常常混为一谈，所以一旦投资失败，就被折腾得更穷，有时连基本消费的钱也没了，弄得家人埋天怨地，也使自己失去了信心，不敢再投资了。只用种子金钱进行投资，把它种在自家的致富试验田里，即使开始时什么都长不出来，也不会影响你的生活和信心，因为种子金钱的功能就是拿来投资的，在你的致富试验田里，继续试验种植下去，一定会长出财富的新苗，成就一片财富的田野。所以我们说，致富的成本不是丢掉工作和被折腾得更穷，而是用种子金钱在你的致富试验田里进行试验种植。

当你品尝到成功的滋味时就会明白，金钱纪律的约束是必要的，这种约束可以帮你换来致富的欢乐。也许你会以为把自己的钱分成相对独立的三个部分是很困难的事，没有一定的经济头脑是做不到这一点的。其实不是这样，只要下定决心，任何人都可以做到这一点。

美国的财富教练伦尼·加布里埃尔有一位智障表亲，她去应聘时智商不到80。因此，她只能得到薪水最低的工作。年轻的时候，家人教她养成习惯，让她先将自己挣得的所有收入的20%存起来，然后再将那些必须花的钱，如房租、食物等花费放在一边，最后剩下的钱才让她随心所欲地买她想要的东西。于是，她总是先为自己存起一部分钱，而且由于她智力不健全，所以也就不会想到找任何理由、借口，或是想个聪明的办法来摆脱这种人们教她养成的习惯。因此，尽管她的工资非常低，但当她30岁时，她的存款超过了10万美元。

不要把这个小故事当成一个笑话看，在生活中，使我们偏离了最初的目标的障碍，往往不是条件不足或能力不够，而是自己管不住自己。所以聪明的女人切忌为聪明所误，记住，别让变化无常的情绪影响了你的赚钱的大目标。在投资的过程中，即使一时失利，也不要轻易灰心，在看到曙光之前，有一段黑暗也是正常的。

对于一个想致富又没有任何经验的女人来说，她缺少的就是经验教训，而经验教训经过总结会为我们带来赚钱的方法和渠道，引导我们成功，这是个逐步增值的过程。这时候，你走过去就成功了，你放弃了就退回到原来的起点。最可悲的是以后你每走到这里就退回去，因为一到这里你就看不清了，这里出现了你致富的最大盲点，也出现了一条贫富代沟。你要填平这个贫富代沟，代价是要损失种子金钱。也许1万元、3万元、10万元，甚至更多，但只要填平这个代沟，迈过去就富有了。

李梅创办了一家翻译公司，5000元是她创业之初每个月的支出，当时几乎没有进项，所以5000元是净亏。在漫长的半年多时间里，她的公司几乎都处于无业务状态，她走到了贫富代沟处，但她坚持着，她用每月5000元来填平这个贫富代沟，最后终于被她填平了，迎来了第一笔业务，现在，她公司的月盈利是10万元。

在致富试验田这个模式里，在试验种植阶段，用种子金钱和失败换回经验教训就是增值了，再用经验教训换回赚钱的方法和渠道便又增值了，然后建立起你自己的赚钱模式，从此增值无限。

把你的钱按照投资和消费的模式分开，可以为女性朋友提气壮胆，在认真审视自己的资产分配状况及承受能力的前提下，达到个人资产收益最大化。

在国外，个人理财即分为生活理财和投资理财两种。所谓生活理财，指设计如何妥善安排未来，不断提高生活质量，即使到年老，也能起码保持现有的生活水平；投资理财，指不断调整存款、股票、基金、债券等投资组合，取得最好的回报。每个人只要将自己的财产规模、生活质量、预期目标和风险承受能力告诉银行，银行就能为你量身定制出适合你个人的理财方案。就我国目前的状况，银行为个人制订理财方案门槛很高，对资金的额度有一定限制，但是如果你确实欣赏这种服务，可以主动向专家咨询，或者找亲朋好友里的行家帮忙，一样可以得到有益的方案。

正确的投资理念才能帮你赚大钱

经济飞速发展，随着股票、期货、基金等多种投资形式的产生、发展、壮大，很多民众不仅仅将手中持有的资金以储蓄形式放置银行产生极少的固定收益，而是将很大一部分资金投入到资本市场来获取更高的收益。资本市场是充满诱惑和陷阱的市场。一方面，高额的回报吸引大批参与者；另一方面，巨大的风险也在天天吞噬参与者的资金，没有过硬的本领，很难生存下去。那到底在资本市场什么才是赚取高额利润的法宝呢？技术还是你的思维？实践证明：技术的作用充其量不过只占30％或者更少，高明的交易者的制胜武器不是他所使用的方法，而是其思维模式，也就是说，正确的投资理念才能帮你大钱：

1. 要确信资本市场里一条不可改变、无法动摇、至高无上的法则：不要试图改变市场。不要凭主观臆断市场会涨到哪或跌到哪来作为入市的理由而忽略市场本身的运行规律，试图改变市场的结果往往事与愿违。只有学习理解和把握市场运行规律，洞察市场当前形势，依据市场状况做出进场立场行为，才能水涨船高，顺势而为。

2. 不要盲从。面对"专家言论""内部消息"等满天飞的资本市场，不管利好还是利坏，当到达公众层面时，早已在走势上运行完毕，盲从只能带来恶果——盲人骑瞎马，掉下去时必然，掉不下去是侥幸。有志者应树立自信，完全自我地分析和投入交易，抵御外来信息干扰。

3. 情绪是你的敌人。不良情绪是人性的贪、嗔、怕、怨几个弱点的直接反映，这些弱点是骨子里抽象的、教条的、天性的东西，无法直接从大脑摘除。但可以通过经历和锻炼来控制情绪，从而弱化给交易带来的损害。月满则盈，水满则溢，在连续成功几次后收一下手，在发生重大失败以后也收一下手，在执著时候适度放弃，在放弃时候适度参与。

4. 抛开虚妄的自尊。错就是错，对就是对，不要为自己失败找借口。说对不如做对。知错能改，善莫大焉。抛开虚妄的自尊，知错认错改错，才有希望获得成功。

5. 失败和成功同样重要。兵法云，胜败乃兵家常事。这中间含有两个问题，一个是胜负概率，一个是对待失败的心态。资本市场交易 10 笔，胜 9 笔失败 1 笔，表面看好像胜利了，但忽略了资金比例。假设 9 笔胜利仅仅盈利 1 万而失败一次损失 20 万，这场仗实际是彻底失败了，反之则胜利。由此看来单笔输赢并不重要，重要的是资金账户的盈利与否。其次，进入资本市场必然会经历失败，不善待失败就走向不了成功，市场是打不败你的，只有自己能打败自己。一笔交易失败后，懊悔、愤怒、痛苦都帮不了你忙，只有承认它，冷静地思考，阻止失败继续蔓延，让失败转化为下次的成功才是上策。

6. 止损的必要性。阻止失败继续蔓延最有效的办法是止损。止损不仅仅是截止亏损，盈利的缩水也同样要截止。对止损要有正确认识：首先，止损是安全措施，并非是完全正确的。或许 100 次止损 99 次都是错误的，但唯一的一次正确了，就能保证在资本市场存活下去，所以侥幸不得。其次，要学会科学的止损。正确的思维、良好的技术修养、敏锐的洞察力和辨别力、果断的决心、迅速而敏捷的反应，都是保证止损制定和执行的先决条件。

7. 账户才是你的唯一。交易的盈利与账户的盈利不同，在资本市场中进行交易的目的是为了让交易账户持续盈利，而交易只不过是过程。不要为交易而交易将侧重点放在账户上，就不会着眼于小成小败，就不会迷失在跌宕起伏的行情当中。

正确的投资理念因人而异，也不是完全相同的更不可能是一次形成的，它靠的是累积。对资本市场的认知产生理念，理念产生交易规则，交易规则产生交易。因此，理念的位置是处在理解和行动之间。正确的投资理念是投资主体摆脱投资行为的盲目性而建立的经实践检验是成功的投资原则和方法。因此，在资本市场如果没有正确的投资理念作为指导，结果可能会事与愿违。只有正确的投资理念才能帮你赚钱。

我们热爱投资，因为我们遵循自己的理念，享受投资的过程。

为爱情投份保险

一天下班后，老公神秘兮兮地问保险："你听说过爱情保险吗？"我以为他又在开玩笑，谁知他一本正经地说："真的，要不我们买份爱情保险吧。"原来，他单位新婚不久的大宝夫妇联手购买了一份爱情保险。根据这份保险，只要他们一直携手相伴，到结婚25周年时，就会得到一份银婚祝贺礼金。

徐玲马上找来"爱情保险"的资料。原来，所谓的爱情保险是一些人寿保险公司推出的由夫妻双方共同购买的"联合人寿计划"。夫妻双方只需要购买一张保单，共同支付保费，两人就都可以成为被保险人，都享有收益权。这种保险不仅具备两全或终身的人寿保障，被保险人还可以获得银婚纪念祝贺金等额外保险利益。

对婚姻中的两个人来说，幸福婚姻既是快乐的感受，同时也是肩上的责任。两人共同为婚姻投保，既能够增强自己与爱人甘苦与共的责任心，还可以督促两人珍惜彼此的幸福婚姻。

爱情保险，既有名，又有实，我看行！

经过左挑右选，徐玲和老公都看中了一款"一生一世爱情险"。首期年保费，我们支付了1612.7元，以后每年我们都缴纳等额保费，持续20年。在此期间，每三周年的结婚纪念日，我们可以领取一次保险金。前六次，每次可领取999元——这个数字我喜欢，象征天长地久；20年后，即第七次领取保险金时，我们可领取1999元——这个数字我更喜欢，寓意感情随着岁月的递增而增加，让人心头备感温暖。

同时，他们还获得了一笔爱情保障金。在将来，无论在任何时间，或出于任何原因，当徐玲和老公其中任何一个人不能再领取上述保险金时，对方就会得到 20999 元的爱情抚恤金，寓意爱的永恒。

而且，这个险种可以保他们到 100 周岁，有"白头偕老"的寓意。在此期间，我们缴纳的保险金，会通过红利的方式不断积累，等到徐玲和老公银婚或金婚时，还能收到相应的祝福礼金。

从理论上来说，我知道给爱情上保险其实并不可行。感情不像物质，看不见摸不着，这种"飘来飘去"的感觉，难以形容，可能说来就来，说去就去。如果爱情没有了，婚姻也就失去了存在的意义。但是，现代社会离婚率的提高，并非完全是因为爱情的终结，有时甚至是由一时负气、沟通不畅产生的误会所致。

有这样一个充满黑色幽默的故事。老公出差回来后刚走到家门口，突然听到自己家里飘出男人打呼噜的声音，在门外犹豫了 5 分钟后，他选择默默地走开了。走出小区，他给老婆发了一条短信："离婚吧！"然后，他毅然扔掉手机卡，并且远走他乡，发誓再也不会回到这个伤心之地了。三年之后，他们在另外一个城市偶然相遇，两人相见默默无语。还是妻子先打破僵局："当初为什么不辞而别？"他讲述了当时的情况，妻子转身离去，淡淡地说："那是瑞星杀毒软件……"

这个故事，让人欷歔不已。如果当时他们夫妻能够就此事开诚布公地谈一谈，或将离婚的事情向后拖延一段时间，说不定结局就会大不同。

而如果他们办理了爱情保险，考虑到离异可能会失去大额保险金，就可能不会离得如此干脆，这就给爱情和婚姻提供了发生转机的时间。通过爱情保险，给婚姻加上一条经济的链条，相当于给爱情加了一些外力，你说还有比这更值得的投资吗？

当然，并不是所有的夫妻都想购买爱情保险。有人会认为，夫妻两人的感情经得起生活的磨砺与考验，不需要形式兼具内容的爱情保险来加固。"仁者见仁，智者见智"，这种观点无可厚非。你可以不买爱情保险，但专家的建议是，为了给刚刚建立的小家庭提供保障，也为了对爱人负责，还是可以选择一些商业保险。

为人们提供全面保障的商业保险包括意外伤害保险、医疗险和寿险三种。一般情况下，咱们新婚小夫妻家庭收入还不太高，经过结婚买房等一番折腾后，积蓄更是所剩无几，购买保险产品时，可以优先考虑意外险。

不可否认，年轻人现在还年轻，身体素质好，但就像阿甘所说的，"生活就像一盒巧克力，谁也不能保证下一块是什么味道"，意外事故防不胜防。如果遭遇重大事故，一旦残疾，失去工作与收入，对小家庭来说意味着沉重的打击。发生意外伤害，是任何人也无法改变的事情，但如果能够在事故后得到一定的经济补偿，最起码可以减轻生活压力，缓解生活困难。这就是意外伤害险的最大用途。不过，意外伤害险只有在投保人发生意外事故后，才给予赔付，如果没发生则不予以返还。但咱们也不用觉得吃亏，就算是花钱买平安了。

一般的意外伤害险并不包括因意外伤害而产生的医疗费用，所以，为了在医药费贵得"吓死人"的今天还能看得起病，资金力量薄弱的年轻人，不妨再购买一份重大疾病保险。作为家庭的经济支柱，夫妻两人最好都购买重大疾病保险，这样不仅可以在治疗重大疾病时，获得经济上的援助，还具有豁免功能，即在期满时可以将保费连本带利拿回来，起到"有病治病，无病养老"的强制储蓄效果。

至于寿险，即养老保险是否购买，可以因个人而异。如果没有办理社会养老保险或认为前者不足够养老使用的话，想以商业寿险作为补充者，也可以购买。

"天有不测风云，人有旦夕祸福。"购买商业保险是一种负责任的行为，其基本概念是：年纪越轻，保费越便宜。通过保险来转嫁风险，减少财务损失，也可以起到理财的作用。

不过，冲动是理财的大忌，不可听信保险推销员的一面之词，头脑一热，就一股脑儿将全部商业保险都买回家。毕竟，保险不是白送的，也需要花钱购买，如果因为买保险花光所有钱，那就真的不保险了。在考虑保险保障的数额和保费支出时，我们要从实际出发，保障数额可以是年收入的 10 倍，但保费则以年收入的 1/10 比较合适，以免影响到日常生活开支。

女性投资资金巧分配

生活中资金的分配，特别是对投资资金的合理分配非常重要，这就需要女人每个月都将一部分资金固定存储起来，将钱花在该花的地方。

一个懂得投资的女人，并不一定是一个聪明的理财者。就财富而言，不是有了财富就万事无忧，对财富的管理同样重要。对于女人来说，理财必须自己动手，必须懂得如何规划资金。

女性要想合理地分配资金，就要首先了解家庭的收支情况，这里主要指家庭目前的收入、支出、存款情况和养老金存款情况以及对将来的收支变化情况的预测。此外，还要了解家庭的金融资产、储蓄性保险、养老金、不动产等资产拥有情况和住房贷款、教育贷款等负债情况及家庭所参加的各种社会保险、所在单位保障情况、居住地的保障制度、自由投保情况等。只有了解了这些，女人才能更好地分配资产。

女人应每个月都将一部分资金固定存储起来。巨大的财富，是通过逐渐积累得来的。生活中，女性应该严格要求自己，争取每个月都固定存一笔钱。存款的数目无论多少都可以，不过，最好把目标定在每月固定收入的 20%～35%。这样才能由少积多，逐渐增加自己的存款数目。

然后，女人要拿出一部分钱做适当的投资，比方说购买保险。因为谁也不能保证自己永远不会有灾难降临，而且，灾难很可能给家庭造成巨大损失，而弥补这种损失的最好方法，就是提前购买保险。同时女人还应该选择一些风险性小的投资方式，比如国债、基金等。

此外，女人还应该将部分钱拿出来安排子女的学习与生活。对于一个家庭来说，子女的学习与生活的安排可能是理财的一个重点。子女是家庭的未来，他们正处于学习的阶段，而且基本上没有自食其力的能力。所以，在子女成年或者参加工作之前，安排好他们的学习与生活是家庭理财最重要的方面之一。

女人要懂得"天有不测风云，人有旦夕祸福"。现代家庭面临着越来越多的不确定性因素和风险，而为了应对这些不确定性因素和风险，每个家庭都需要建立一个稳健的家庭应急资金。如果家里还有经济上不能自理的成员需要提供经济支持，女人则更应该为他们做一个计划，以免意外的发生给他们的生活带来困扰。

女人应该懂得将钱花在该花的地方。女人对自己和家人是宽容的，女人不应介意为家人预留出更多的零用钱，因为消费与投资是并重的，它们之间是不可分割的，所以在该花钱的地方，女人不应吝啬。

女人还要为未来打算。女人应懂得为自己与丈夫准备退休金。人都是要老的，绝大多数人都不得不考虑退休之后的生活。所以，女人应该为自己退休之后的生活准备一笔丰厚的资金，解除自己的"后顾之忧"。

投资股票不如投资自己的大脑

思想不仅是精神财富，还是可以物化的有形财富，很多时候是可以标价出售的。在生活中，储蓄、投资基金和股票是要以钱来生钱，而投资自己的大脑，则是要靠提高自己的智慧和素养来赚钱，这是一种可以随身携带的财富。

曾经有一位大富豪表示，即使把他丢在沙漠里，只要有一个商队经过，他就可以白手起家，重新构建自己的财富王国。如果财富是游在水里的鱼，那么赚钱的智慧就是我们的鱼竿，只要钓鱼的技术好，你永远都有吃不完的鱼。任何一个人，不管他的年龄、文化程度、职业如何，都能吸引财富，同时也能排斥财富。女人们对美容、服装乃至小家庭的一切都有天然的敏感，如果她们能拿出几分精力来充实自己的头脑，就有希望创造出美丽＋财富的不一样的人生。

要培养自己吸引财富的素质，需要学习的东西是多方面的，不仅仅是书本上的知识才是知识。投资自己的大脑，不是盲目学习，而是知道自己应该学什么，学这些东西有什么用。

无论你选择学什么，都要用心去掌握所学知识与技能的精髓，并要求自己能达到学以致用，而且能举一反三。这样才能把所学的东西变成改变自己命运的力量，变成自己真正的财富。

赵燕几年前南下深圳，几经拼搏，创办了自己的企业，现在拥有几百万元的资产。前不久，赵燕回到北方，请马莹和几个好友吃饭。

那天，赵燕选了一家新开业的大酒店，点菜的时候，她不看菜谱，而是问服务员：

"都有什么特色菜？"

服务员推荐了两道特色菜，她听后，问菜的配料、做法，然后，拿起桌上的菜谱，见到不熟悉的菜名，就问服务员，花十几分钟才点好菜。接着，她开始点酒，服务员介绍说，新进了一种无糖啤酒，赵燕说就要这个。

服务员小姐离开后，马莹笑着说："如果你再这么点下去，她可要不耐烦了。"

"不会的，我们花钱来这里，她就应该为我们服务。我们也要利用这个机会，多尝试一些新产品，多学习一些新知识。学习就像吃饭，要随时随地地学，你看，我现在不就了解了这家酒店有什么特色菜，还有无糖啤酒的知识吗？"

有心学习的人，即使在吃顿饭的时间里，也能有不一样的收获。在这个世界上，什么样的人可以创业当老板并没有一定的标准，但是，他们都有一个共同的特点：他们常常感到知识饥渴，不放弃学习的机会，随时随地给自己的大脑补充知识养分。

知识不仅是精神食粮，也是帮助我们的"容器"变得更大的现实工具。这个"容器"可能是指饭碗，也有可能是指我们包容人生的胸怀。有一点可以确定的是，"容器"不够大的人是一定不会成功的。

真正的成功者，能敏锐地分辨出什么是对自己最有用的，什么才是当务之急。香港首富李嘉诚在刚起步的时候，曾煞费苦心学习广州话和英语，让自己适应香港社会，这对他日后事业的发展起到了不可估量的作用。对于每个愿意用自己的智慧来开拓成功人生的女人来说，至少应该在学习方式上向已经站在高处的人们看齐。

如果要更新自己的知识结构，接受新的资讯，读书在今天依然是一条有效的途径。女人们多数对时尚杂志和轻松的小说感兴趣，喜欢读实用书籍的女人相对很少。

可能多数女人会觉得，除了小说以外的实用书、处世书、历史书都没有意思，但是那种教我们如何处世做人、理财创业的书，怎么会比不上一本虚构的小说呢？如果读一本好的实用书，你一定能体会到读书的另一种乐趣。广泛阅读多方面的书籍，总会有机会在不同的书中找到心中疑惑的答案。

大学毕业后，吴莉选择了自主创业的道路。她做过直销、中介，也开过店铺，但都不成功，吴莉自己也很苦恼。一次偶然的机会，她读到一位美国理财专家的书，起初只是单纯地想用来打发时间而已，没想到愈读愈感兴趣。

在读这本书的过程中，吴莉清楚地了解到自己存在的问题。这本书中列举了几种在创业的过程中失败的人，其中的一类人仿佛就是在讲她。同时，书中也详细提到，像她这类人应该如何克服各种不利因素，提高成功的可能。

吴莉马上就实践了书中的建议。与以前比较，她完全能够有热情、有欲望地工作了。过了一段时间，这本书的"药效"变弱了，她就再找别的书来寻找提升自己的方法，同时坚定自己的决定。最终吴莉事业稳定下来，迎来了自己人生的第一个收获季节。

现代人提倡"智慧创业"、"思考致富"，以前我们总说思想是一笔宝贵的精神财富，其实在这个时代，思想不仅是精神财富，还是可以物化的有形财富，很多时候是可以标价出售的。一个思想可能催生出一个产业，也可能让一种经营活动产生前所未有的变化。

你会开车吗？你电脑应用熟练吗？你熟悉最新的软件功能吗？你十分关

注新的改变效率的方式吗？对了，你还得能够熟练地排除以上技能应用中的故障，以免成为现代工具的"奴隶"。

一个前途光明的女人应随时随地都注意磨炼自己的工作能力，对一切接触到的事物，都细心观察、研究，对重要的东西务必弄得一清二楚。积累知识比积累金钱更重要，如果把所有的方法和技巧都弄明白了，你所获得的内在财富要比看得见的薪资高无数倍。

女人要为漂亮投资，更要为"知本"努力

女人要改变自己的命运，知识不是一条捷径，但它的稳妥可靠，却为其他的方式所不及。作为一个女人，只有漂亮的外表是远远不够的，每个女人都可以通过充实自身的"知本"，来保证自己不被前进中的世界抛在后面。

我国从改革开放的初期开始，到今天已经经历了 4 次经济浪潮，如今正是"知本"的时代，随着一批科技富豪的诞生，以知识赢得金钱和地位已不再是梦想。学而优则富，如果想成为新富群体，首先在起点上要达到大学以上的文化程度。高中以下学历的群体必须付出更多的努力，寻求更多的机遇。在未来，专业人士（学者、高级白领、高级专业技术人员）和私营企业主中的靠科技、知识致富的企业主将成为社会的新宠儿和新富群体中的主流。

对于女人来说，你不必要求自己站在时代的风口浪尖上，掌握多么高、精、尖的技术。你可以这样理解，知识是一种可以随身携带的资本，并且它的大门平等地对每一个人敞开。每个女人都可以通过充实自身的"知本"，来保证自己不被前进中的世界抛在后面。

只要你承认我们的时代是信息时代，是知识经济时代，你就会认同知识的经济价值。教育是最大的投资，也将是最有成效的投资。

作为一个女人，只有漂亮的外表是远远不够的，她必须学习，不断地在精神上有所进取。加拿大总督伍冰枝，是加拿大历史上第一位华裔女总督。她从一个难民成为女总督，正是她不断汲取知识的结果。

伍冰枝祖籍是中国广东台山，1940 年出生于香港，两岁时，由于日本侵

略香港，伍冰枝一家沦为难民。3岁时跟着父亲以侨民和难民的身份撤离香港到加拿大首都渥太华定居。

读书期间，她深深体会到作为一个难民受到的不公平待遇，为了改变这种环境，她发誓要用知识改变命运，了解过去，展望未来，彻底改变外来民族不平等的待遇。聪明好学的她博览群书，兴趣广泛，小小年纪就显示出极强的社会活动能力，在中学最后一年，她被评为全校最佳女生。中学毕业时，她以优异的成绩考入加拿大著名的多伦多大学，成为当时移居加拿大的华人子弟中为数不多的大学生之一。

伍冰枝进入大学后，比以前更加刻苦地学习，各科成绩非常优秀，她还利用业余时间学习英语，发表了很多学术论文、社会随笔及政治文章，成为多伦多大学校园里公认的才女。毕业后，伍冰枝在加拿大最大的广播电视台主持音乐、影视、舞蹈、戏剧等节目。由于有深厚的文化、艺术功底为基础，还精通英文和法文，再加上她优美的仪态、动听的声音、亲切柔和的笑靥，由她制作的节目很快吸引了观众，几乎轰动了全国。她在主持人如云的电视界脱颖而出，成为很多人崇拜的偶像，连续多年被评为著名节目主持人。

1982年，随着她社会知名度的提高，她被任命为安大略省驻法国的总代表。多年的工作经历和好学精神，让伍冰枝很快熟悉了业务，成为主持人兼外交官，不久，她以工作高效，沉着自信，受到驻任国的好评。

伍冰枝在竞争激烈的加拿大政坛，以聪颖、自信、善良、可爱成为人人看好的女总督。当任命公布后，全国上下引发一片喝彩与叫好声：新闻界表示赞同这一决定；社会各界也纷纷致电总理办公室发出对伍冰枝的支持声。

在女人的一生中，有许多东西是宝贵的，比如健康、美貌和爱情等，但这些东西都是你不能完全把握的，它们会受到外部环境的影响，也会被岁月侵蚀。唯有知识像阳光空气一样自然而永恒，你可以随时从中汲取力量。古人所说的"腹有诗书气自华"，强调的就是知识给人带来的自信。当一个女人以才学为重，潜心修炼自己时，知识就会逐渐影响她的内在思想，表现出在谈吐、气质上的高贵来，然后你的眼界会更开阔，人生也因而步入一个新的

会赚钱的女人最有魅力

层次。女人能以青春美貌吸引男人的目光，但他们最终需要的，还是一个高雅大方、独立自信的人生伴侣。所以说，知识女性，不管在哪里都会有她独特的优势。

女人要改变自己的命运，知识不是一条捷径，但它的稳妥可靠，却为其他的方式所不及。有这样一对山区姐妹，她们的家庭贫困，初中毕业后必须要有一个留在家中干活。那么谁去县城念高中，谁辍学回家呢？无奈的老父亲只好让她们抽稻草决定命运，结果是姐姐抽到了长的，读了高中，大学之后在城里找到了工作，而妹妹从此就背上了猪草筐，并按当地的习俗早早地结婚生子。当姐妹们在一起谈心的镜头推出来时，姐姐已是都市白领的模样，妹妹穿着鲜艳的新衣，但头发蓬乱，皮肤粗糙苍老。两个人是同胞姐妹，样貌、智商一开始都相差无几，但不同的境遇却使她们彼此越走越远。因生活所迫而失去接受教育的机会，已让人嗟叹不已，而另有一些女人却一直不曾觉醒，被暂时的顺畅蒙住了眼，从未去考虑自己长久的人生规划，这就是自己认识的不足了。我们常听说一些当年的体育名人卖金牌度日、省市级劳模下岗后靠救济生活的事例，这里面当然有多方面的原因，但从他们本人来说，也是对自己的生活缺乏长远的思考。那些能看清生活的实质，努力去充实提高自身素质的女子，却绝不会遇到这样的困惑。

世界体操冠军陈翠婷在 1990 年退出体坛后，仅受过两年学校正式教育的她，硬是凭着在赛场上的拼搏精神为自己开启了另一扇成功之门——她考进了深圳大学国际金融系。离开了熟悉的体操，深入另一个陌生世界，上课听不懂老师的讲解，下课不知该如何做功课，一个全新的挑战横在陈翠婷的面前：她深知自己可以临阵退缩，也可以迎接挑战，开发自己另一项潜能，创造另一个奇迹。身材娇小的陈翠婷选择了后者，她拒绝了鲜花与镁光灯，开始平静的校园生活。她从电视、报刊上消失了，出现在教室、图书馆争分夺秒地学习。皇天不负苦心人，在第二学期期末时，她名列系里前十名，并以 84 分的成绩夺得 1994 年全国英语六级考试的第一名，创造了学习史上的奇迹。

在体操比赛时，陈翠婷曾以满分夺得冠军，而当她用两年的时间接过

"模范生"及特等奖学金时的心情同样不亚于当年。

进入校园的陈翠婷没有忘记自己热爱的体操事业。在大学时，她开始自修国际裁判规则，1993年以第一名的成绩获得了国际体联颁发的国际裁判证书，成为当时我国最年轻的国际体操裁判。

陈翠婷的转型做得很漂亮，即使她在期间付出无数的辛苦，也是值得的。而且她在拥有了独立思考的头脑、掌握了获取知识的方法之后，就等于抓住了开启幸福之门的钥匙。以后环境再有所改变，要涉足新的领域的时候，就会拥有足够的底气。但是你要记住，为了使自己活得更从容，知识也是需要重新充电。现代社会中，受过高等教育的女人越来越多，但受过4年的高等教育不等于可以吃一辈子老底，社会知识更新速度越来越快，如果不及时补充"营养"，你很快就会变成一个"生锈"的女人。

摄取"营养"的方式多种多样，不只是单纯地看书、学习。比如上网浏览、交流，欣赏一部出色的电影，经常翻阅一些时尚杂志，学学英文。只有不断补充"营养"，女人才能在绚丽的生活中游刃有余，潇洒自如，生活将因此更加丰富多彩。

组合投资，让家庭收益最大化

对于低薪家庭来说，储蓄是理财的首选。风险低、方便、灵活、安全，对于低薪家庭来说，可以实现保值。眼下存钱利息低一些，可对普通家庭来说，如果存法科学同样会带来惊喜。

1. 有利的储蓄方法

在利率较低的情况下，为了实现储蓄收益的最大化，可以参考以下几种存法：

（1）滚雪球法

当你选择好存储目标和年限后，根据家庭收入情况，以一定金额的现金分月存入，当达到一年、二年或五年时，连本带利整笔转入整存整取三年或五年期存款，以后每五年为一段转存周期，存储年限越长，收益率越高，就像滚雪球一样越滚越大。假如你从现在起坚持每月存入 500 元，五年后本息合计 3 万元。这种方法适用于新组建的家庭进行中长期储蓄，如为子女准备教育金、购房资金等。

（2）利加利法

将整笔较大金额的资金一次存入存本取息和分月支取利息，再将利息逐月存储。虽然利息不多，但只要长期积累，"利加利，翻一倍"，仍能带来丰厚回报，切记勿以"利"小而不为。如果你的家庭有一定存款，想为未来生活积累养老金和生活保障费用，那么可以尝试这种方法。

（3）循环存款

也就是每月拿出一笔资金存入一张整存整取存单，存期均为一年，一年就有 12 张存单；第二年从第一张存单到期开始，连本带息取出再转存一年，这样手中就有 12 张存单循环往复。一旦急需用钱，便可持当月到期的存单支取，既不减少利息，又可解燃眉之急。这种存法适用于收入比较稳定的工薪家庭积累用于即期消费、休闲、旅游等所需的资金。

（4）混合交叉法

将每月节余的资金分几种方法按一定比例存入，既有利于长期积累，又能方便临时消费需要。假如你每月有 1000 元的节余资金，可根据你的安排，按 5∶3∶2 的比例分别存入整存整取、五年期零存整取和一年期零存整取，当达到一定金额后可混合为整存整取存款。数年后，你将有一笔十分可观的资金。如遇急需用钱，可支取其中一种，而不必动用其他部分存款，避免提前支取而损失利息。

除了可以利用储蓄进行组合式理财外，也可以试着将家庭的投资按比例分成几大块进行组合投资。例如，可安排一部分资金用来炒股，股市风云变幻，起伏不定，风险大但收益也大，作为家庭积极型的投资选择，可少量购买一些股票；另一部分可选择投资国债，国债不仅利率高于同期储蓄，而且还可享受免利息税的优惠；再一部分用于银行储蓄，储蓄收益虽然不高，但作为稳健型投资，是普通家庭应付各种紧急支出的必不可少的选择，况且储蓄种类很多，还可根据自己的用钱结构进行储蓄；购买保险也是组合投资不可或缺的一部分，投保未出"险情"时如同储蓄，出了"险情"则受益匪浅。

2. 巧用投资组合

要使家庭投资既安全且回报较高，还真不容易，因此巧用组合投资，就显得尤为重要。所谓组合投资，就是把多种投资产品按一定比例搭配组合，使投资风险在组合中化解到最小，以期获得最小风险下最大投资收益。

对于低薪家庭来说，大多数投资者都想有一个持有证券数量不多、无论市场有多大变化都能持有的投资组合。针对这种情况，可以选择合适的基金组合。不过基金虽然风险不是太大收益不是太小，但是选择不当也会造成损失。投资基金可以遵循以下原则：

（1）不要盲目追赶热点

最好不要集中投资于那些市场热点的基金。如果要构建一个高收益且稳定性强的组合，就必须通过努力寻找一些资产分散、拥有丰富经验的管理团队和长期稳定的风险收益配比的核心基金。

（2）购买一站式基金

当然，找到上述可行的核心基金只是迈出第一步，接下来最大的问题就是建立并调整资产组合以适应单个投资者的目标。对那些工作繁忙不能花太多时间于资产投资的人来说，"一站式基金"尤其是有明确目标期限针对性的基金是较好的选择。它相当于提供一个将股票、债券、现金打包的投资品种，可以按照投资者的需求来设定管理期限，在目标期限快到时，基金的投资会更加稳健。

（3）避免不必要的重复

在投资者决定购买的基金名单并根据其资产配置要求构建组合之后，并不是说剩下的事就交给基金经理们了。因为一些基金并未充分披露其所投资的证券，导致许多投资者往往期末才发现自己所持有的基金其实拥有彼此类似的投资组合，这就不能达到开始时设定的分散风险的目的。

如何避免这种不必要的重复呢？投资者要了解各基金所属类别及 3 年以

来的投资风格变化等信息，从而决定其能否在组合中发挥其应有的作用。

（4）采取科学的投资策略

"不要把所有的鸡蛋都放在一个篮子里"是一种投资策略。现在，家庭的投资风险承受能力有限，这就需要掌握一定的投资技巧，合理分配使用资金和准确掌握资金的投向。许多投资者常无计划地拥有不同账户的投资组合，盲目地追求各账户分散化。其实这种策略是不对的，最好将所有的账户看做一个投资组合来管理。减少所持的基金种类数目，保证所有的投资选择都是最好的。

目前，这种新型的家庭理财方式越来越受到人们的青睐，成为家庭理财的新理念。根据风险学原理，把几种风险、获利机会不同的投资进行不同比例的分配，根据一定原则计算出一个风险与获利相对较大的值作为投资的最终决策。

现在各商业银行都调整了自己的市场策略，各家竞相开发家庭理财新品。例如中信实业银行的"理财宝"、光大银行的"阳光卡"、招行的"一卡通"等。这些产品各有特点，都在"一卡多能"上下足了工夫，使人们在理财产品的选择上日趋多元化。同时，组合式投资方式给现代家庭的投资理财观念带来了新的变革，人们越来越认识到单一的投资选择的风险性、局限性都很大，开始慢慢地倾向于组合投资。

具有保险和投资功能的几种投资型保险也相继出台，如太平洋保险公司的万能险、平安保险公司的投资联结险等，这给人们的投保又增加了新的功能和选择。以上几种组合投资既有可能通过股票或债券获取可观收益，使资金具有长期增长潜力，又能依靠银行存款取得稳定的利息收入。

这样即使炒股失败，还有银行储蓄和人寿保险，仍能保持家庭正常的生活，是一种比较合理的组合，不过投资的比例要根据不同的家庭经济情况而定。在选择组合式投资时，理财专家还特别强调，要使投资结构合理，还必须注意所投资理财产品的持有期限和目标的完成期限相结合，不要以短期的投资组合来完成长期的理财目标，也不要以长期的投资组合来完成短期的目标。无论采取何种投资组合模式，储蓄和保险投资都应该是不可或缺的组成部分。

在考虑选择投资方案之前，最好能对有关方面的办法有一定的了解，以便结合自己的需要进行合理优化的投资组合。其实，组合投资就是要为自己打造一个集储蓄、证券、保险等为一体的综合性的组合理财品种。学会理财、学会组合投资，对居民手中的资产最大化是大有裨益的。

(5) 降低费用

如果投资者想构建组合以达到自己的目标，就必须尽量控制付出的费用。这不仅指基金的费用率，投资者还应控制自己的交易行为，以减少相关的税费及交易成本支出。

提高金融 IQ，女人最具魅力

不知从什么时候开始，理财能力取代美貌，成为了评价女性的重要尺度。如今，女性只有兼具美丽的容貌与强大的理财能力才能获得别人的赞赏。我们衷心地希望阅读本书的 20 岁女性都能够具备一种知性美，具备知性美的女人在别人的眼里才会具有经久不衰的魅力，那些光有漂亮外表的低智商美人，只能吸引别人的一时注意。

在自己的专业领域出类拔萃、颇有建树的女性是极富魅力的。你的实力就是你和别人竞争的强大武器。

在当今社会，理财是人人都应关注的领域，包括二十多岁的年轻人在内。如果你具有理财方面的专业知识，就能给自己加分。理财能力既能提高自身的价值，又能获得众人的欣赏。

在我们身边，不乏对操作各种机器一窍不通的人、同一条路无论走多少遍也记不住的人，以及认为自己完全不懂理财，只知道定期存款的人。相反，也有一看到新型手机就能熟练操作的人、理财能力不亚于金融专家的人。"机器盲"真的是因为大脑某处的功能天生有缺陷吗？"路盲"为什么别的事都记得住，就是记不清道路呢？

我们认为，所谓的机器盲、路盲在某个方面的智力不是天生就不够发达，只因他们下意识地把自己喜欢的事和不喜欢的事、感兴趣的事和不感兴趣的事区分得太过明确。

大多数人不敢去尝试自己不熟悉的东西，甚至不想去学习、了解。这样一来，他们在这方面的知识就更加贫乏，能力就更加退化了。我从一位顾客那里听说了这么一件事：善珠继承了父母留下来的巨额财产，却因不善理财，几乎败光了所有家产。

身家几十亿韩元的父母去世后，善珠经历了从天堂到地狱的戏剧性转变。父亲在世时，所有的财产都自己打理，善珠需要用钱的时候伸手就行。父亲是赫赫有名的房地产巨头，但善珠却连房地产买卖合同都没有见过，对于投资更是一窍不通。

30 年前，父母突然去世，善珠继承了 50 亿韩元的财产。即便是在今天，50 亿韩元也是笔大数目。面对巨额财富，善珠抱着试试看的心态，投了一部分钱到股市里，结果歪打正着地赚了一笔。这下她贪心起来，马上将投资金额增加了一倍。但是，她以前从来没有做过股票投资，又完全没有分析股价的基本知识，只凭道听途说的消息，挑自己喜欢的股票来买。幸运是不会第二次降临在这样盲目投资的人身上的。

第二次投资的结果是：损失异常惨重。此后，她以一种亏了不甘心、赚了还想再赚的心态，在股市的泥潭里越陷越深。由于能力和精力有限，善珠只好把从父亲那里继承的公司交给别人管理，导致公司经营状况每况愈下。

几年工夫，善珠继承的公司破产了，在首尔江南地区出租、每月租金收入高达 1000 万韩元的房产也卖了，只剩下现在居住的一处房产。

犹太人有句俗语："授人以鱼，只供一餐；授人以渔，可享一生。"如果善珠的父母在世时明白这个道理，向她传授一些理财之道，或许巨额财产就不会损失殆尽了。

认为理财知识复杂难懂、令人头疼，对理财不感兴趣，只知定期到银行存款，不想学习其他的金融知识，对金融专家的意见奉若神明、言听计从，这都是对自己不负责任的表现。

长期高居纽约畅销书排行榜榜首的《富爸爸穷爸爸》的作者、大富豪罗伯特·T·清崎与《跟亿万富翁学徒》的作者、美国地产大亨唐纳德·J·特朗普合著了一本名为《让你赚大钱》的书，书中写道："要想成为富翁，最重要的是要改变你的思维方式。"

书中批评了一般人最容易犯、也是最危险的错误：抱着安逸的心态，不想学习金融知识，只会依赖专家："我有1万美金，该怎么投资呢？"

两位作者认为，财富＝对金钱的洞察力＋敏锐准确的判断＋果断的投资。不难看出，成功理财的一个前提条件就是，要提高你的金融IQ。如果你希望致富，就不能只依赖储蓄，而是要进行投资。

但是，投资不是一件肯定能带来收益的事，你可能会要承担投资失败的风险。我们到银行存款，只需要知道利率是多少即可，但购买基金比存款要复杂得多，基金不仅种类繁多，在进行基金投资时还有一些必须掌握的规则。

你可能会觉得，每天早出晚归，光是工作就已经够累的了，还要想着如何"钱生钱"，未免太麻烦了。但是你要知道，如果不理财，1韩元永远只是1韩元，但如果能让钱滚钱、钱生钱，就意味着你可以缩短辛苦工作的时间，享受更为富足的生活。所以，投资不是一两年的事，而是应该终生奉行，成为你生活的一部分。另外，投资越早开始就越好，你在20岁时获得的投资经验会成为30岁时重要而宝贵的投资指南。

有钱不忙存银行

毫无疑问，我们身处负利率时代。钱存在银行里要贬值，即便是高薪家庭也不能眼睁睁地看着钱放在银行里毫无作用吧？那么怎样让手中的闲钱在负利率的阴影下做到"钱生钱"呢？

1. 投资很有必要

很多人认为，只要有大笔的钱进账就能变得富有，事实上，生活中却有很多年薪8万到10万甚至更多的高级白领，日子过得跟薪资水平仅及其1/3的人一样。银行里没有多少存款，消费上常常出现赤字，买房的计划也是遥遥无期。

一些人之所以能够舒服地退休，在于他们事先计划和通过一些隐形的资产来累积财富。高薪水提供了累积财富的机会，但不会自动让人富有。如果你一年赚 10 万，投资 1 万于银行存款、保险、证券上，持续几十年，将会积累起巨额资产。

谁都知道钱能生钱，积累起来的资产通过运作，能够不断带来现金收入。然而由于工作太忙或者缺乏理财知识，很多家庭疏于对资产进行有效地管理。其实只要稍微花点心思，就可以轻松地获得不少收益。高薪家庭虽然收入高，但是如果能让手中的闲钱充分发挥用处赚取更多的钱，提高生活的质量岂不是更好？与其让闲置的资金放在银行里收取少得可怜的利息还要面临通货膨胀的风险，不如主动投资获取丰厚的利益。

身为大学教师的张小姐去年用闲置资金购买了开放式基金，一年不到就获得了约 25％的回报。在房地产公司工作的杨小姐则利用工作上的便利通过炒房得到了一年 30％左右的回报。

现在的投资渠道越来越多，人们通过掌握它们的特性，可以在风险相差不多的情况下，使自己的投资收益最大化。例如，打算存一笔定期储蓄存款，也可以用来买货币市场基金或者国债，其收益率明显高于同期储蓄利率。

很多高收入家庭也逐渐认识到了投资的重要性。近年来，针对高端群体的金融理财服务持续升温，中资银行携网点优势、客户优势、本土文化优势，积极推进业务结构转型，大举推进高端理财业务，外资银行则凭借其先进的管理文化、强大的投资产品后台和国际品牌优势，招兵买马，快速推进在华业务扩张。而市场反应在经历了最初一段时间的沉寂之后，从 2006 年下半年开始有了明显的起色，即便在许多银行提高了高端理财的金融资产门槛的情况下，银行专门针对高端群体开设的理财 VIP 服务场所仍然门庭若市。

2. 投资有优势

高收入家庭的资金实力比较强，这是一个明显的投资优势。当然，前提是支出要比较合理。另一个优势就是投资理财的专业能力。高收入人群一般受过良好的教育，掌握了一些专业的投资技巧。

最近有研究表明，在投资理财支持能力方面，2006年高收入群体的专业投资理财能力、投资意识与理念以及投资与服务选择机会等方面均有所提高，经过参与股票、基金等投资理财市场的重新启动，高收入群体在对理财工具的操作等方面的实际投资理财能力有了较大的提升，所以高收入专业投资理财能力的提高最为明显。

高收入群体在进行投资理财的时候，对宏观、微观因素的考虑以及对各种投资理财工具的价值判断正逐步走向专家化、理性化。而且近年来，高收入群体在理财方面的自我评价整体上是不断提升的，特别是在整体投资市场情况良好的情况下，高收入群体对自身专业投资理财能力与理念的认知都有一个较大的提升。

充足的资金、专业的理财能力和自信，这些是高收入家庭投资理财的绝对优势。要充分利用这些优势，实现获利，需要选择合适的投资工具。

3. 投资有市场

与欧美等发达国家成熟理性的市场情况不同，中国的高端理财市场受整体投资理财市场过多的影响，还有相当多的非理性因素存在其中。最明显的就是，高收入人群很容易受市场影响，比如2006年股票与基金收益普遍良好，于是高收入人群对股票与基金的价值认同就有了明显的提高。

再比如，2004年中国的投资理财市场曾经一度活跃，相对应的2004年的高收入群体理财指数就有了较大的增长。进入2005年，受国家谨慎的投资政策以及对房地产、股市等投资融资领域调控的影响，个人投资理财市场也陷入低迷；而2006年火热的股票、基金行情带动了整个投资理财市场的活跃。

除了市场，目前银行高端理财服务产品的供应情况不理想，也是需要注意的。虽然近年来各家银行不断推出高端理财产品，但投资标的物范围狭窄、机构层次单一的问题仍然很突出。相关研究表明，作为近年来本土银行所设计的理财产品中有70%～80%都存在同质化的情况，理财产品没有扎实的高端群体细分研究基础，产品缺乏针对性的缺点仍然普遍存在。另外，本土银

会赚钱的女人最有魅力

行的理财产品收益对于高端群体没有太大的吸引力。目前高端群体对银行理财产品、债券、外汇等理财工具的投资回报率期望在 7％～10％ 之间，当然不包括股票、房地产等高风险投资。本土银行还达不到这个水平，而外资银行高端理财产品的收益一般为 6％～7％，有的甚至是 10％ 以上，在这个方面其领先优势十分明显。

针对高收入人群的高端理财市场，才刚刚启动，要进一步持续、健康发展，还有一个比较长的过程，与之相应的是高收入人群投资理财能力和投资理财意识还有待进一步提高和完善。在国际投资理财市场日益完善的情况下，国内的投资理财市场尚处于起步阶段，发展前途也是相当大的，所以高收入家庭要多关注投资理财市场并不断提高家庭的理财能力。

4. 用好投资工具

高薪家庭都关注哪些投资工具？据世界商业报道消息，目前国内高收入阶层较青睐股票、基金等投资理财工具，并且表现出越来越高涨的热情和更加专业的技巧。

自 2006 年以来证券市场的持续活跃，国内高收入群体对宏观环境、收入预期、理财支持能力以及理财工具价值等投资理财影响因素的评价仍然比较高。2006 年高收入群体对各种投资工具的整体价值认同有显著提升，如果具体到不同的投资工具上，高收入群体对股票、基金的价值认同感大幅提升，对其他理财工具的评价则持平或略有下降。这主要与 2006 年下半年股票、基金等投资工具市场活跃态势密切相关。虽然 2006 年国家保持了较为稳健的经济发展政策，加强对房地产等投资融资领域的调控，但股票、基金等投资工具市场优秀的市场表现，加强了高收入群体对股票、基金的投资信心。此外，高收入人群仍然比较偏爱保险与房地产。

家庭投资的方式有很多种，可供选择的投资工具也多种多样，并且新的理财工具还在不断产生。目前国内理财工具和理财产品的创新正值空前活跃的阶段。就开放式基金而言，自 2001 年第一只开放式基金问世以来短短六年时间里，国内的开放式基金产品创新就完成了国外数十年的发展历程，2002

年国内第一只债券基金和第一只指数基金面市，2003年，国内推出首只伞型基金、首只保本基金、首只货币市场基金，2004年国内推出首只可转债基金、首只上市开放式基金（LOF）和交易所交易基金（ETF），2005年又推出了首只中短债基金。国内开放式基金品种已经基本上覆盖国外主流开放式基金的品种，这种创新速度是惊人的。

与此同时，银行受托理财产品也在不断推陈出新，从2003年招行推出第一只人民币受托理财产品至今短短4年时间里，银行理财产品的品种已经十分丰富。按照币种分，包括了人民币产品和外币产品；按照收益类型分，包括了固定收益类和浮动收益类；按照挂钩市场分，包括了利率挂钩类、汇率挂钩类、商品价格挂钩类、股指挂钩类，等等。在这些产品创新的背后，是银行对投资市场机会的洞察力和敏感度。展望未来，国家出台QDII（合格的境内机构投资者）制度为国内投资者参与国际市场投资提供了制度准备，下一步，随着QDII投资范围的进一步放宽以及投资额度的进一步扩大，相信银行理财产品将有更为广阔的发展空间。

5. 选择资金管理人

在乱花渐欲迷人眼的情况下如何为自己的资金选择一个好的管家呢？应该从这几个方面来确定自己资金的去处：

（1）寻找方便、服务较为全面的管理人

这样你就不用为打理投资花费太多时间，从而免去很多麻烦。

（2）认清风险与收益同在

我们在选择一个资金管理人或者管理团队的时候，参照的只能是他的历史业绩，而对于将来，谁都不能有100%的把握，常胜将军是没有的，谁都有失败的时候。

就算是乔治·索罗斯这样的"明星经理"也有失误的时候。索罗斯曾经以对冲的战法横跨几大洲，狙击英镑、挑战卢布，引发亚洲金融危机。在金融市场上，他是如此所向披靡、叱咤风云，但他的如意算盘却在香港遭受了重大失败。

会赚钱的女人最有魅力

财富大师都有失算的时候，我们又怎能期盼从不失手呢？很多理财产品都标有预期收益率，事实上，这些预期收益率并不是理财机构对客户的收益承诺，而是一种基于经验与行情所作的预测。理财产品发行机构并不会因为产品到期未能达到预期收益率而给予客户补偿，而金融监管部门也反对各种理财机构做出收益保证。所有的投资都具有不可预测性，谁也无法预测风险何时何处出现。因此，在选择理财产品时，不能把预期收益率当作购买该类产品的绝对理由，预期收益率只能是购买理财产品的依据之一。

在买基金、股票、期货等流动性比较强的产品时更不要被预期收益率所迷惑。有人认为商业银行发行的家庭理财产品的安全性是绝对可靠的，这是一种错误的认识，实际上所有金融机构都存在着经营风险。商业银行的经营因为与千千万万储户利益息息相关，因此政府在处置不良商业银行时相对谨慎，但是这并不意味着商业银行债权将由政府包办。

（3）寻找风险同等条件下收益最高的资产管理人

如果已经决定投资于一个领域，那么就应该拿出时间寻找在风险同等的情况下，收益较高的资产管理人，毕竟投资的目的是为了获得收益。

传统观念认为：收益高，风险就高；收益低，风险就低。很多时候，这可能是参考价值的理论。比如，股票的收益和风险都大于储蓄。但是这句话是有一定局限性的，风险的高低是和一个市场、一个领域画等号的，绝对不能和个人收益高低相提并论。换句话说，也就是当一个人选择了一个市场、一个领域之后，他所承担的风险是这个市场、这个领域给他带来的。而收益则是能力的体现，不同管理人带来的收益是不同的。同样是基金管理人，带给投资者的回报率却相去甚远。选择了同一个领域，同一个市场，意味着大家的风险值就是相同的。而结果不同，就说明他们的管理人或管理团队能力不同。因此，在进行选择的时候就应该充分考察，慎重选择，遵循优胜劣汰的原则，把那些不尽职的管理人剔除。

（4）理智区分金融业里的各行业分工

就目前中国的理财市场而言，银行有此业务、保险公司有此业务、证券有此业务、信托有此业务、基金管理公司有此业务等，但是，行业不同对投资基金的分配方式、比例、风险度就不同，所以不同行业的收益率是不相同的。投资人今后在处理这些问题时，要理智区分它们。

安全性、收益性和流动性是一个项目是否值得投资的重要标准，对于高薪家庭来说，投资组合最好选择分散性。

黄金投资，各种方式任你选

黄金一直是投资市场上的宠儿，有很大的保值和升值空间，投资黄金也是很多女性朋友的不二选择。实际上，黄金产品的种类有很多，在投资时，女性朋友可以根据自己的喜好，有选择性地投资。

1. 投资金条

投资金条（块）时要注意最好要购买世界上公认的或当地知名度较高的黄金精炼公司制造的金条（块）。这样，以后在出售金条时会省去不少费用和手续，如果不是从知名企业生产的黄金，黄金收购商要收取分析黄金的费用。国际上不少知名黄金商出售的金条包装在密封的小袋中，除了内装黄金外，还有可靠的封条证明，这样在不开封的情况下，再售出金条时就会方便得多。一般金条都铸有编号、纯度标记、公司名称和标记等。由于金砖（约400盎司）一般只在政府、银行和大黄金商间交易使用，私人和中小企业交易的一般为比较小的金条，这需要特大金砖再熔化铸造，因此要支付一定的铸造费用。一般而言，金条越小，铸造费用越高，价格也相应提高。投资金条的优点是：不需要佣金和相关费用，流通性强，可以立即兑现，可在世界各地转让，还可以在世界各地得到报价；从长期看，金条具有保值功能，对抵御通货膨胀有一定作用。缺点是：占用一部分现金，而且在保证黄金实物安全方面有一定风险。购买金条需要注意的方面：最好要购买知名企业的金条，要妥善保存有关单据，要保证金条外观，包括包装材料和金条本身不受损坏，以便将来出手方便。

2. 投资金币

金币有两种，即纯金币和纪念性金币。纯金币的价值基本与黄金含量一致，价格也基本随国际金价波动。纯金币主要为满足集币爱好者收藏。有的国家纯金币标有面值，如加拿大曾铸造有50元面值的金币，但有的国家纯金币不标面值。由于纯金币与黄金价格基本保持一致，其出售时溢价幅度不高（即所含黄金价值与出售金币间价格差异），投资增值功能不大，但其具有美观、鉴赏、流通变现能力强和保值功能，所以仍对一些收藏者有吸引力。纪念性金币由于较大溢价幅度，具有比较大的增值潜力，其收藏投资价值要远大于纯金币。纪念性金币的价格主要由三方面因素决定：一是数量越少价格越高；二是铸造年代越久远，价值越高；三是目前的品相越完整越值钱。纪念性金币一般都是流通性币，都标有面值，比纯金币流通性更强，不需要按黄金含量换算兑现。由于纪念性金币发行数量比较少，具有鉴赏和历史意义，其职能已经大大超越流通职能，投资者多为投资增值和收藏、鉴赏用，投资意义比较大。如一枚50美元面值的纪念金币，可能含有当时市价40美元的黄金，但发行后价格可以大大高于50美元的面值。投资纪念金币虽有较大的增值潜力，但投资这类金币有一定的难度，首先要有一定的专业知识，对品相鉴定和发行数量，纪念意义，市场走势都要了解，而且还要选择良好的机构进行交易。

3. 纸黄金

"纸黄金"是一种个人凭证式黄金，投资者按银行报价在账面上买卖"虚拟"黄金，个人通过把握国际金价走势低吸高抛，赚取黄金价格的波动差价。投资者的买卖交易记录只在个人预先开立的"黄金存折账户"上体现，不发生实金提取和交割。盈利模式即通过低买高卖，获取差价利润。纸黄金实际上是通过投机交易获利，而不是对黄金实物投资。

4. 黄金管理账户

黄金管理账户是指经纪人全权处理投资者的黄金账户，属于风险较大的投资方式，关键在于经纪人的专业知识和操作水平及信誉。一般来讲，提供这种投资的企业具有比较丰富的专业知识，收取的费用不高。同时，企业对客户的要求也比较高，要求的投资额比较大。

5. 黄金凭证

黄金凭证是国际上比较流行的一种黄金投资方式。银行和黄金销售商提供的黄金凭证，为投资者提供了免于储存黄金的风险。发行机构的黄金凭证，上面注明投资者随时提取所购买黄金的权利，投资者还可按当时的黄金价格将凭证兑换成现金，收回投资，也可通过背书在市场上流通。投资黄金凭证要对发行机构支付一定的佣金，一般而言，佣金和实金的存储费大致相同。投资黄金凭证的优点：该凭证具有高度的流通性，无储存风险，在世界各地可以得到黄金保价，对于大机构发行的凭证，在世界主要金融贸易地区均可以提取黄金。缺点是：购买黄金凭证占用了投资者不少资金，对于提取数量较大的黄金，要提前预约，有些黄金凭证信誉度不高。为此，投资者要购买获得当地监管局认可证书的机构凭证。

6. 黄金期货

和其他期货买卖一样，黄金期货也是按一定成交价，在指定时间交割的合约，合约有一定的标准。期货的特征之一是投资者为能最终购买一定数量的黄金而先存入期货经纪机构一笔保证金（一般为合同金额的5％～10％）。一般而言，黄金期货购买和销售者都在合同到期日前，出售和购回与先前合同相同数量的合约而平仓，而无须真正交割实金。每笔交易所得利润或亏损，等于两笔相反方向合约买卖差额，这种买卖方式也是人们通常所称的"炒金"。黄金期货合约交易只需10％左右交易额的定金作为投资成本，具有较大的杠杆性，即少量资金推动大额交易，所以黄金期货买卖又称"定金交易"。投资黄金期货的优点：较大的流动性，合约可以在任何交易日变现。较大的灵活性，投资者可以在任何时间以满意的价位入市。委托指令的多样性，如即市买卖、限价买卖等。质量保证，投资者不必为其合约中标的的成色担心，也不要承担鉴定费。安全方便，投资者不必为保存实金而花费精力和费用。杠杆性，即以少量定金进行交易。价格优势，黄金期货标的是批发价格，优于零售和饰金价格。市场集中公平，期货买卖价格在一个地区、国家，开放条件下世界主要金融贸易中心和地区价格是基本一致的。会期保值作用，即利用买卖同样数量和价格的期货合约来抵补黄金价格波动带来的损失，也称"对冲"，这在其他文章中会做专题介绍。黄金期货投资的缺点是：投资风险较大，因为需要较强的专业知识和对市场走势的准确判断；市场投机气氛较浓，投资者往往会由于投机心理而不愿脱身，所以期货投资是一项比较复杂和劳累的工作。

7. 黄金期权

期权是买卖双方在未来约定的价位具有购买一定数量标的的权利，而非义务，如果价格走势对期权买卖者有利，则会行使其权利而获利，如果价格走势对其不利，则放弃购买的权利，损失只有当时购买期权时的费用。买卖期权的费用（或称期权的价格）由市场供求双方力量决定。由于黄金期权买卖涉及内容比较多，期权买卖投资战术也比较多且复杂，不易掌握，目前世界上黄金期权市场并不多。黄金期权投资的优点也不少，如具有较强的杠杆性，以少量资金进行大额的投资；如是标准合约的买卖，投资者则不必为储存和黄金成色担心；具有降低风险的功能，等等。

8. 黄金股票

所谓黄金股票，就是金矿公司向社会公开发行的上市或不上市的股票，所以又可以称为金矿公司股票。由于买卖黄金股票不仅是投资金矿公司，而且还间接投资黄金，因此这种投资行为比单纯的黄金买卖或股票买卖更为复杂。投资者不仅要关注金矿公司的经营状况，还要对黄金市场价格走势进行分析。

9. 黄金基金

黄金基金是黄金投资共同基金的简称，所谓黄金投资共同基金，就是由基金发起人组织成立，由投资人出资认购，基金管理公司负责具体的投资操作，专门以黄金或黄金类衍生交易品种作为投资媒体的一种共同基金。由专家组成的投资委员会管理。黄金基金的投资风险较小、收益比较稳定，与我们熟知的证券投资基金有相同特点。

10. 国际现货黄金

国际现货黄金又叫伦敦金，因最早起源于伦敦而得名。伦敦金通常被称为欧式黄金交易。以伦敦黄金交易市场和苏黎世黄金市场为代表。投资者的买卖交易记录只在个人预先开立的"黄金存折账户"上体现，而不必进行实物金的提取，这样就省去了黄金的运输、保管、检验、鉴定等步骤，其买入价与卖出价之间的差额要小于实金买卖的差价。这类黄金交易没有一个固定的场所。在伦敦黄金市场整个市场是由各大金商、下属公司间的相互联系组成，通过金商与客户之间的电话、电传等进行交易；在苏黎世黄金市场，则由三大银行为客户代为买卖并负责结账清算。伦敦的五大金商（罗富齐、金宝利、万达基、万加达、美思太平洋）和苏黎世的三大银行（瑞士银行、瑞士信贷银行和瑞士联合银行）等都在世界上享有良好的声誉，交易者的信心也就建立于此。

外汇投资理财，让你的钱包"涨"起来

对于广大工薪族而言，年终奖是最令人高兴的事情。当然，理好这笔钱，对于大多数人来说，进行投资理财让自己辛苦赚来的钱再生钱呢？这也是理所当然的事情。可是如何使自己辛苦赚来的钞票能替自己"打工"呢？这也许颇费你的脑筋，其实理财的范围很广，其中炒汇就是不少人投资理财的理想选择。展望 2011 年的外汇市场，随着美国经济好转，美联储加息预期升温，美元有望走强，何不重新打下一片江山。外汇投资理财，让你的钱包迅速"涨"起来。

随着经济全球化自由化、一体化的趋势，与国际接轨是历史潮流，外汇交易作为国际金融领域的重要环节。国际外汇，这个世界从来不缺机会，缺的是你发现他们的眼光，虽然人民币不能自由兑换，但这阻挡不了大家寻找适合自己的投资机会。外汇交易能让你用较少的资金获得极大的收益，有人从 5 万到 150 万只用了 11 天，其他任何投资方式都难以在这么短期内达到的。所以说炒汇比炒股有更大的获利空间，这主要由两方面决定：一方面，外汇市场可进行多币种组合，以及交叉货币操作，从操作上带来更多的机会；另一方面，国际市场比单一国内市场规范，更容易进行操作和判断。

外汇市场是最完美的投资市场，由于是全人类全球性的参与，因此它是建立在国与国之间对等公正的基础上的公平交易，它每天的平均交易量都在3万亿美元，这个交易量是全世界的期货市场交易量总和的80倍。这样的交易量任何一个国家都无法长期操纵和干预。外汇保证金交易市场尽管不是尽善尽美，但可以说是最"干净"的投机市场：投资者不必劳神于每只股票的业绩，每日巨额的成交量使任何机构无法坐庄，使其交易非常公平；索罗斯、巴菲特所能了解到的信息，普通投资者一样可以了解到。全球的投资者和投机人都在相同的时间看着相同的报价和图表。外汇的走势在没有消息层面的影响时更偏重的是技术走势。也就是说，如果操作得当，抓住投资机会，是可以获得高收益的。

外汇交易市场，由于它的市场需求的本质不同，所以它和股票期货市场不同。作为货币交换来说是不能停市的，因此全世界的多家外汇交易所的时间重叠在一起，跨越了24小时。而24小时的不间断交易才能满足全球对货币交换的需求，因为这个星球上总是一个半球是白天，要给予全球货币需求者公平的交易时机，就必须有24小时的交易机制。这样的交易制度排除了开盘收盘价格戏剧性波动的可能性。这样可以使全球货币需求者受益。

双向交易，投资者不管是买涨还是买跌都有获利的机会。这样就可以更为灵活地控制住投资风险并获得更大的利润。实时成交，固定点差，也就是说无论何时都可以进行买卖。买入高息货币每天可获高额隔夜利息，没有单量限制。

那么炒外汇的门槛是不是很高呢？需要大量投资吗？不需要，现在有一个免费炒外汇的机会，Marketiva（简称MK）外汇公司免费开户，赠送5美元，也就是说，你可以无本投资；Marketiva外汇保证金交易，提供一个资金杠杆，可以用少量资金，进行大资金量交易。Marketiva平台没有合约大小限制，1美元保证金就可以下一单（0.001手），1美元即可开始你的炒汇之旅；最低入金只需1美元，这么少的入金要求，可以让你充分试验这个平台的好坏、服务的优劣，而不必担心资金上的风险。

Marketiva 入金取款更是方便，网上即可入金和取款，当然，你也可以申请银行电汇。开户方便，基本在网上就可以办理。Marketiva 外汇公司是世界上客户最多和平台服务技术最好的外汇公司。该公司技术实力雄厚，连交易平台软件都是自己开发的。

在外汇市场，每天都有让账户资金增加 50％甚至翻倍的机会。

玩物不丧志——收藏

除了资本市场的投资以外，收藏古董、邮票等也是很好的投资方式。这类投资不但风险比较小、收益大，而且可以陶冶情操、修身养性，逐渐成为都市高薪族新的理财方式。

一般来说，收藏品发行量越少，就越易增值，所谓"物以稀为贵"。发行量少的存世量自然很少，但是发行量大的存世量却不一定很大。由于时间长久或者后期销毁、遗失、丢弃等原因，发行量虽大，却造成存世量较小，从而使藏品变得珍贵。

即使发行量很大，或者发行时间短暂，但是需求量很大，从而造成供不应求的产品，也较易升值。如果是热门题材的藏品，特别是较有政治意义或者较有历史时代意义题材的藏品，很容易升值，例如香港回归题材的藏品。

决定收藏品价值的往往是时间的推移、时代的久远。例如 20 世纪四五十年代缀满银制小挂件的小孩帽，当时在中国不值钱，外国人却有心收集于手中，后来一个小挂件就涨到了 100 元人民币。

虽然在炒作空气较浓的今天，有些老藏品还没有新藏品升值快，但还是有相当一部分藏品毕竟发行量和存世量较小，而且，从一个侧面反映了那个时代的缩影，所以较有收藏价值。

需要注意的是，市场炒作会使收藏品价格上涨很快，但人为炒作痕迹太浓，就会严重背离价值规律，导致暴跌。炒收藏品就像炒股那样，炒原始股能够赚钱，炒原始收藏品也能取得较好的收益，因为藏品刚发行时，基本上是按面值买的，所以亏本机会相对少。至于增值得快与慢、高与低，取决于多种因素，就看你选择了一个"垃圾股"还是"潜力股"。

1. 收藏品的种类

简单地说，收藏品主要包括以下几类：

（1）艺术品

艺术品包括外国的名画、手工艺品，中国的古今名人字画、手稿，手工艺品、雕塑、编织刺绣以及民族特色较强的工艺美术品等。

（2）古董类

凡是古代流传下来的，有收藏价值和欣赏价值的东西都是古董。例如古钱币、茶具、瓷器、服饰、刀具、首饰等。

（3）其他类

签字、门票、粮票、邮票、手表、相片、奇石、徽章等都属于此类。

在众多的收藏品中，艺术品深受欢迎，其中唱主角的是字画。西方主要是以名画收藏为主，东南亚则以中国字画收藏为主。

1987年4月，在伦敦的一个拍卖会上，凡·高的一幅《向日葵》，创下了2500万英镑的天价，这个价钱在当时的上海足以买下一幢商厦。

艺术家对艺术的忘我与执著，造就了艺术品不朽的魅力。而这些艺术品随着艺术家的去世，已经成为唯一，所以购买以后不但不会贬值，还会没有上限地增值。据统计，20世纪70年代中期到80年代末，不到20年的时间，世界画坛巨匠的作品价格上涨了18倍，印象派作品价格增加了9.5倍，英国18～19世纪的绘画增加了7.5倍。高收益、低风险，这也是很多投资者热衷于追捧艺术收藏品的原因。如果考察一下世界上成名富翁的投资理财走向，就会发现，几乎所有的富翁都参与了艺术品投资理财。

相对于西方发达国家的艺术品市场而言，中国的艺术品市场尚处于发展初期。投资艺术品如投资理财股票一样，先入围先收益，因而投资理财回报率较为可观。

1978年黄胄的画，一平方尺15元，买一幅4平方尺的画，带装裱，也只不过60多元。现在黄胄的画一平方尺2000元，一幅画少说也得8000多元，从 60 多元涨到 8000 多元，升值 100 多倍，1978 年，买一张李可染三尺见方的画为 90 元，现在同一幅画价为 20 万元，升值高达 2000 多倍。

2. 收藏风险不可小觑

高回报必然会有高风险，初入行者要注意：

• 多看、多问、多了解、多加比较；

• 依据自己的财力确定自己的投资理财对象；

• 对艺术品和古董要有全面的了解，介入前，最好多读一些有关的书籍，学习一些专业知识；

• 投资艺术品，要做长线投资理财的准备，不要指望一朝一夕就成为富翁。

具有一定专业知识再做收藏当然最好，相信自己的眼光也无可厚非，不过不要盲目自信，毕竟投资收藏品的风险是相当大的，真正能够担得起专家责任的人也是凤毛麟角。为了尽量降低投资风险，碰到心仪尤其是价值不菲的收藏品时，最好请专家鉴定，否则吃亏的是自己。

艺术品真伪的鉴定是需要相当专业的知识的，投资者一定要小心。此外，还需要注意的是风尚的转变。凡·高的作品生前无人问津，死后作品价值连城。今天的名家可能就是明天的无名小卒，所以投资者一定要注意风尚的转变。

3. 购买艺术品的渠道

一般来说，购买艺术品的渠道有：

（1）古董市场

北京、天津、上海等城市都有古董市场和古玩店铺，不过这需要投资者有较高的鉴别真伪能力，如果鉴别不出真伪，还是尽量避开这个渠道。

（2）拍卖行

拍卖行投资艺术品一般能确保作品的真实可靠性，通过拍卖行的宣传，投资影响也比较大，不过从拍卖行竞价购买一般价格比较高。

（3）收藏者

有些人因为种种因素想把收藏着的艺术品，换成现金，这就为投资者提供了方便。从收藏者手里购买，价钱会比拍卖行和画廊里的标价要便宜，但仍然不要忘了鉴别。

（4）艺术家或其亲友

这种购买方式一般不容易买到赝品，而且价格也比较合理，能够为投资者接受。

4. 鉴定字画真伪

字画作品真伪是最主要的投资前提。谁都知道真品价值连城，赝品不值钱。在艺术品市场上花大价钱买来的假货，不但会失去盈利机会，还会连本也赔进去。所以要投资艺术品必须具备一定的艺术品真伪鉴别能力。

简单说来，字画真伪的鉴定主要从以下方面着手：

（1）看材质

不同材质的书画作品，特点不同。宋代的书法家多用熟宣，因为它比较光滑。元代书画家则采用生宣。中国早期的书画家绘画多用绢，代表作是南唐宫廷画家顾闳的名作《韩熙载夜宴图》。

后代的材质前代绝对不用，弄清楚材质出现的年代，至少可以排除后代材质伪造前代书画的赝品。

（2）看题跋

题跋多是为了说明该件作品的创作过程、收藏关系或者考证。题跋可以分为：作者的题跋、同时代人的题跋、后人的题跋。

题跋作假一般是伪造名家的作品。作假的手段有两类：完全作假，其中又有照摹、拼凑、摹拟大意以及凭空臆造四种方法，另一类是利用前人的书画改款、添款或者割款来作假。

（3）看印章或者签名

印章是艺术品的证明物，书画家以此表示确属自己的作品。许多书画家的多幅作品可能采用的是一枚印章，我们可以通过鉴别印章来鉴别书画作品。

印章和签名都可能伪造，所以投资者要了解闲章、阳文、阴文、材料、篆法等印章知识，对艺术家的签名风格，尤其是其中精细的独到之笔加以辨别，从而提高自己的鉴别能力。

（4）看收藏印

一些名家的作品，被许多名人收藏过，这些名人就会在藏品上盖上他们自己的收藏印，依据这些收藏印也可以鉴定作品的真伪。

但一些收藏家收藏的作品未必就是真品，而且著名收藏家的作品也必然是作假者极力摹仿的对象，所以收藏印也不是完全可靠的。

投资装饰两不误——珠宝

珠宝、时装是女士们孜孜以求的对象，珠光宝气平添许多雍容华贵之气，相信爱美的女士们都想拥有珠宝。

在物质生活丰富的今天，有钱的玩家自然可以有许多投资理财品级的贵重珠宝可以选择，但普通人的选择也不少。例如一些镶嵌饰物以及工艺品、珍珠饰品、翡翠玛瑙玉石制品等。

黄金有价，珠宝无价。珠宝是自然界中最为稀有的物品之一。一切天然珠宝都是大自然的产物，要经过漫长的地质变迁才能结晶生成，任何一粒珠宝都来之不易。由于珠宝稀有、不易变质、价值稳定并且不断升值，收藏珠宝已经成为越来越受欢迎的有利可图的一种投资方式。这里简单介绍一点投资珠宝的知识。

宝石包括极品钻石、红宝石、蓝宝石、绿宝石、翡翠、橄榄石等。国际上通用的宝石计量单位是克拉，1 克拉等于 0.0002 千克。

钻石主要产于南非；红宝石主要产于泰国、缅甸；蓝宝石主要产于斯里兰卡和安哥拉；绿宝石主要产于缅甸；翡翠主要产于哥伦比亚；橄榄石主要产于缅甸和泰国。

在这六种宝石中，最引人注目的是被称为"上帝的眼泪"的钻石。公元前 800 年左右，钻石首次在印度被发现，最初用于佛像的装饰。17 世纪，荷兰的宝石业者开始着手发展钻石加工业。加工技术提高之后，钻石独特的光泽显现出来了，一跃成为珠宝新贵。19 世纪以后，钻石便被看做是一种值得

会赚钱的女人最有魅力

投资的宝石。近几年，全世界的钻石在戴比尔斯公司的经销商控制下，已经建立了统一的行情表。

钻石的价格因为珍贵而逐年攀升，是一种风险比较高的投资，因为钻石的重量、成色、净度、切割技术不同，价格也有很大差异。

（1）钻石的颜色

钻石的颜色与钻石的等级密切相关。一般以无色透明为上品，无色但透明度稍差的次之，略呈黄色者又次之，呈明显黄色的钻石再次之，呈褐色或者深黄色的钻石品质最次。但是天然出产的钻石中，无色透明的很少，带有黄色、褐色的钻石居多。因为钻石内部含有微量的铁成分以及碳素粒子。

有一种无色而透着蓝光的"蓝白钻"，价值高于无色钻石，尤其是纯净的蓝钻，价格更高。目前陈列于华盛顿史密斯博物馆的"希望之钻"是蓝钻中的极品。

（2）钻石纯净度

纯净无瑕的钻石是上品。不过由于钻石本身是碳素的结晶体，多半含有黑色的碳素粒子，所以多数钻石都存在不同程度的瑕疵。此外，瑕疵还有外部擦痕、崩碴、刻痕，内部的裂痕、白花、黑点等。如果瑕疵在边缘，对钻石的影响就要比瑕疵在中间的影响小一些。

（3）钻石的切割

钻石要经过切割之后才会呈现出光泽，切割加工的高明与否，会直接影响到钻石的价格。目前，荷兰、比利时的钻石切割工艺最为上乘。

传统的钻石切割有 58 个切割面，因为这样最能表现钻石的美丽、透亮。近年来，盛行一种新式切割法，就是把冠面切割得比原来更宽，面尖几乎磨成尖锐的形状。这种切割法比传统切割法更精美，价格也更昂贵。

投资宝石时需要注意：

（1）不要投资稀少昂贵的宝石。这类宝石一般是热炒之中，如果没有足够的资金和把握，最好不要介入。

（2）作为投资，宝石的重量最好在 1～5 克拉之间。

（3）具有升值潜力的某种冷门的宝石也有投资价值。

（4）学会鉴定天然宝石和人造宝石。人造宝石在高温中熔解时，会有气泡产生，宝石中如果有圆形的气泡，一定是合成物。而天然宝石夹杂有其他矿物，即使有像气泡一样的孔，也不是呈圆形的，并且内部还有少许液体。用放大镜观察宝石内部，会发现天然宝石内部有细微的平行线，而人造宝石内部的线是曲线。

（5）索要国际公认的鉴定书。珠宝的价格受到色泽、品质、工艺、重量等诸多因素的影响，因此购买时，一定要索取国际公认的鉴定书，以确保珠宝的价值与品质相符。

当然，投资珠宝的风险是比较大的，所以最好找一位珠宝鉴定专家。

投资人脉：回报非一般投资可比

投资人脉是一种长期性的行为，切不可为了利益取向而去投资，那样的投资只会给你带来负面的影响。

在商业社会，我们都知道，想要更快更多地获取经济收入，只能是通过投资，而不是依靠出卖我们的智慧和劳动力。哪怕是投资个小店。说到投资，我们很多人的第一反应就是钱，没钱怎么投资啊？其实，投资有很多种方式的。不一定就是用钱。像技术（技术入股）、经验、时间等，都是可以用来投资的。

除了这些，还有一个是我们每个人都有的，那就是——人脉，人脉也是一种资产，也是可以用来投资的。只不过，一直以来都没有一个可供我们投资人脉的平台。所以我们很多人都没有意识到人脉也是我们的可用资产。其实利用人脉这种行为自从人类开始群居生活就已经有了，我们平时生活中说得最多的就是"多一个朋友多条路"，"在家靠父母，出门靠朋友"，等等。这些就是对人脉资源的有意识利用。但利用和投资还是有不同的，利用是要有用才能被利用。所以我们每个人都认识很多人，但真正能对自己有帮助的其实不多。但资产就不一样了，这大大小小的每一个人脉整合起来，就是一个大的人脉资产。

　　张琳本来是个公司职员，生了儿子后就辞职专心在家照顾孩子，眼看孩子满了三岁上幼儿园后空闲的时间一大把，周围的太太们就找张琳来凑"搭子"。女人们在一起谈的不是服饰化妆就是吃喝玩乐，不满30岁的张琳身材不错而且喜欢把自己打扮得漂漂亮亮的，所以在麻圈里面，张琳是一个颇有影响力的人，凡是张琳说好的品牌肯定能受到太太们的推崇，凡是张琳介绍的化妆品太太们也乐意掏钱。渐渐地，张琳发现了自己的这个优势，正巧有朋友推荐她参加一个化妆品直销公司，张琳就乐得一边打麻将一边做生意了。

　　一个晚上的麻将打下来，一个个漂亮的女人都被打回原形，脸色黄黄的，黑眼圈一双，但是张琳就是有本事在第二天早晨就精神抖擞地继续组织晚上的牌局，而且照样肤色可人。太太们一边打牌一边讨教张琳的秘诀，张琳就趁机把自己用的品牌一一介绍给太太们，从洗面奶、护肤乳液、彩妆，等等，女人消费有一个致命的弱点——盲从，而张琳的确适合这一行当，凡是买了她的产品的搭子，只要一坐上台子，张琳就夸她气色好，太太们自然非常开心。

　　时间长了，一些太太们就把张琳介绍到自己的圈子里面打麻将。圈子里面的太太都喜欢这个漂亮、会说话、牌打得不好的女人，虽然在麻将桌上输一点现金，但张琳的业绩越来越好，发展的下线也越来越多，现在通过下线张琳每月也能得到一笔稳定的收入。

　　除了美容品直销外，张琳还参加了一个保健品的直销。

　　现在一周四天麻将中，只要没有新太太出现，她最多打两场，但凡有一个从来没有光顾的新人出现，张琳会马上出现作陪，因为张琳知道，一个新太太就会给她带来一批新的太太麻将圈子，这完全是新的业务发展地。

　　经过张琳的仔细测算，她现在的美容业绩一个月在10万左右，提成是1.5万左右；保健品的业绩更加可观，在15万左右，因为牌友太太们拉上了她们的先生还有自家的老人给张琳来捧场，于是张琳借了一个门面自己做，目前已经发展成为代理级的，所以佣金更加丰厚，去除店面费用外，张琳每月的净收入在3万左右。由于张琳现在已经脱离太太的麻圈，和太太的先生们成为搭子了。这些在单位多多少少都有些花头的先生们信任张琳，凡是单位要发福利，总会第一时间让张琳做生意，而且经过这些先生的引见，单位们的小姑娘都成为张琳的客户。如今张琳又开了一个分店，保健品代理商的等级也增加了一级。

"人脉理财法"并不适合急欲一步登天的人，人与人之间的关系是一种长期投资，要"细火慢炖"，谁也算不准它在何时才会开花结果，甚至要有一定的心理准备，不一定有职位、薪资等实质性的回馈。

想要了解人脉投资，应该注意下面几点。

1. 回报的方式多样化

人脉投资的回馈是以各种形式展现在你的生涯中。"结识优秀的人！"就像专家所说的，听他们讲话都有收获！当你面对人生关卡、遭遇困境之际，往往能从好的人脉那儿得到指引和帮助，他们或许无法在事业上给予直接帮助（通常若你值得信任，他们必会拔刀相助），但有时一句话就让你受益无穷。

2. 真心才是有效的方法

而最会经营人脉者都不约而同地透露：与人结交，真心为贵。美国知名企业家与激发潜能大师博恩崔西指导学员销售成功术时，最常挂在嘴边的就是"真诚地关怀你的顾客"。他说："你越关怀你的顾客，他们就越有兴趣跟你做生意，一旦客户认定你是真心关怀他的处境，不论销售的细节或竞争者如何，他都会向你购买。"做成生意只是结果，博恩崔西教导的重点是以真诚赢得人心。

3. 利益之心应避之

试想，当你满脑子利益取向时，与人相交就显得虚情假意，很难赢得真情实意。但人脉之所以有用，是对方真心认同你，珍惜这份情谊，才会在适当的时候助你一臂之力。相对于点滴累积的"节流法"，人脉理财属于"开源法"，助你事业上处处逢源，也能帮你结交值得的人生缘分。懂得人脉理财者，有形与无形的人生财富将由你掌握。

第六章　经营有道，有胆识的女人更会赚钱

善于经营的女人才会赚大钱，从事一定的活动，经过自己的劳动，让自己的劳动变现成钱，这也是一种非常好的赚钱方式。要知道，女人是有着巨大的赚钱能量的，她们的直觉，她们的潜能，她们能够从小处着手，慢慢找到财富之门。

以事业为支点，寻求真正的独立

女人赖以寻求独立的事业可大可小，它甚至可以是一门学有专精的技艺，一个小小的店铺，只要能为你赚来维持生存的钞票，它就是你人生里最牢靠的支撑。我们工作的意义不仅仅在于薪水的回报，它还可以使你保持独立的个性、宽容的胸怀和美好的气质。

随着经济的发展、物质的极大丰富，"全职太太"一词开始在都市里悄然冒出。她们的工作地点在家庭和超市之间，工作的重心就是打理老公的生活和教养孩子成长。这种现象既回归了传统又符合世界潮流，于是一些女人就安心从上司的脸色与职场的竞争中退出，顺理成章地躲在家庭的小窝里。

不必提欧美的国家与日、韩怎样，各国有各国的国情，对于目前大多数的中国女子，感情与事业都是不可替代的。两个人一起努力，日子尚捉襟见肘的家庭，做妻子的固然必须承担起生活的责任。即便你遇到的是一位成功男士，衣食无忧，面对将来全职太太式的生活也要慎重选择。女人工作的意义不仅仅在于薪水的回报，它还可以使你保持独立的个性、宽容的胸怀和优雅的气质。

有很多恋爱结婚之前人品才学都很出色的女性，却被看起来十分美满的家庭生活钝化了。在放弃了自己的职位、自己的爱好和朋友圈子之后，她们

变成了不再有自我主见的平凡女子，与丈夫之间的差距越来越大。男人们在一开始或者还有享受家里随时有热汤热水恭候的生活，感激太太做出的牺牲。但时间一长，男人也有烦的时候，也有累的时候，这时他就会完全忘记了妻子是为了什么、为了谁才走到这一步的，他们会以外面风风火火的女同事为标尺抱怨自己的生活："我并不需要一个只会撒娇、等待报偿的女人，我真正需要的是一位助手、一位伙伴。"

靠老公过日子，老公也就成了老板。碰到好点的，多给点钱花花。差点的，说不定就管你三餐饭，买菜还要拿发票向他报销，才不把你家庭妇女当回事。家务是做不完的，洗衣、做饭、收拾屋子周而复始，很多男人才不承认家务的价值，他想你成天在家里什么也不做还有什么不满意？

有这样一对夫妻，丈夫一个人承担所有的经济负担，妻子负责处理家务。做妻子的，即使只是买一双新鞋子，都得听一遍丈夫的"两只脚"演说：

"你就有两只脚，为什么需要这么多鞋？我有凉鞋、运动鞋和两三双工作鞋，为什么你却需要这么多鞋？你看到我穿的这些鞋没有？在过去两年里我每天都穿着这些鞋。我不明白为什么你需要这么多鞋？"

如果她在工作，他还会向她发表这种演说吗？可能性不大。即使只在哪个小店里做一个服务员，他可能也不会多说一句话。她可以穿新鞋子，炫耀她的饰品，而不必向任何人做任何解释。

支付所有账单的男人不但会告诉你应该拥有什么，而且最终他会开始告诉你应该喜欢什么和不喜欢什么。他不会征求你的意见，而是告诉你：你的意见应该是什么。他们不认为你还应该有自己的想法和喜好。

美国的华裔作家陈燕妮，在出了《遭遇美国》等畅销书后，创办了《美洲文汇周刊》，自己担任总裁，事业上可谓成功。美国有很多全职太太，她们的生活全部围绕着家庭，相对简单而少有压力。她们的生活经常为国内的白领们称道，认为结婚的女人原本就该这样。没有了生活负担的陈燕妮，有没有想过这样简单的生活呢？

"没有，从来没有。"陈燕妮坚决地摇头，"我无法想象向别人伸手要生活

会赚钱的女人最有魅力

费。我曾经因为工作的转换而在家待了几个月，那段时间太可怕了。除了老公以外，精神没有任何依托，整天在家无所事事。到后来看老公都有点儿小心翼翼的。现在想想挺可笑。美国的报刊竞争很激烈，我做的事情等于是在和美国的男人们抢饭碗，但我宁愿在社会上拼搏，争夺自己的天空，也不愿整天在家洗洗涮涮，开无聊的聚会，等老公回家。"

陈燕妮怎么看待优雅女人呢？

"我认为优雅的女人首先应该知道自己是谁。其次她应该是个成功的女人。试想一个身着高贵的晚礼服的女人，在宴会上可能做出各种优雅的姿态，可一转身，她却向身后的男人要生活费，你还会觉得她优雅吗？有了成功事业的女人，才会有充足的自信体现优雅。"

如今的职业女性，家庭事业两头忙，放下吸尘器，又抄起了公文包，可是一个人的价值，恰恰是在这种忙碌中得到了充分的体现。当你累了的时候，还是多想想自己快乐的一面吧！做职业女性，又有独立自信的好感觉，又有加薪晋级的新希望，它们会使你永远都保持着生机勃勃的最佳状态。使女人变老的主要原因不是来来去去地奔忙，而是日渐消沉和懈怠。

如果说女人拥有什么样的感情生活，还有一些运气的成分，工作中个人努力的印记却是显而易见的。虽然每个职业女性都会有许多工作上的烦恼，但工作依然是最值得我们付出的事情之一。经济上的独立还是其一，一份小小的事业就是女人信心的基础，它可以让你更自然、更平等地与这个世界对话，为你增添一种从容洒脱的个性魅力。

丈夫可靠不如工作可靠，当我们的生活中有了些变故的时候，一份小小的事业，即使成不了依靠，也是一种寄托。即便你的爱人一辈子全心全意，它也是你的根据地，是你们分庭抗礼或比翼双飞的基础。

女人赖以寻求独立的事业可大可小，它甚至可以是一门学有专精的技艺，一个小小的店铺，只要能为你赚来维持生存的钞票，它就是你人生里最牢靠的支撑。就是那些真正有钱的太太们，在远离了需要身体力行的工作之后，在家庭里的权威感、在丈夫事业与朋友圈子里的渗透力与影响力，也可以算作是她们的"事业"。一句话，女人们在选择自己拥有什么和放弃了什么的时候要绝对清醒，千万不要懵懵懂懂地过日子。

理财，更要抓住商机

孙颖，如她的名字一样聪颖能干。2004年她下岗后，在淘宝网开了个小店叫"颖颖杂货铺"，卖一些手机电池等杂货。有人看她天天在电脑前折腾，好奇地问她这样赚得到钱吗？孙颖咬着牙说——赚！其实，那时一没特色二没经验的杂货铺亏得厉害。

亏了钱的孙颖开始反思。一天，无意间，她看到一个大卖家在向别人订购空的牛奶纸箱。要空的牛奶箱子干吗？她百思不得其解，忍不住去问那个卖箱子的人。那人告诉她："别人买箱子用来包装货品。"

孙颖顿悟，她从中看到了商机。在费尽脑筋为买家提供产品的时候，为什么不反过来考虑网上数十万卖家的需求，为他们提供产品和服务呢？嗅觉敏感的她认为这将是一个极好的商机。

然而，与纸箱厂联系时，孙颖却碰了一鼻子灰。谈了整整一个星期，孙颖好说歹说，纸箱厂才勉强让步，但要求她订的第一批货不得低于1万元。

对于经营不善的杂货铺来说，花1万元去订下一批不知卖得出卖不出的纸箱还是有点困难的。换一个人，也许就此放下了这个念头。然而，善于抓住商机的孙颖考虑，放手一搏，总有成功的机会。孙颖相信自己的眼光，咬咬牙拍板订货。

纸箱一上架，杂货铺正式更名为"颖颖纸箱铺"。孙颖的经营方向转到了为卖家服务上。

她仔细研究了网络的销售方式后，又大力宣传，在网络这一主要靠口碑、人气宣传的特殊平台下，起到了良好的效果。受够了邮局包装箱漫天要价之苦的卖家们看到规格如此齐全、价格如此合理的纸箱铺，纷纷前来光顾，使得"颖颖纸箱铺"的交易量一路狂飙。

如何发现、抓住商机呢？只要你的嗅觉足够敏锐就不难发现，商机不外

会赚钱的女人最有魅力

乎以下几种：

（1）短缺商机

物以稀为贵，短缺就是一种商机，空气不短缺，可在高原或在密封空间里，空气也会是商机。

（2）时间差商机

远水解不了近渴，这其中存在时间差，就存在着商机。

（3）价格与成本商机

水往低处流，"货"往高价卖。在满足需求的基础上，低价替代物的出现也是商机，如国货或国产软件。

（4）方便性商机

人的本性都是懒惰的。花钱买个方便，所以"超市"与"便利店"并存。手机比电话贵，可方便，卖手机便是好的商机，可见提供方便也是商机。

（5）开发新用途，发现商机

一旦司空见惯的东西出现了新用途定是身价大增，口罩能防"非典"，醋能消毒，从而这些常见的商品也开始涨价。

（6）中间性商机

人们总是急功近利，盯住最终端利益，不择手段。比如挖金矿时，不会计较"水"的价格，结果金子没挖着，肥了卖水人。

（7）关联性商机

一荣俱荣，一损俱损，由需求的互补性、继承性、选择性。可以看到地区间、行业间、商品间的关联商机情况。

（8）回归性商机

人们在追随时尚一段时期之后，过去的东西又成为"短缺"物，回归心理必然出现。至于多久才能回归，就要看商家看准时机的眼光了。

（9）灾难性商机

由重大的突发危机事件引起的商机。

看来，嗅觉灵敏，善于抓住商机的女性就能紧紧握住财富，其实，每天都有很多的商机出现在你眼前，如果你有敏锐的嗅觉，就能够及时地抓住它，为你自己赚得财富。

靠知识赚钱，轻松做女人

知识的积累成就智慧，创意是智慧的闪光。靠知识赚钱绝不只是一句鼓舞人心的口号，不管你的所学、所长是什么，只要能细心地留意身边的机会，知识的优势是不难展现出来的。

当一些社会学家和教育界人士强调知识的重要性、指出知识的价值的时候，有些女人或者还会心存疑虑，以为这只是一些美好的空话。对于"知识"与"金钱"之间的链接途径，她们并不是特别的信服。

其实在现代社会，靠知识赚钱已经是各界人士的共识。也许有的人可以趁混乱得利、靠运气赚钱，但这只能得一时之利，向财富迈进的道路是一场长远的马拉松比赛，实力不够的人，很快就要被淘汰。我们最终还是要靠素质取胜，即使是"在商言商"的商人们，追求的也还是以智慧创造价值。

美国商人卡塞尔具备最有创意的头脑。1990年，卡塞尔以德国政府顾问的身份主持拆除柏林墙。这一次，他使柏林墙的每一块砖都以收藏品的形式进入世界两百多万个家庭和公司，创造了城墙砖售价的世界之最。

新世纪到来的那一天，卡塞尔应休斯敦大学校长曼海姆的邀请，回母校做创业方面的演讲。在这次演讲会上，一个学生当众向他提了这么一个问题："卡塞尔先生，您能在我单腿站立的时间里，把您创业的精髓告诉我吗？"那位学生正准备抬起一只脚，卡塞尔就已答复完毕："生意场上，无论买卖大小，出卖的都是智慧。"

知识的积累成就智慧，创意是智慧的闪光。如果你能像卡塞尔一样，将人文历史知识和商业化的敏锐头脑相结合，也能把自己面前的"柏林墙"挖掘出最大的价值来。知识是死的，而人是活的，关键在你如何整合自己的知识体系。一些著名的企业家认为，进入知识经济时代，不能笼统地说要重视知识，其中的重点一是多学强势知识，少学弱势知识；二是将知识卖个好价钱。我们大家都熟悉的名人靳羽西，在如何利用知识，把知识转化为价值的道路上，已经给女人树立了一个里程碑。

靳羽西代表着成功的女性，以电视主持人、制作人和成功的商界奇才而闻名各国。

出生在香港的靳羽西在美国成名。在美国，她曾经亲自制作、主持《看东方》系列节目，架起了一座美国与中国文化交流的桥梁，她的名字也随之走进了亿万中国人和美国人的心中，她的电视特别节目《中国的墙与桥》获得最高荣誉奖"艾美奖"，西方传媒称之为"当代的马可·波罗"。

在美国，靳羽西曾制作过电视系列片《怎样在亚洲做生意》，她在节目中介绍了日本、中国香港、中国台湾和韩国等亚洲经济发达地区的经济环境、社会传统、商业惯例等情况，总结了美国企业在这些地方经营的成功经验和失败教训。很快，靳羽西成为美国商界的向导和指南。这套电视片和她编辑的《指南》杂志，被美国一些商学院、研究机构和大公司指定为研究亚洲经济的必读教材。

有一次，靳羽西来到中国，当时的一位政府官员在接见她时曾问她："你为什么不制作一部《如何在中国做生意》的电视片？"

靳羽西回答说："我要用我自己到中国做生意的亲身经历做活广告。"

很快，靳羽西投资500万美元，在中国开办羽西化妆品有限公司，靳羽西任董事长。

化妆品和香水研制成功后，靳羽西专门聘请了最知名的化妆品和香水装潢设计专家为她的化妆品系列做包装设计。《纽约时报》载文称靳羽西在建造一个"化妆品的帝国"。

靳羽西出生在香港而工作生活在美国，这就为她深切地了解中西方文化的异同奠定了坚实的基础。但光有认识是不够的，如果不把这种认识转化为成果，靳羽西也无法从默默无闻的人群里脱颖而出。她的精彩之笔在于，将自己的见识以电视片和纸介质的形式记录下来，成为看得见、摸得着的实际成就。然后她以势取利，携带着自己的名气与影响力投身商界，比起别人需要花费大量人力物力才能攀登到的高度，靳羽西如同直接攻城略地的空降兵一般，赢得干净漂亮。

以知识赚钱绝不只是一句鼓舞人心的口号，不管你的所学、所长是什么，只要能细心地留意身边的机会，知识的优势是不难体现出来的。

侨居在日本名古屋的韩国人李敏淑女士，早年曾服务于韩国的纺织业，有实际的生产和管理经验，到日本后，她依然非常关心本行业的发展趋势。有一天，她接到从德国寄来的商品目录，其中有一种新开发上市的新型羊毛纺织机器。对于新机器她比别人内行，直觉告诉她这是一个良机。李敏淑立即开始行动，详细调查了日本的羊毛纺织工厂，了解到应用这种新机器，生产成本大约可降低 2/3，而且生产效率可以成倍增长。于是她带着这项新产品的目录和经营纺织工厂的新构想，去找住在日本的一位韩裔富翁林先生。林先生对纺织业本来是一窍不通，但听了李敏淑的企划和说明之后，也感到这是一个不错的主意。他立即同意开一家纺织工厂，从德国进口四部机器，并请李敏淑来当总经理。

在这个世界上，我们每个人都学有所长，但只有极少数的人，能把自己的优势经营成胜势。这是因为他们开放自己的耳目，把所见所闻，都与自己的知识背景链接起来，把零散的知识变为有意义的学问，使它成为财富的源泉。

最后要向女性朋友加以说明的一点是，在当今社会，提到以知识赚钱，大家映入脑海里的印象首先是那些给当事人带来了天文数字财富的专利，或者是以新科技为主打的小公司上市后翻了数番的市值。这些财富故事，听起来固然令人激动，但是我们以为，对于要赚钱、要创业的女人，还是从整合知识、传播知识、借助外力发掘出自己的知识的价值入手更为切实可行，以知识赚钱的计划，绝不能过于虚无缥缈。

直觉是女人赚钱的特殊优势

在生活中你或许会有这样的经验：在与某人接触时，并不是明确地在想：

"我来看看他是怎样一个人"、"我要观察一下他的言行"等，而完全是不知不觉的，在自己也没有意识到的情况下，便由内心对某人作出了判断。可以说，女性凭直觉识别人与事的本领是非常卓越的，有时候，女性对人毫无根据地说不出所以然的判断，却往往被证明是正确的。

从某种意义上来说，以赚钱为目的的商业活动，也带有一定程度的冒险，考验的就是人们的判断能力。除了理智的分析和广博的学识之外，在紧要关头，直觉往往能够成为一匹"黑马"，帮助你化险为夷，取得财富。许多取得了成功经验的大富豪，都坚信直觉的力量。石油大亨保罗·盖帝在直觉方面就拥有超越常人的敏感力，有人形容："他拥有无比的个人能力，有惊人的远见，更有强大的心灵力量。"正是在这种超常直觉的指引下，他在中东地区嗅到了财富的气息。在某地一滴油也没有挖出来，其他投资人相继撤出的情况下，保罗依然坚信这个地方有石油，发现它们只是一个时间问题。他的坚定得到了回报，1953年，中东地区发现了大量石油。

世界上靠直觉给自己带来巨大利润的人不在少数，已足以引起人们的重视。普遍来说，女人在理性分析、胆识与魄力方面与男性相比都处于弱势，而在直觉的敏感程度上，她们可以直接向那些大富豪们看齐。事实上，许多起点很低、其他优势也不明显的女性，已经听从直觉的召唤并且获得了成功。

化妆品行业每年能获取上亿元的利润，而这个行业中的主导企业坚守的法则，就是在营销和广告上花费巨资，说服女性购买自己的产品，使她们坚信购买自己的产品能帮助这些女性战胜岁月的印记。这个行业的主导大牌企业主要有香奈尔、露华浓、欧莱雅、倩碧等，它们都花费巨资来努力保住自己的市场份额。

你也许会想，与这些品牌大鳄竞争并得胜，在没有强大资金支持的情况下是不可能的，但有一个澳大利亚女孩却没有被这种客观的分析吓倒。

20世纪90年代初，在植物繁茂的墨尔本郊外，23岁的娜塔丽·布鲁姆刚刚修完她平面设计的学位。她自称是"女孩中的女孩"。就像很多处于20岁阶段的女性一样，她对时尚和装扮十分钟情，并有一定的鉴别能力。她如痴如醉地和伙伴一起制作时尚的唇彩，而且只用天然的原料和营养成分，并尝试使用不同的材质和香味。

娜塔丽身上体观出了许多同龄年轻人所共有的特点，天真而自信。就是这个特点促使她做出了一个大胆的决定：以化妆品为生。那时她刚从学校毕业，没有化妆品行业的从业经验，最根本的是——没有钱。但是她说："我认为在年轻阶段开创一番事业有很大优势——我可能会有一些天真，我不认为有做不到的事情！"

仅仅10年之后，娜塔丽的事业——布鲁姆化妆品牌，成了国际知名品牌。虽然只有30个员工，但布鲁姆的产品系列却被全世界数百万女性所认可。就像其他赤脚企业家一样，娜塔丽靠她独特的风格、善于交际的能力以及年轻的资本，从一开始就建立了一个与众不同的公司，并且在发展的过程中打破了很多由大公司制定和主导的传统规则。

今天，布鲁姆化妆品牌已经成为一个澳大利亚人成功的象征，它的创始人是一个热衷于化妆品并坚信女性喜爱优质美容产品的女孩。

按照一般的成功经验，要涉足化妆品行业，必须有在研发、设计、市场、资金等多方面的支持。这些条件娜塔丽一样也不具备，她只是凭一个时尚女孩的直觉，来判断女人究竟需要什么样的化妆品，然后就热忱十足地投入一个全新的领域。布鲁姆化妆品牌的成功，可以给女性朋友带来又一个新的启示。

可以这样说，女性凭直觉判断事物和分析事物，有时可达到十分精确的地步。当一桩事情纷纭复杂地呈现在人们面前而众说不一的时候，女性却往往能从人们通常所不去注意的角度入手，去展开自己的思路，进行着自己的判断与分析。这种一下子说不出多少道理的、独特的女性思维方法，有时却能独辟蹊径，收到意想不到的效果。所有女性都有这种灵敏的直觉，她们在处理事情时，也总是在自觉不自觉中运用着直觉心理。所以对你所坚信的事物，不必再心存疑虑，要知道很多令人羡慕的成功女性，都是在直觉的召唤下走出自己事业的第一步的。别害怕失败，在不断地尝试中取得的经验，会逐渐修补你在理性认识上的不足。

直觉能使女性显示出特有的识人之明和析事之智，使她们在分析事物、观察别人时，常具备一般男人所欠缺的洞察力和穿透力，这是一种心理优势。渴望赚钱的女性，最应该做的就是别把这种优势浪费了，你可以有意识地把自己的感觉贯穿于做生意或投资理财之中，捕捉每一个新的灵感。

敏锐的眼光让女人更容易成功

生活中，商机无处不在。许多白手起家的创业者，往往就是因为抓住了一个稍纵即逝的时机，从此顺利地开始了自己的"掘金"生涯。四周观望的人，会羡慕他们的眼光好、身手快，却不知他们为了这次冲刺已经做好了充足的准备。一个人如果从来没有发财致富的念头，即使财富就在他跟前打转，他也会视而不见；而时刻都在寻找机会的人，远远地就能感受到金钱的气息。能赚钱的女人，头脑里必然有一种执著的商业意识，若将这种意识时时贯穿于行动当中，它就能成为生命的本能。财商教育的一个重要目标，便是要导引这种本能。

能致富的人，眼光通常比常人看得远。美国汽车大王亨利·福特有一次被别人问到，如果他失去了他的全部巨额财富的话，他将做些什么事情。他连一秒钟都没有犹豫，他说他会想出另一种人类的基本需求，并迎合这种需求，提供出比别人能够提供得更为便宜和更有质量的服务。他说他完全有把握、有信心在五年之内重新成为一个千万富翁。福特的话可以给我们一个全新的启示：真正的敏锐的眼光，是看在潮流之先。

未来是现在的延伸，未来是现在人所创造出来的，所以每一个人都可以通过现在看看大多数人在做什么，找出未来可能会有什么走向。

假如你能在20年前看得出个人电脑将会成为趋势，你现在就是世界亿万富翁了。

当时你没有看出来，但是比尔·盖茨看出来了，所以他是世界级富翁，而你不是。

我们不必要求每个平凡的女人都有前瞻性的思路、高瞻远瞩的眼光，但是只要你从身边的人和事出发，往前看一点点，就有可能获得了不起的成就。

1981年，马娅毕业于广州医学院，在广东省人民医院任中医妇科医生。

马娅那时是一名妇产科医生，她在工作中发现妇女皮肤上的病几乎都与气血有关，通过调气血、阴阳就可以改善。"其实这只不过是中医的基础知识，没有普及，一般人就觉得很深奥。"她隐隐地感觉到了自己的人生方向，并且越来越清晰和明确，那就是美容业。于是，当中国人还不知道美容为何物的时候，她就创办了中国第一家美容美发学校，从此正式涉足美容业。现在的马娅可以算做是中国美容美发业第一人，被誉为"引领中国美丽事业的美丽女人"。

因为马娅看到了美容业是未来的潮流，所以她成功了，从此世上少了一个普通的妇产科医生，诞生了一个美容美发业的教母级人物。对每个立志赚钱的女人来说，用心接触社会、了解社会，才能培养起敏锐的眼光。

或者你也有以下的经验：自认为非常投入社会，但是有一天走在街上，你惊觉迎面而来的人都穿上某种你认为是古怪的衣服，或者走上茶楼，听到某句你硬是不明白的口头语，或者在公司里发觉有人玩某种你不懂的玩意儿。

以上的情况都像是"突然间"流行起来，而且有蔓延的趋势，一时间人人都为之着迷，争相仿效。其实这是社会趋势的一个模式，开始时，一般人不易察觉，但触觉敏锐的人则能从中窥见趋势。社会上的每项转变，表面上看起来，似乎与你无关，但实则却与你息息相关，绝对不容忽视。

中国香港富华国际集团总裁陈丽华指出，精明的商人只有嗅觉敏锐才能将商业情报作用发挥到极致，那种感觉迟钝、闭门造车的公司老板常常会无所作为。

她说："预谋制胜兵法在今天使用起来应该更为容易和方便，因为现代科技使得信息的传达非常迅速，人们能够很快地掌握最新的事件和新闻，所以，采取预谋制胜把握更大。"

敏锐的眼光，在时间上表现为前瞻性，与潮流"合谋"，在潮流中获益。

但仅此一点还不完全，要想靠头脑和眼光获得成功，除打好时间差之外，还要注重不同地域的沟通联合。

小文是山东一家中学的外语教师，一天，她偶然在报上看到一篇介绍中国留学生在法国留学生活的文章，中间提了一句，第一次见房东老太太时给了她一条抽纱桌布，老太太爱不释手，并把这条美丽的桌布展示给每一位拜访的客人看，在她的朋友圈中引起了轰动，结果许多人都托这位留学生回国买抽纱产品。山东正是出产抽纱的地方，小文看了文章后灵感迸发，立刻给一位在法国的朋友打电话，委托这位朋友寻找市场，自己在国内挂靠了一家有出口权的公司，联系了一批工艺精良的抽纱厂家，就这样做起了抽纱出口生意，当年就赚了上百万。

人们总是关注远方而忽视脚下。他们总是抱怨命运不公，没有予以他们获取财富的机会，殊不知，财富其实刚刚从他们身边溜走。每一个想拥有财富的人必须对财富有着敏锐的触角，对财富敏感的最大表现便是具有洞察财富的能力，能快速感知外界的变化，尤其善于捕捉每一丝商机。

我们身边的事物每时每刻都在发生着变化，每一天都会有新的机遇产生，有的人目光敏锐，一下子就找到了自己的位置，投身于创造财富的事业中去；有的人却来去匆匆，机会来到面前也熟视无睹。发现机遇最紧要的是头脑的训练和素质的提升，如果你一时还无从入手，也不要着急，复制他人的成功模式，也是一个可行的办法。这样虽然在这个世界中你不是第一个吃螃蟹的人，但是，在一个有限的范围内你又是第一人，因为世界无限大，而你生活的圈子却不太大，或者说，你只需要在一定的范围内成功就可以了。

仔细研究一下那些聪敏的富人，你会发现他们的快速成功不是靠自己的发明，他们总是要先去看看有什么样的行业已经成功了，已经开始赚钱了，然后把他的模式复制过来。如此，你也就赚钱了。这样做的大有人在。英国一家外贸公司的老板，出差到美国发现了很赚钱的星巴克咖啡屋。回到英国后，就开了星巴克咖啡屋在英国的连锁店，随后就火暴起来。

总结眼光与成功之间的关系，我们可以得到如下的体会：一流的财富感觉，是要往前看，往远看，在别人还在做着发财梦的时候，你已经就地掘出了一桶金。而自己觉得阅历不够、火候不足的女性朋友，可以把目光的焦点放在他人的成功模式上，复制别人的方法，赚自己的钱。

女人不要嫁错郎，更不能入错行

"男怕入错行，女怕嫁错郎"是一句流传了千百年的老话。在女人的衣食都需要男人供给的年代，她们只能通过选一个好丈夫来维系自己的幸福。今天的女人面临的环境却更为复杂，她们左手抓感情，右手抓事业，哪一面都不能松懈了。是不是能选对了行业，关系到女人一生的生活水准，如果说嫁错郎还有些"造化弄人"的不可测因素，入错行只能检讨自己把握全局的能力了。

生活中有很多女人，因为认识不到自己的长处，所以在择业的过程中走了不少劳而无功的弯路。

我们在学校或者在工作岗位上被灌输的游戏规则是：克服不了缺点的人将被挡在成功的大门外，每个人需要寻找不足、分析不足、弥补不足，然而这样做并非什么时候都是正确的。因为这会使你仅仅为了补做一些你以前做不了的事而浪费大量的精力。

能在企业正规化的过程中添加点浪漫，在余立新看来，是完全可以的，而且，余立新也这样做了。

余立新用一个女人特有的方式在管理着她的公司，取得了属于自己的成功。

比起男性的管理者，余立新的企业多了几许温情和浪漫，在这种独特的经营理念下，沐泽电脑成了最大的赢家。高科技和规范化管理并不是说要淹没个人的色彩，只有运用得当，带有明显女性特征的温馨亲切，反而会一枝独秀，吸引人气，聚拢财源。

要赚钱首先要有好心态，温情和亲和力是女人赚钱的法宝。因为这样的人，心情很放松，人际关系都不会差。焦虑不安和太过严肃的人肯定赚钱难，做事应认真，但不能太过严肃，你太过严肃了，金钱也不喜欢，金钱喜欢天天对它笑的人，女人就应该温柔美丽！到新东方上过课的人都知道，他们除了认真帮你培训托福等英语课程外，还天天逗你笑，这样的地方人们哪有不喜欢的，他们哪有不赚钱的道理。如果也像其他正规中学和大学那样上课，人可能也会早跑光了。你如果要去经商创业，就一定会有失策，会出现错误和遇到各种困难，你不应为之茶饭不思，夜不成眠，患得患失。在经商致富的过程中，应该充满兴趣和欢乐，认为这是个苦差使，内心深处压力很大，焦虑不安的人，大都不会发财。

阴沉孤僻，是内心的病症。没有幽默的态度，不懂得自嘲，心情永远打着死结，拥堵于胸，一生得不到快乐。女人能吸引财富的性格，在于精神愉快、心胸开阔，并把这种温暖和爱心带到事业之中，举重若轻地推动事业的发展。

会"推销"自己的女人有财气

女人要生活、要奋斗，主要靠自己的信心和由这种信心而产生的热情，而在实际生活中，一些女人的低姿态已成了习惯，于是言谈举止都带着谦卑的烙印。我们不是说谦逊已不合时宜，但应该注意的是，在不了解你实力的人眼里，过分谦逊，使你永远都像一个无足轻重的小人物。女人更需要众多的支持者与合作伙伴，先决条件是你必须是一个积极能干、斗志昂扬的人。

当你向一个还不熟悉、还不了解你的人介绍自己的时候，不要刻意把自己说得很低，不要过于谦虚。你可以适当地夸张一下，强调你成功的事情，表现你的能力和优势，这样对方会感到认识你是一种荣幸，愿意与你交往。如果你把自己讲得一无是处，讲遇到的困难，讲目前还存在的问题，对方会感到失望，对你也没有太大的兴趣了。

今世广告公司总经理崔涛，她的成功理念和生活价值可以说是与众不同的。

这个花一样艳丽的女子，从来都穿最鲜艳、最纯正的颜色。有时她一身鲜红套裙，长发披肩，头顶墨镜，十分抢眼；或者一身亮黄色带腰带长毛衣，黑色超短皮裙，黑色长筒皮靴，马尾发高高束在头顶，面色红润，笑容灿烂，艳丽得如冬日里射进房间的一束阳光。工作中的崔涛，个性张扬，胆大自信，工作起来雷厉风行，爽快得就像秋天的气候。

崔涛闯入广告业仅有 6 年，就空手夺宝，将今世公司发展成为一个年广告代理额达数亿元的大型广告公司，连续几年拥有中央电视台综合播出频道的独家广告代理权。

崔涛是从拉广告开始自己的广告人生涯的。"广告公司拉广告是帮助企业赚钱，企业宣传好了赚的是大钱，广告公司赚的只是小钱。"崔涛和人谈广告，从来都是理直气壮，不卑不亢，让客户感到与广告公司合作，会有效果，可以带来收益。

"做广告是要帮助厂商把商品卖出去，这里面很有学问，得站在客户角度、站在消费者的立场上多想问题，多了解情况。这才能帮助企业设计出切实可行的广告方案。有些广告人，什么都不问，什么都不想，开口就是广告，怎能不让人给轰出来呢？"崔涛几乎不喘气地说道。"我之所以不需要求人，是因为我很自信，我们有这个实力，可以做好这个案子，能帮企业赚钱。"崔涛有理由自信。这几年和今世公司合作过的客户，许多都兴旺起来，最典型的是双汇火腿的广告，在中央电视台播出后，双汇的年销售额从 5000 万元一下跃升至 2 亿元。和今世合作 6 年，双汇现在已成为年产值达 40 亿元、利润达 24 亿元的全国食品加工龙头企业。

世上赚钱的方法很多，但只有赚在"双赢"的基础上，才是长久的赚钱之道。这里面没有施主，也没有乞丐，既然我们是以实力说话，就要大大方方地展现自己的风采。虽然女人以含蓄为美，可含蓄到让人质疑你的能力的时候，就是彻头彻尾的失败了。

请重重地甩掉这种心态吧！做人固然不能自大、自傲，但是，也不必把头垂得太低来表现自己的"谦虚"，尤其面临关键时刻，如果你珍惜自己，就

会赚钱的女人最有魅力

应当坦诚且积极地为自己争取每一个出人头地的机会。

为自己争取机会，只是自我推销的第一步，如何以目前的成绩为基础，让成绩倍数上升，这才是"自我推销"的最高目的。在这一点上，中国台湾作家琼瑶可说是个高手。

琼瑶的小说唯美浪漫，文辞优美，20 世纪五六十年代便已经风靡台湾了，每个心中有梦的女孩，几乎都看过琼瑶的爱情小说。后来，琼瑶将作品搬上银幕，拍成电影，再次把自己推向人群，读者更成倍数增长，奠定了琼瑶在文坛的不败地位。

随着观众口味的转变，琼瑶虽然曾经沉寂了一段时间，但是，拥有精准嗅觉的琼瑶，转而把自己的作品往电视剧方向发展，果真又再次掀起一阵"琼瑶旋风"，从前的著作也跟着再度热卖起来，琼瑶的声势更因此得以二十多年来盛而不衰。随着琼瑶一波波的造势活动，让她的作品本本畅销兼长卖，为"皇冠"赚进大把大把的银子。

机会不会自动找到你，你必须不断又醒目地亮出你自己的优势，让别人发现你，进而才能赏识和信任你，因此，你必须勇于尝试，一次次地去叩响机会的大门，总有一扇会为你打开。

激发自己的潜力，做独一无二的女人

由于害怕改变，害怕因改变而带来的波动，所以一些女人总是选择安于现状。面对不幸，她们只顾抱怨命运的坎坷，却从没想过自己可以做什么。然后，惯性所致，生活中每个岔口，她们都自觉不自觉地选择了穷困和不幸，并把它当做命运里的必然结果。

人到世上本来就是很偶然的事情，你根本就没什么挑选的余地，生在哪里，生在何时，父母是谁，都是无法事先预定的，只能接受和适应。可生命就这一回，既不能"调换"，也无法"退赔"，要不要都是它。因而，一个人不论是否"逢时"，不论遇到什么磨难，都应积极进取，好好生活。

很多年前，在美国有一个贫困的小女孩。

她 8 岁那年，随母亲迁居到了堪萨斯城，母亲让她在修道院里干活。为了维持生计，她每天要打扫 14 间屋子，给 25 个孩子做菜、洗盘子，此外，她还要为她们脱衣服、伺候她们上床睡觉。

这位郁郁寡欢、穷得连一件新衣服也买不起的女孩是谁呢？她叫露西尔·莱休，你从来没有听说过吧？这是她的真名，实际上她就是妇孺皆知的好莱坞明星琼·克劳馥。

在修道院工作了 6 年后，她决心去接受更多的教育，于是就到密苏里州的斯蒂芬女子学校注了册，但是她手中一分钱也没有，她穿的是别人不要的旧衣服，她在学校餐厅做侍者免掉了食宿费用。当时，她最大的愿望就是当一个舞女。所以，当一个露天剧团愿意给她一星期 20 美元的报酬，让她去跳舞时，她毫不犹豫地接受了。她觉得自己的双脚已经迈到了天堂的门口。然而，两个星期后，这个剧团倒闭了，连给她发薪水的钱都没有了。她被困在了异乡。

这样的挫折依然没有摧毁她走上舞台的决心。她在一家小酒馆里找到了一份跳舞的工作，后来又到纽约当过歌女。一位替米高梅公司物色演员的人发现了她，于是建议她去电影公司试试镜头。

那时候，她离明星还非常遥远，她只能演演配角或当临时演员。当时的琼·克劳馥和现在大不一样，她是一个胖女孩，一头卷曲的头发掩盖着她的羞涩。后来有一天，她终于明白要想在好莱坞站稳脚跟，就必须有突破，就在那天晚上，她变成了另外一个人。

她开始安下心来，研究法文、英文和练习唱歌，并且开始减肥。她非常敬业，有一次，她在一部影片中跳一种土风舞，不小心扭伤了踝关节，为了不让导演取消她的角色，她让医生包扎了一下，然后坚持演下去。就这样，她的报酬慢慢地多起来。

对于自己的经历，连琼·克劳馥自己都感到很惊奇，她出身贫寒，但如今她不仅可以买下任何金钱能够买到的东西，而且无论她走到哪里，都有成群结队的崇拜者追随着她。她以前并不美丽，可后来她成了银幕上最美丽的

会赚钱的女人最有魅力

230

明星之一。

人生不是命运注定的，而是自己选择的结果。总把贫苦归咎于命运的女人，总是以"我也没什么办法"为借口，所以她们永远无法清除不幸的种种因素，从而日复一日地重复着不幸的生活模式。相反地，聪明的女人懂得命运不应该被圈在一个框子里，只要自己站起来往前走，就没有什么是不可以改变的。

自强、自立是心灵最有力的支点。世界上许多身处黑暗的人，磕磕绊绊，最终走向了成功，而另外一些人往往因眼前的光明迷失了前进的方向，终生与成功无缘。

如果你随波逐流，被动地接受命运的安排，而缺乏抗争不幸的勇气，那么你终将一事无成。

环境和条件不过是整幅生活图画的一个部分，对你起激发作用并决定你个人价值的还是来自内部的力量。如果拥有主动性、创造力、技能、信仰，你就可以克服令人难以置信的巨大障碍。但是，如果你不能正确认识自我，你取得成功的机会就会减少。在你感到不适应或注意力不集中的时候，你的判断就会动摇。你可能会分不清积极的风险与消极的风险，可能会缺少解决问题的决断力。即使你在技能上胜任某一角色，但如果你感到自己无能力、无责任心，你也发挥不出最佳状态。

很多女人常常不愿意像男人那样争取卓越的成就，她们害怕因此变得不像个女人。因此，"比男人优秀和有成就是可怕的"这种想法常常在女性心中出现，限制了她们的发展。

对此，著名女设计师蒋艳认为，女人不一定要做男人一样的"强人"，但一定要做生活中的强者。她认为："年轻的时候，我也算个'游手好闲'的人，家里要给我买计算机，我问我妈：'买计算机干吗？为赚钱？赚钱干吗？'现在年纪大了，责任感、紧迫感通通来了。我还是特别想做一个对社会有用的人，虽然很累，但对得起自己。事业的成功令我有成就感，因为我真是拿事业当做一件'事'去做，我力求成功。女人做事是不易，但我要说，真正妨碍女性发展的正是女性自身。"

　　想一想，如果是因为自己被眼前的条件所限制，甘于贫苦，就真的贫苦了一辈子，这是多么可怕的一件事。女人的潜力存在于自己的内心，坚信自己是可以创造好生活的女人，没有阳光也一样灿烂。

人生方向明确，金钱会聚更多

　　在这个世界上，每一天都有无数的女人在做着发财梦，探索着自己的成功之道。我们给你的忠告是：成功=核心目标。当你实现了自己赚钱的人生规划之后，你所渴望的事业、感情、精神上的一切追求也会随之跟进，达到一个新的高度。

　　如果你问任何一个女人说"你喜欢钱吗"？只要她不是特别的虚伪，大概都会得到肯定的回答。大家都不讨厌钱，而有些人偏偏得不到财富的青睐，是她没有所谓的"财运"吗？不，只要在心中保持赚钱的热望，不管遇到什么障碍都不言放弃，财富离你就不会遥远。西方有一句名言：你可以实现自己的一切愿望，只要你的愿望足够强烈！

　　前面我们已经讨论过金钱对于女人一生的意义，可是相信还有不少的女性朋友会持不同的见解。她们会说："人生还有更高层次的追求，比如事业、爱情、健康、精神、文化等，难道它们不比钱更重要吗？"表面看起来是这样，可是如果仔细探究下去，这一切都需要一个"钱"字来支撑。尽管许多人高喊"事业至上"，可对大多数人来说，所拥有的也只是一份谋生的职业罢了，待遇的好坏，薪水的高低，至今依然是衡量一个职业优劣的通行标准。爱情与金钱孰轻孰重且不说，但你必须承认一个女人所处的阶层和圈子，将决定她所遇到的男人的等级。

　　当一个女人理顺了思路，把赚钱当成自己美好人生的起点，锲而不舍地为金钱付出一切努力时，她不但会积累起财富，与金钱相关的尊严与地位也会随之而来。

　　燕子出生在大西北的一个穷山村，20岁的时候，她到浙江去打工，在一

会赚钱的女人最有魅力

家生产电子玩具的厂家的包装车间工作。她们的宿舍里住了8个女孩，都是来自各地的打工妹。虽然大家都不富裕，可相比之下更贫穷、更没见过世面的燕子还是受到了歧视。周末，大伙儿一起上街玩，也没有人愿意与燕子走在一起。

燕子虽然在贫穷中长大，但她拥有智慧的头脑。一开始，她口袋里没有钱，她就一角一角算计着花，因此每个月都有些余款。年轻的女孩子，控制不了自己钱包的现象很普遍，有些女孩，总是等不到发薪水的时候，就囊中羞涩了，她们看到燕子有钱，就迫不及待地向她借。

燕子大方地借钱给她们，拿人家的手短，渐渐地，大家看燕子的目光就有些不同。两年后，燕子已经攒下了一笔钱，于是她辞掉了工作，在离厂房不远的一个街口租房子开了一间小小的花店。凭着年轻女孩儿特有的细心与热情，她把生意经营得很不错。又过了一年，当初的姐妹们从燕子的店铺前经过时，发现她新进了很多名贵的花草，并雇了一个刚从职业学校毕业的小男孩跑腿，正式当起了小老板了。大家对燕子的改变惊羡不已，常有人去她那里讨教赚钱的秘密。

要赚钱，成功的要诀就是早做规划，将自己未来的生活勾画得越清晰越好。

那些成功人士都是忠于现实、始终对自己的未来持有梦想的人，因此他能踏实地走好自己的每一步。他知道自己从什么地方来，应该到什么地方去，从不会在自己的人生旅途上迷失自我。

通常，女人都会有很多梦想，在金钱、事业、人际关系、家庭生活等诸多方面，都给自己设定了大大小小的目标。但是体验到实现理想的艰难，受了生活打击之后，她们的兴奋度就会冷却下来。茫然无措，不知自己该向哪一个方面努力。

希望自己富有起来的女人要记住，赚钱就是你的核心目标，其他的一切目标都应该为它让路。不必担心你会因而损失了什么，当你实现了自己的核心目标的时候，其他诸如事业与爱情、平安与幸福等理想也会随之跟进。

在自己熟悉的领域里找钱

我们都知道，仅靠工薪致富难度太大。在今天的商业社会里，若只论获取财富的途径，"开源"比"节流"更为有效。只是究竟要从什么地方去开辟你的财源，女人们就要慎重考虑了。

每个人都不是万能的，你在这个位置上如鱼得水，换一个地方，就很有可能放不开手脚。在大自然中，有一种善于飞腾、跳跃的灵猿，在原始大森林里生活得逍遥自得。然而，若是将这群灵猿赶到一片荆棘丛生的灌木林中去生活，那就会变成另外一番景象了。它们无树可攀，无枝可跳，善于腾跃的本领无法施展，稍有行动，往往就会被繁枝利刺扎得疼痛难忍，真可谓是危机四伏。

同样是这群灵猿，为什么在乔木林和灌木丛中的表现竟有天壤之别呢？这只因为它们后来所处的环境，使它有力也无处使。创造财富也一样，不要轻易去尝试你一无所知的或者无法施展能力的行业，在自己熟悉的领域和自己有充分把握的行业里打拼，对想要赚钱的女人来说是极为有利的。

事实上，世界上许多白手创立起自己财富王国的人，都是在自己当前的行业中寻找到契机，然后再一步步做大的。

霍英东是中国香港的一代富商，如今总资产超过130亿港元。但他只是平民之子，起点非常低。

霍英东的第一件差使，是在往来于九龙与香港的一条渡轮"维多利亚"号上做杂工。他从小成长在逆境中，吃遍了各种苦头，但在他的内心，从来没有放弃过赚钱的意识。一天早上，他在报纸上看到一则战余物资拍卖的消息。他对市场行情和自己的情况认真考虑了一番后，买下了一批需要小修的军用小艇，廉价舢板，舰船上的发动机、水泵之类的机械。这些物品对于在驳船上混过相当时日的霍英东来说，无疑是驾轻就熟。他一眼就能看出差价的多少和经营的可行性。买下后，经过自己或请人稍加修理，最多不超过一个月就能转手把它倒卖出去，就这样，霍英东慢慢积累了最初的一些积蓄。

会赚钱的女人最有魅力

以后他牢牢地抓住每一次机会，由航运起家，4年之内成为香港业界的新贵。

世界上的那些大富豪们都是不甘人下的人，他们不会放过任何一个腾飞的机会。当然，我们不苛求天下的女人们也具备这种眼光与魄力，如果你认为没有必要另立门户或者时机还不成熟，那么利用业余时间发展自己的事业也是一项不错的选择。

"周末创业"是日本藤井孝一在《周末创业》一书中所推广的概念，其建议无须辞去工作而利用周末时间创业，这基本上也属于连接经营的思维方式。具体来说，就是发挥与自己的专业知识或爱好等相关的长处，从事诸如直销等副业。

顺利的话，钱越赚越多，也越来越开心。而且副业在某种程度上也是主业的延伸，因此可以一直持续下去。比如有些人想成为小说家。如果有非写不可的题材那另当别论，但许多人抱着写什么都无所谓，只要能写点东西出来这种想法，于是就随便地写，想到什么写什么，结果当然不会有出版社看中。即便能出版也根本不会有多少人买。

但是，假如一个在家电商场工作的人，写一些商场的内幕，或者关于顾客的故事，或者关于家电知识的内容，会给人带来独有的真实感。同样是写文章，写与自己主业相关的内容不单显得有说服力，也会让自己客观地重新认识自己的工作。这毫无疑问会带来互相促进的效果。

"熟悉领域"除了本职工作外还包括了你的兴趣与爱好，只要你喜欢并对其有足够的了解，也不难找到赚钱的路子。从商业角度来看，成功与兴趣的关系是很重要的。一个人的兴趣和爱好往往能够成为其生活和副业的主流，使其取得意想不到的成就。而且以爱好为副业，也易于找门路，容易控制。

有爱好可以在兼职中发挥所长。兼职工作在资金、时间、心理上都不需要太大的负担，对女人来说是不错的选择。在生活中，我们可以看到做教师的人对木器有兴趣，所以就入股朋友的家具店；一个普通的纺织女工喜欢花花草草，就在自家的庭院里自产自销。每个人差不多都有正职以外的爱好、专长和兴趣，将之发展为兼职是顺理成章且得心应手的事。

如果你选择的行业与自己的本职与兴趣都相去甚远，情况就不太妙了。对别人来说驾轻就熟的事，你还要花大量的时间和精力去学习，一开始就会落在后面。而且，如果你盲目创业，总会发现现实与自己的理想有不合拍的地方，有时候，即使你交了学费，也还会有难以挽回的损失。另外还有一点，从事自己不了解、不喜欢的行业，既没有什么乐趣，还会增加许多紧张和压力，是无法持续下去的。

总之，女人给自己选择的赚钱门路，要与你的职业、兴趣、爱好、家庭环境、社会环境相适应、相关联的生意容易起步，也容易成功。要知道，一技之长可能是你改变命运的一大财富，在选择职业时，应该选择最能使你的品格和长处得到充分发展的职业。

一个机会，就能让你成为百万富翁

女人要赚钱，必须靠自己长期地刻苦奋斗，侥幸成功的例子毕竟不多。从这个观点来说，我们不宜过分夸大机遇的重要性。但是有一个事实你必须注意，在辛勤的人群里，同样也有成就的高下之分。正因为这些差异的出现，社会面貌才呈现多姿多彩的变化，因此有人这样说过：机会是上帝的别名。

如果你能学会在时机来临之前识别它，在时机溜走之前就采取行动，生活中的难题就会迎刃而解。有些曾经遭受挫折的人，面对残酷的现实总是一味地沮丧，却不曾意识到，他们虽然一而再、再而三地进行着恰当的努力，最终却总是失败，其原因就是没有选择好恰当的时机。

每当面临一个新的机会的时候，惊喜和恐惧会同时在你内心悄然出现。惊喜的是一个良好的机会让你看到了成功的希望，而恐惧则是因为怀疑自己的能力，担心在这个机遇面前再一次成为一个失败者。这种心理往往会阻碍你制胜的决心，让你左右摇摆，举棋不定。这虽然是大部分人都有的正常心理，但是有志于改变自己生活状态的女人一定要学会克服这种犹疑心理，不管在什么时候，都保持最佳状态，大胆地接受机会的挑战，你才有可能打开一个全新的局面。

会赚钱的女人最有魅力

把握最佳时机，是成功的关键。当然，做事并不需要把握所有的时机，如果十个机会你抓住了一个，你就可能成为成功者。

叶玲玉本是福州一家工厂的普通工人，她在工厂工作时就发现，工业路沿线企业众多，可是为企业职工服务的个体小吃店却很少，不能满足工人们的需求。许多工人上班后肚子饿了，没地方就餐，只好忍饿回家。

敏感的叶玲玉看准了这机会，借钱买了烘箱等制作面包糕点所需的全部设备，在工业路开设了一家"乐凯"面包屋。她自己制作自己销售，依据顾客的需求量来制作糕点面包，充分保证食品的新鲜。

"乐凯"面包屋一开张，马上就受到工业路沿线企业干部和职工的欢迎，生意十分红火。有不少企事业单位还前来预订面包，作为职工们的夜班点心。

一次，有三个英国商人到工业路的一家工厂参观访问后散步走进了"乐凯"面包屋，看见店里有西式面包卖，想买几个尝尝。叶玲玉自学过英语，这时终于有了用武之地，她迎上前去，连说带比画，和这三个英国人交谈起来。这三个人十分高兴，买了几个面包来尝，一吃发现味道很好，高兴地跷起了大拇指。临走时，叶玲玉又送给他们一袋刚烘烤出来的新鲜面包。令她没有想到的是，这三位英国人中有一位平时颇喜欢写作，就把这次福州之行中遇到面包屋的事写了出来，发表在香港一个著名的经济刊物上。

这一来，"乐凯"面包屋声誉大振。许多港台同胞读了这篇文章后，到福州时都慕名到"乐凯"面包屋去，从而扩大了"乐凯"面包屋的知名度和经营范围。

现在，叶玲玉的面包屋已成当地知名的连锁店，她本人也成为身家百万的女老板。

在我们创业的过程中，你每天都要遇到许多陌生的人、全新的事物。在它们还没有对你的事业产生影响之前，就应当以积极的、乐观的眼光看问题，在不断地对机遇之门的叩击中，它们总有敞开大门迎接你的时候。世界上的贫富之差就在于一念之间，我们要为自己的财务自由而奋斗，这就是一个完美的梦想。要想过上富有的生活，首先就应该有一个要富有的理想，然后想办法去实践并实现它。做任何事情总是等待机会是极其危险的，你要主动迎上去拥抱它。

机会是一个没有耐性的家伙，它常常是来也匆匆，去也匆匆。当你还在斟酌的时候，它往往已经消失得无影无踪了。所以在机会到来之前，你就应该做好一切迎接它的准备，有机会而不去把握，你便永远不知道前面等待你的是什么样的好运。

1993 年夏天，25 岁的丹麦青年李曦来到上海淘金。这位复旦大学的留学生折腾了大半年，仍一无所获。在走投无路之际，老同学提醒他："你不是擅长吹萨克斯吗？为什么不先用它糊口呢？"当天下午，李曦就在上海卡门夜总会找到了工作，每晚演出收入 300 元。

温饱无忧之后，他开始反思自己商场折戟的原因，觉得就像眼前只能靠吹萨克斯吃饭一样，应当从自己熟悉的行业入手。他想起刚毕业时曾到非洲采访过一个很有名气的木材商，对方曾拍胸脯说非洲的木材不比北欧的差，但非洲的木材价格就是卖不上去。他迅速查到那个木材商的地址，向对方发出传真，对方很快有了反馈。然后，他又打电话给上海的一家木材厂，终于落实了一笔 200 万美元的合同。一个月后，生意成功，他赚了个钵溢盆满。

此后，李曦又将目光瞄向了家乡丹麦的著名产品。他发现，随着上海的进一步开放，越来越多的外国人入住上海，同时许多家庭搬迁新居，如果把高品质的丹麦家具打入中国百姓的家庭，定能填补市场的空白。不久，一组名为"北欧风情"的系列家具迅速占领了上海乃至北京、深圳、大连等地市场。至 2000 年年底，李曦已经创出上亿元的资产。

机遇广泛存在于社会经济生活中，但它的存在不是显露的，也就是说并不是每一个人一眼就能看到它的身影，从而捕捉到它。机遇的存在是潜隐的，它隐藏于纷繁复杂的生活之中，只有以敏锐的眼光、积极的行动才能撩开笼罩在它身上的神秘面纱，从而捕捉到它，并利用它，将其变为宝贵的物质财富。

把握最佳时机是一个人综合素质、综合能力的具体体现。因为再坏的时

会赚钱的女人最有魅力

机，也有人赚钱；再好的时机，也有人破产。再坏的行业，也有人成功；再好的行业，也有人失败。因此，在行事时，善于识别时机、抓住时机，是一种莫大的智慧。每一个成功赚钱的女人，绝不是一个逍遥自在、没有任何压力的观光客，而是一个积极投入、持之以恒的参与者。拿出你的主动和热情来迎接机遇，它才有可能给你最丰厚的回报。

留心观察，积累财富信息

按照经济学的观点，从 20 世纪 80 年代初到现在，在中国内地已有 4 代富豪轮流登场，社会财富每隔 5 年就要重新分配一次。在这一次次财富分配的大变革中，有人得意，有人失望，改变人生的起点，就在于人们对新信息的敏锐程度如何。一个人如果从来没有发财致富的念头，即使财富就在他跟前打转，他也会视而不见；而时刻都在寻找机会的人，远远地就能嗅到金钱的气息。

有些女人智商不一定低，但在财商上，比起那些感觉灵敏、善于整合资源的人还有那么一点差距。培养自己对财富的嗅觉，可以从每一个时段、每一种行业开始，当你能留心他人视而不见的新增消费热点，并将其当成自己创富事业的契机时，财富已经离你很近了。

比如"寄售贸易"，在一些经济学辞典中尚未列进目录，可是，在商品流通中却有一定的中介作用。而且，随着市场发展和人们生活上的需要，它显示出越来越强的潜在力。

所谓寄售贸易，就是卖主将商品委托专门店铺代销，商品卖出后代销人提取货款中的一部分作为手续费，其余全部归还寄售人。由于代销人不承担货物价格涨落、运输、损耗等风险，所以货主与代销人之间不属买卖关系。

寄售贸易这种经营方式，使货物有了代销人，货主或旧物的卖主就不必直接进入市场推销了。根据这种经营方式的特点，曾经有人建议，成立旧玩具商店，经营孩子玩过但仍能玩的玩具、用具等。这对只生一个孩子的家庭解除旧玩具弃之可惜、收藏费事的负担，是可取的。

随着人们生活方式的改变和生活水平的提高，随时都会有一些新兴的行业提供配套服务。

香港地区有家狗酒店，即开设在香港爱护动物协会新厦三楼的"宠物寄养处"。

这家"酒店"共设十多个房间，房内除卧室外，还另有一个大的厕所。每间房内都有一块木板做床，床上有大毛巾做被褥。每间房都有冷暖空调，房外还有供狗散步的走廊，走廊内可沐浴日光，享受自然空气。

狗酒店每天都有专业人士负责服务工作，住进酒店的狗们一日三餐饱食，饮水充足，一个星期享受一次沐浴及梳毛。

狗酒店的收费每日近百元，另交住房费 100 元。由于香港人喜欢出外公干或旅游时将宠物寄养在这里，所以常因狗多房少住不上，一般要提前 3 个月订房才行。这家狗酒店的生意之兴隆则可想而知。

现代人生活节奏快、压力大，于是宠物成了人们放松心灵、寄托感情的热点，这些可爱的小动物，吃喝拉撒睡都要人照料，甚至还要穿衣服看病，这里面自然商机无限。只要你是有心人，就很容易能找到适合自己的赚钱门路。女人如果想让自己获取更大的成功，就应当意识到在激烈的竞争中，单纯依靠意志、体力去拼搏是难以成为胜者的。一个成功的创业者依靠的是灵活敏锐的头脑和科学的、丰富的经营感觉去决定胜负。所以每一个对赚钱充满热望的女人，必须不断地掌握新知识，用心观察生活的细节，然后从中整合出自己的致富方案。

能否成功创业的关键，还在于一个人对事物的感受能力。若无其事地在街上漫步，无心人往往什么也感受不到，而有心人，如经常寻找新事业发展契机的创业者，对一些事物和现象就会牢牢地刻印在大脑里，随时为自己的实力补充新的能源。

小夏是四川大学的一位女大学生，虽然家境贫寒，然而她却不像别的贫困生那样坐以待毙，而是积极寻找改善自己处境的方法。

小夏在艺术方面有特长，一次，她帮一位女同学在手机套上画了一个学校的标志，效果很好。第二天就有十多位同学又请她画。先前那位女同学觉得是因为自己带的头才给小夏带来这么多麻烦，于是就半开玩笑半当真地嚷道："要收费，5元钱一个。"同学们表示没问题，因为怎么也比礼品屋的东西便宜。

随着同学们的宣传，小夏在学校越来越有名气，来找她帮忙加工的同学也越来越多。这个时候她已敏锐地感觉到，自己手中的小生意，在学校其实有着很大的市场，她决心把它做大做好。

后来小夏发现，校园礼品屋的工艺品，仅仅印上一个校名或校徽在上面，就可以多卖许多钱，况且礼品上的文字和图案还没有自己手工画得好。她想，不如自己先买些礼品回来画上校名、校徽再以便宜的价钱卖给同学们，不仅自己赚了钱，也帮同学省了钱，岂不双赢？

果然不出小夏所料，她的生意很火暴，有时候一周就能赚上千元。但是，随着生意越来越好，她也越来越忙，导致两门课的成绩下降。她感觉这样不行，因为这种手工劳动太费时费力，必须提高效率！她不禁又在这方面动起了脑筋。

经过多方打听，小夏终于弄明白礼品上的图案和文字都是由校外的一家丝印厂加工的。于是，小夏又与厂家合作，她只需提供文字和图案样板给厂家就可以了。丝印出来的文字和图案颜色更鲜，不会出现褪色掉漆等情况，比她原先用手工绘制的效果要好得多。这样一来，不仅为她省下了不少学习时间，而钱也赚得更多了。接着，她又推出了"定制校园礼品"的业务，接受随心所欲的个性定制，深受同学们的喜欢，这又让小夏大赚了一笔。

到第二学年开学，小夏不但自己交清了所有的学杂费，还添置了手机、摩托车和手提电脑等物品，以方便对外联络和进出货使用，她的月收入也达到了6000元以上，俨然成了川大校园里的一名"学生款姐"。

赚钱的机会，其实就隐藏在你的身边。每天睁开眼睛，各种信息、各种见闻就会扑面而来，在头脑中对它们整理消化之后，就能找出对自己有价值的东西来。为了生活，许多女人不吝惜付出她们的劳力，却偏偏忽视了对大脑的开发，失去的是靠头脑改变人生的机会。

人们的财商不是天生的，女人可以在生活中逐步培养自己对财富的敏锐感觉。

多问"为什么"，这正是一个创业者最必要的感受方法。比如，在咖啡店喝咖啡，觉得很好喝，没有"为什么"的思考的人仅此而已。有"为什么"的思考的人会去探究那种咖啡为什么好喝，确认其是用什么煮的，探究咖啡豆的种类和搅拌方法，有机会还会直接向老板询问制作秘诀。进一步探究的话，还会明白除了咖啡本身的味道差别，店内的气氛也有相当的影响。就这样，对"为什么"的思考挖掘下去，从感到咖啡好喝入手，自己会得到各种各样的情报。在信息时代，分析能力、创造能力和实践能力，是决定一个人致富感觉的基本内容。

在不断的尝试中寻找财富之门

很多女人以平安、稳定为福，她们只有在自己熟悉的环境中，面对自己熟悉的人群时才会心安，面对陌生的领域，从来都是战战兢兢，不敢轻易涉足。平凡的人之所以没有大的成就，就是因为他们太容易满足而不求进取，一生只会盲目地工作，挣取只够温饱的薪金。

有成功潜质的女人，永远在不断地改善自己的行为、态度，她们总是希望更有活力，总是希望产生更大的行动力。相比之下，很多人饱食终日，无所用心，不学习，不成长，每天在抱怨一些负面的事情，日子就这么一天天混过去了。

赚钱这件事，没有既定的范围，也没有一定的法则，就需要我们在不断地尝试之中充分发挥自己的才能，以换取最大的价值回报。如果你知道有一套可行的致富方法，但却由于各种原因一直没有切实的行动，即使是世间最好的赚钱术，对你又有何用？成功的法则要靠自己去实践。路是人走出来的，越早一步走这条路，成功的目标就越早一天达到。

对此，成功人士是如此解释的："我们从来不等有了方法再行动，而是在行动中寻求方法，在行动中瞄准。如果射偏了，没关系，纠正它，再发射，重要的是发射，是行动!"

我们在追求理想目标的时候，往往经过一番充分准备之后，不是果断地发射而是顾虑自己的行动是否会成功、该如何面对失败等问题。但是，当我们真正下定决心开始发射的时候，成功的靶子早已从我们的视线中偏离了。

同样，要在积累财富的过程中形成自己的赚钱经验，一味被动地硬学财经知识，不停地修正投资计划，不但在无形中减少了我们的投资收益，而且当环境变化时，很难做出有效的反应来减少自己的损失。

可以说，一个人的投资经验和赚钱智慧是他在不断的尝试中积累的结果，这才是他一生真正的财富。

而要积累自己的经验，最好的办法是亲身体验，这就像学习游泳一样，你需要自己亲自下到水中去才能真正学会。在参与赚钱游戏的过程中，我们将会对这个游戏形成自己的经验，更加深刻地理解这个游戏中的种种规则。

世上没有什么事能真正让人恐惧，恐惧只不过是人心中的一种无形障碍罢了。因为不敢尝试，使我们裹足不前，错过了许多我们本来应该去做而且能够做好的事，失去了许多原本应当属于我们的金钱和机会。

从小处入手是赚钱的大智慧

离开自身的客观条件，去祈求或奢望自己力所不及的东西，是经不起市场的风浪的。所以，你经营小行当时，不论是经营项目或商品，还是经营方式，应尽量保持自身独有的风格和特色。把一件事情往深了想、往细了做，成功的机会往往就会在不经意间涌现出来。

许多女人心里有一个误区，她们以为只有把生意做到一定的规模，才有可能受到机遇的青睐，小打小闹，则很难有出头之日。于是，像换时装一样，她们在自己店铺的门面和档次上下工夫，期待有更大的发展。殊不知，这其实犯了一个方向性的错误，离开自身的客观条件，去祈求或奢望自己力所不及的东西，是经不起市场的风浪的。

适应客观环境，活用一切条件，才是我们事业成功的一个重要因素。

女人创业，不必财大气粗，一步到位，只要做出特色来，就能在市场占得一席之地。

往往"小"而有风格，"小"能保持特色；一旦扩大，特色成为具有普遍意义的时候，特色也就失去了原有的含义。所以，你经营小行当时，不论是经营项目或商品，还是经营方式，应尽量保持自身独有的风格和特色。

在一条街上，有两个小水果店。两个店的规模都很小，水果箱上放两块木板当摊架，摊上乱七八糟地堆满水果。每天黄昏时分，两家水果店就都挑出有瑕疵的水果降价出售，吸引的顾客很多。由于每天这样做，招引了不少回头客和熟客，生意也很兴隆。然而，后来其中一个店赚了一点钱就忙着整修店面，扩大营业场所和经营品种，还买进一个冷柜储藏鲜水果。再没有带瑕疵的水果挑出来了，装修也比从前高级了，生意却渐渐不如以前，只有那些探望病人或拜访亲友购买见面礼的人才光顾这家小店。它失去了众多的顾客，资金周转率下降，竞争力也大大减弱了。

不想赚大钱的生意人不是一个合格的生意人，期待大发展，渴望新机遇，这种心态本身并没有问题。但是步子过急，就难免顾此失彼，一不小心，连自己的立足点都丢了。其实我们在创业之初，还是应该在细节上下工夫，发挥对不同顾客群的服务意识。市场竞争的规则并不一定是大鱼吃小鱼，真正的规则是快鱼吃慢鱼，游得慢的鱼被游得快的鱼吃掉。一个小企业只要机制灵活，充满活力，在服务上客户至上，用人性化的服务打动客户，其根基才能扎得牢固。

"小"的精神之一是要培养全面适应市场的能力，为此，要突出一个企业、一个店铺的特色，实行差别化策略，以细微的小差别、小改进不断满足顾客的需求。

浙江的魏女士，在上海开有一个建材商场，起初的时候，生意不太好，她一时也找不出是什么原因。

后来，魏女士发现，上海人非常节俭，许多上海人吃早饭都是开水泡饭，即便是有钱的上海人也不乱花钱，更不用说花冤枉钱。尤其在装修房子上，上海人特别精打细算。但是，再怎么细算，总会有一些出入，等新房装修好之后，多多少少要剩下一些材料。怎么办？留着的话，已经没有多大用途；丢掉，是花钱买来的，又非常可惜。

针对这种情况，魏女士贴出告示：凡在本店购买的装修材料，用剩的可以原价退还。她这样做并不亏，而且生意比原来翻了好几倍。明眼人一看就知道，魏女士把多的都卖出去了，退回来的只不过是少数，而且还可以再卖，这实在是一桩又得实惠又得声誉的好事儿。

以上我们谈到的，都是一些赚钱的小窍门，提倡以细化的服务赢得顾客的心。或许有些女性朋友会以为这种思路过于保守，在创富的道路上步调有些缓慢。事实上，以"小"以"变"为特色，赢得更多的顾客群体，积累起来，同样可以给我们提供赚大钱的机遇。一些知名的大企业，也会因地制宜，走灵活发展的路子。他们发现，拥有世界大多数人口的发展中国家是一个潜力巨大的市场，年收入在 1500 美元以下的人群占全球人口的 2/3，他们渴望用上名牌产品，只是买不起。要想打入这个市场，就要解决买不起的问题。因此，在这里销售的产品一定要价格低廉、包装小巧、使用方便，做到"以小制胜"。

以联合利华为例，他们从 1987 年开始在印度出售 2～4 美分的小包洗发水；硬币大小的小盒凡士林和一支能用 20 次的牙膏都只卖 8 美分。16 美分的小瓶香体露在印度、菲律宾和玻利维亚都是抢手货，在秘鲁占据了 60% 左右的市场。

以大多数人付得起的价格，满足他们最基本的需求，就能获得成功。这里面女性朋友可以得到的启示是，在赚钱的道路上，把事情做得越细、越周到越好，不必担心这会限制了你的步调，其实"国际潮流"正是如此。

我们做事情是按照我们对事物的理解去做的，因此如何认识所要做的事是一个关键问题。一个思维缜密的人，会从一件小事、一个细节扩展到其他方方面面，在不经意间就能把事情做得很周全、很完备。把一件事情往深了想、往细了做，成功的机会往往就会在不经意间涌现出来。世间其他的事情如此，赚钱自然也一样。

机遇从经营好"现有的资产"开始

女人要达到财务自由，获得真正的独立和过自己想要的生活，当然要从经营好自己的资产开始。你一无所有吗？那么你还没有理解资产的全部意义。

资产可分为明资产和潜资产，对于金钱、房产、股票、私人公司等明资产，人们都看得清，而对于才华、特长、创造力、幽默感、交际能力、内心动力、积极心态、良好情绪等潜在资产，许多人都看不清，更不懂得加以应用。

如果一个人文章比别人写得好，歌唱得比别人好，电脑技术比别人好，做蛋糕比别人做得好吃，创造力比别人强，即使他现在贫穷，但他通过他的潜资产进行运作和创业，也会财源滚滚。所以每一个要赚钱的女人一定要千方百计找出自己的潜资产，发现人生的方向和财富。

有个著名的歌星，成功是靠唱歌，努力奋斗之后，她的演唱才华被大家所承认，出名了，从此她财源滚滚，有花不完的钱。许多人会误以为她的资产是钱，实际上，她真正的资产和金矿是她的歌喉，她需要的不是赚钱，而是发展自己的歌唱潜质。练好了歌喉之后，才有致富发达的捷径。知道不知道自己的资产在哪里，其结果不一样，而且命运也不一样。

生活和工作中无处不存在资产问题，懂得发现和运用自己资产的人才能赚到钱，而不懂得发现和应用自己资产的人只能与贫困为伍。

有许多普通人并没有这些文艺与运动天赋，那你就不要往这条路上走，因为那不是你的资产。也许，你更适合开服装店，而不是唱歌或打球，那就不要做明星梦了，而是想法把服装店变成服装厂，打出品牌。每个人应根据自己的情况，找出自己的资产，围绕着自己的资产运作，钱就会源源不断地流进你的口袋。

臧健和是青岛女子，在一家医院做护士的时候，她与一位泰国华侨医生结婚，婚后生有两个活泼可爱的女儿。后来丈夫先回泰国定居，1977 年，31 岁的臧建和辞去了护士工作，带着两个女儿赴泰国与丈夫团聚。

可到了泰国，臧健和做梦也没想到丈夫又有了妻室并生了儿子。原来因为婆家重男轻女，故一直对她不甚满意。并且，泰国的法律是允许一夫多妻的。

可性格一向独立刚强的臧健和无论如何也接受不了这样的事实。她认为，有吃有穿不是一个女人的全部生活，她要捍卫一个女人的尊严。于是，臧健和毅然带着两个女儿离开了泰国。因为不愿意如此狼狈地去见家乡亲友，无奈之下，臧健和只好带着两个女儿来到了举目无亲的香港，那时候，她身上仅有几百港币和几百元人民币。

臧健和没有资金，没有背景，也谈不上什么学识和经验，好在她是在中国北方长大的女子，做面食算得上是一技之长。于是，在1978年，她购置了必要的工具，推起承载母女3人全部生活希望的小木车，在香港繁华的湾仔码头边摆起了水饺摊。

日子就在艰难中一天一天过着，值得欣慰的是臧健和的水饺受到越来越多的人的喜爱。水饺销路日益看好，"湾仔码头臧姑娘水饺"的名声渐渐地传开，臧健和把自己的水饺叫做北京水饺，以表明这是地道的中国水饺。

1991年，香港贸发局将她主理的北京水饺评为香港名牌产品，并邀请她在当年的国际美食博览会上向贵宾表演包水饺。"湾仔码头北京水饺"受到了中外嘉宾的一致好评，称它是一种具有国际流行口味的食品。臧健和也被誉为"水饺皇后"。

她的水饺一步步得到市场认可，开始进入香港多家著名超市。在以后的近10年间，她相继开办了3家水饺厂或前铺后厂，成为名副其实的"水饺皇后"。

时至今日，臧健和的"湾仔码头北京水饺"占领了香港10％左右的新鲜水饺市场、30％左右的冷冻水饺市场。并且，她已投资2亿多元人民币在上海、广州建厂生产，正式进军内地市场。

所谓资产，就是你身上最有价值的东西。许多女人处于困境中的时候，很容易对前途灰心，她们总会有这样的疑问：我什么都没有了，现在该怎么办好呢？但是你真的什么也没有了吗？其实每个人身上，总有一两样出色的地方，有自己擅长的事，这就是你的资产。只要有一技之长，就可以自立。

不要小瞧这些技艺：美容、修理、烹饪、园艺、茶道……只要技艺精深，在当今世界，同样大有可为。许多原先被人视为"雕虫小技"的技艺，今天却有了巨大的商业和社会价值，有的甚至变成一种产业。这中间，有的是机遇。

在获取财富的道路上，你必须明白自己最宝贵的资产在哪里，是名气、资历、独特的天赋，还是性格、心态或者某一种技艺？发掘自己的资产，围绕着自己的资产运作，会有事半功倍的效果。

灵活的头脑是一切商机的源泉

人与人之间首先是头脑的差距，然后才是口袋的差距。事实上，思路决定财富并不是一句空话，只要头脑灵活、目光锐利，就可以影响财富的流向。

女人做事，倾向于用她们的手，用她们的脚，用她们学过的专业知识，较少用她们的大脑。她们认为思考是一件痛苦的事情或者是自己做不了的事情。因为不善于思考，所以就不能做出改变，所以就踏不上致富的台阶。

思维是一切竞争的核心，因为它不仅会催生出创意，指导实施，更会在根本上决定成功。它意味着改变外界事物的原动力，如果你希望改变自己的状况，获得进步，那么首先要从改变思维开始。

在我们的头脑里往往有一个误区，以为在现代社会成名获利，都要以足够的物质基础为后盾。事实上，思路决定财富并不是一句空话，只要头脑灵活，感觉敏锐，就可以影响财富的流向。

做生意是为了赚钱，这在古今中外都没什么分别，我们要学习的，是如何赚得巧妙，如何让消费者花得舒服。这中间，高手和庸者的区别就大了。

每年，世界上有不计其数的人开始创业，他们中间不少人雄心勃勃。可有的人虽有良好背景、精密的计划，但却屡遭失败；而有的人并无值得夸耀的资本，他们虽然花费不多，但是能充分利用一切条件，赚取更多的财富。

造成这种差别的根本原因是什么呢？我们应当明白，在人生的竞技场上，钱并不是第一重要的东西，第一重要的，是要具备敏锐的头脑、灵活的思路和准确的判断能力，这是女人赚钱的最强资本。

女人的天性有助于财富创意的发挥

女性在胆识、魄力和理性思维等方面比男性稍逊，但是在灵活、敏锐和心思的缜密上，女性又有一定的优势。女人天生超强的直觉和对潮流的敏感，使她们具备了发挥财富创意的良好基础。如果我们能把这些优势用于创造财富，就可以开拓出一条属于自己的成功之路。

据权威部门统计，目前全世界女性创业人数已经占到创业者总数的 1/3，甚至在某些领域所占的比例会更大一些。显然，在当今社会，女性自主创业已经成为一种不可阻挡的趋势。许多女性成功的事实正在证明着女性的力量正在这个以男性为主导的社会里迅速扩张，女性在扮演传统角色的同时，仍然能够实现自己的梦想，创出自己的事业。

在这个世界上，女人与儿童是最好的赚钱对象，要说赚女人的钱，身为女性的你也许正可以从中找到良好的契机。俗话说，只有女人最了解女人，在每个有需求的地方，都有大量的财富在流动。

20 世纪初，美国妇女形象美的标准是胸部平坦，就像男人一样。其对少女来说，如果胸部高挺，便会被人认为缺乏素养，甚至会受到排斥。为了成为贤淑文雅的"标准美女"，女孩们只好早早地将胸束起。

率先反叛这种规矩的是一位俄裔妇女依黛·罗辛萨尔。

依黛出生于俄国的明斯克，她的童年是在美国度过的，20 岁时与逃亡到美国的同乡罗辛萨尔结为夫妻。后来，依黛在新泽西州的后波肯从事服装生意，她没经过专业培训，全靠对服装的热情和刻苦努力，最终拥有了一项关键的服装设计能力。

依黛平时对各种服装的特点及人体特征很重视，在学习的基础上刻苦创新，开始设计新鲜花样，制造新式服装。这样一来，她的生意越做越大，后来，他们夫妇来到了当时美国的服装中心纽约。在纽约，她与人合伙开办了一家服装店。

对当时妇女服装心生不满的依黛，不断思索着如何打破传统，改变新的样式，立志解除束胸给妇女带来的痛苦。经过一番深思熟虑，依黛想出了一个合理的计划。她用一种小型胸兜代替束胸的束带，然后在上衣胸前缝制两个口袋，借此掩饰乳房的高度。这种设计独具匠心，在一定程度上缓解了妇女们的束胸之苦。一时间，这种胸兜成为畅销货，依黛的小店开始红火起来了。

偶然的成功促使依黛去思索：妇女人口比例很高，若能设计出一种能完全摆脱束胸之苦的服装，不仅可以获利，还能打破旧的服装传统，开创出一个适合妇女天性的、大方、美丽的女性服装时代。

依黛充分发挥自己的聪明才智，又在胸兜的基础上加以改革创新。不久，具有历史意义的胸罩便诞生了。

经过一番努力，第一批胸罩出现在了纽约市场上，引起强烈的轰动。随着胸罩市场的不断扩大，她注册了自己的公司，销售额从原来的几十万美元增加至几百万美元。20世纪30年代，经济危机侵扰美国，造成工业萎缩、企业倒闭，只有依黛开创的胸罩业久盛不衰。

世上没有永不改变的传统，当它与当前的生活潮流和消费水准不合拍的时候，必将被一种全新的事物所代替。女人天生超强的直觉和对潮流的敏感，使她们具备了抓住机遇的良好基础。

创新就是改变，只有敢于向传统挑战，才能不断超越，最终攀上财富的巅峰。在商场上，经验固然值得遵循，但也不能死守经验，因为事情总是在不断地变化，经验也要随着时代的变化而变化。只有以渊博的知识、智慧的头脑去应对市场多变的需求，才能获得成功。

位于东京下北泽的音乐屋"MEMORY"是一家充满年轻人笑声的酒店。

店内面积不大，35个座席经常坐满了年轻顾客，每月平均营业额达200万日元。开业后的第二年，就已经在涉谷另设一家分店。

虽然酒店名为音乐屋，但却只有钢琴与吉他两种乐器。在这附近地区，能够以如此毫不稀奇的乐器创出如此惊人的营业成绩的，恐怕也只此一家。

这家音乐屋的女老板增田周子，毕业于玉川大学，钢琴弹得棒，歌又唱得好，个性也极为爽朗随和。

客人刚到店里坐定时，除了问明所需饮料之外，并取出歌本问明他想不想演唱？并且选出所预备演唱的歌曲，也就是让顾客们自由上台表演。

在这个开明的时代里，几乎每个人都可以在大众面前毫无拘束地歌唱，不管是民谣，或是乡村歌曲，大约有70％的人都可以唱得出口。客人们大都觉得不唱的话，颇有错过良机的感觉。因此，只要是在此演唱过一次的客人，大都会再度光临这家音乐屋。

酒店中央有一架钢琴，吉他也可以在此演奏，采用集中式灯光照射，使全场的注意力完全转移到此处。

这位女老板对于餐饮可说完全外行，但正是由于她缺少那种职业性的俗调，所以反而更具有不凡的吸引力。心血来潮时，她也会上台高歌一曲，在营业时间内，总是以轻松的心情和顾客谈天，而且时常转换位置，很少有静下来的时刻。

此外，她还利用歌曲的演唱，而将店里形形色色的来宾融入同一个气氛之内，因此店里的顾客圈也像涟漪一样逐渐扩展开来。而只要是来过一次的客人，一定会再度光临。

"人无我有，人有我新"，这句话在生意场上永远不会过时。在今天，几乎每一个行业都几近饱和，大家都要生存，这里面必定就有人做得好，有人做得差。对女性的创业者来说，以自己独特的亲和力和个性化的服务吸引顾客，常常会取得显著的效果。

机不可失，时不再来，谁能超前一步看到机遇，先人一筹抓住机遇，准就能获得旺盛财气，猎取到更多财富。总是步别人后尘、跟在别人屁股后面走的人是赚不到大钱的，这样，大好的机遇就永远属于别人，自己得到的只是"残茶剩饭"。女人要经商赚钱，要学会扬长避短，将自己天生的性别优势作为创业的突破口，在依然以男性为主流的财富世界分得领地。

频繁跳槽，财富流失的致命杀手

跳槽，职场永不停休的主题。然而，职场中的白领丽人却误解了跳槽的本来目的，她们只是渴求成功，想在最短的时间内实现财富的快速积累，由此陷入了跳槽的怪圈。当跳槽成为一种习惯时，它就会阻碍你事业的发展，同时也会成为你财富流失的致命杀手。

从毕业开始，不到半年，小梅已经换了两份工作。前一份工作不仅待遇不好，而且每天无所事事，都是做些打杂的活，小梅觉得太埋没人才了。于是，她又找了第二份工作。这第二份工作虽然工资多了一点点，但是要做的事情太多，动不动就要加班，她都没时间和同学聚会。实在受不了，小梅又换到了现在这家公司，但是规模远远不能和前面两家公司相比，很多福利也没有。小梅感觉这家公司也不是长待之地，还得准备跳槽。半年之内工作一换再换，结果到头来，小梅的手头上一点积蓄也没有。

接下来我们看看与小梅截然相反的小金的例子。

小金毕业后一直在一家小公司，虽然待遇不怎么样，但可以学到不少东西。尤其对小金这种职场菜鸟而言，除了专业知识外，工作方法、工作态度以及与人交际等方面，她都觉得需要好好学习。因此，小金打算在一年内多学些本领，提升自己的能力，然后换份好工作。

在平时的工作中，小金秉着虚心好学、勤劳苦干的精神，渐渐与同事们打成一片，顺利通过了试用期。就在年底拿年终奖时，经理特意把小金留下，告诉公司方面决定提升她为办公室副主任。这可真是个大惊喜啊，办公室比小金资历长的同事多得是，怎么会轮到她这个工作不到一年的新手呢？原来经理看中的就是她的虚心和好学，希望小金能留下来好好发展，日后向管理层靠拢。

考虑再三，小金决定接受经理的邀请，暂时打消辞职计划。虽然公司规模不大，但还有很大的发展潜力，适合她的专业方向。小金想，既然不能做大海的虾米，那就做小池塘的大鱼吧！自从提升后，小金工资也跟着翻了一番，和同龄人相比，她也算是高收入了。

两个人，一个频繁跳槽，一个踏踏实实专心工作，最后的结果是值得我们深思的。

　　初入职场，不是每个人都会找到合适的工作，因此不少人往往对跳槽存在着困惑：是另觅高就还是原地观望呢？这个时候，一定要根据自己的实际情况来决定是否跳槽。例如小梅因为对现有工作不满，所以频繁跳槽。但每一次跳槽她并不是为了更高的追求，而是要尽快摆脱目前的工作环境，抱着"不管新工作如何，先离开这里再说"的想法。这样的盲目跳槽不仅难以找到更好的职位，反而会浪费在原来工作中积累的各种资源，让她一而再、再而三地从新手开始做起。久而久之，别人都在不断地上升，例如小金，而小梅却还是从零开始，这就是两个人的差距。

　　当然，并不是说完全不要跳槽，人往高处走，鸟寻高枝飞。如果有了更适合的位置，那么跳槽自然是最好的选择。此外，在不同的位置，可以学到不同的东西，也是提升自己的一种方式。不过要注意的是，太频繁的跳槽也不好，要不然还没偷到"师"，就已经离开了，只能说是财富的白白流失。

巧妙加薪有法宝

　　"加薪"，从来都是职业人群的期盼，尤其是在房租、水电、菜价通通上涨，而工资收入却固定不动的今天，职场女性对加薪更是翘首企盼、心急如焚。可是，要求老板加薪，也一定要好好谋划一下，否则，就有可能加薪不成反惹老板发怒。

　　光见物价涨，不见工资涨，小张寻思着，来公司已经两年了，要不要向老板要求加薪呢？不过如何向老板开口，小张还没想好。听说隔壁办公室的张姐也是要求加薪，结果不仅被老板驳回，还被老板奚落了一番，害得张姐有一阵子在公司抬不起头来。

　　就在小张苦恼的时候，机会找上门来，老板主动找她谈话。原来公司即将有一个外派的大型项目，选择的城市正好是小张的故乡，考虑到她应该有一定的人脉关系，所以老板希望她能随团做好宣传接应工作。要是放在以前，小张肯定一口应承了，不过如今想到要加薪水，所以小张答应得有些犹犹豫豫。老板估计察觉到了小张的犹豫，于是十分亲切地问她是否有什么困难。

小张想了想，巧妙地回答说："没什么困难，目前公司正处于发展期，我肯定得全面配合公司的需要。只有公司发展了，个人的利益才能涨上去。"听了小张这一番话，老板似乎明白了什么，但他没有具体说要加薪水，于是老板大手一挥，让小张安心地出差，说回来后财务室会对工资待遇有规划。

果不其然，待小张出差3个月回来，拿到的工资条果真比之前多了些。据说，这次全公司涨工资的人数不超过5个人，小张暗自在心里庆幸。

小张之所以能够成功加薪，妙就妙在她说话够委婉。如果小张开诚布公地跟老板谈加薪，老板多半会以为是小张故意谈条件、拿架子，怎么会顺理成章地让她如愿加薪呢？所以，要求老板加薪，绝不是汇报工作这么简单，需要讲究一定的方法和策略。

一般来说，企业加薪大都论资排辈，看重工作年限。想让老板主动给你加薪，首先得让老板知道你的价值。所以在准备提出加薪前，要问自己三个问题：是否发挥了自己的才能？是否能够胜任这份工作？对公司而言你是否仍有利用价值？如果这三个答案都是肯定，那么你才能有资格跟老板谈条件，因为不会有老板愿意浪费金钱在没有价值的员工身上。

其次，要明白加多少薪水才合适。这个数字既要肯定自己的能力，也要在老板接受的幅度内。如果狮子大开口，只会让老板勃然大怒。如何对自己的薪水做出合理的评估，了解本行业整体薪资水平，可在各大人才网站或者招聘网站搜索，货比三家，取其中间水平。

此外，提出加薪的时机也很重要。一般来说，在大型任务完成后，或者有新的任务接手前，都是可以考虑的时机。不过始终要注意的是公司的发展前景，一般来说只有盈利的时候，加薪才有可能，若公司处于困境或是刚刚起步，你对老板提出加薪就显得很不理智。

在提出加薪时，还需要注意两个方面，第一是不要攀比。目前许多企业员工的薪酬实行保密制，所以在与老板提出加薪时，不要将自己的薪水与同事做比较，更不要与其他公司做比较。这种做法一来有质疑薪资制度的嫌疑，二来可能会给人造成心胸狭隘的印象。正确的做法是，表现出强烈的自信，用事实来提出加薪的理由。

第二是不要拘泥于工资单。薪水不仅包括每月的工资，其实也包括奖金、休假、交通费等其他方面。如果老板不同意加薪，你可以提出其他方面的要求，或者将加薪转化为职业发展机会，比如参与更重要的项目，等等。

总之，要求老板加薪就一定要讲究方法，这样，即使你只做专职工作，你也同样能走上致富的道路。

可以"活"到老，但不能"做"到老

很多女孩子可能都会有这样的想法：工作多累呀，真希望有一天不用再工作了。尤其是每天早上起床时，这种想法就会变得更加强烈。我们只能把它当做一个梦，可很多女孩子却不愿意醒来。

因为怕辛苦怕受累，很多女孩对待工作总是"三天打鱼，两天晒网"，直到没钱花了，才出去上几天班。如果你一直秉承这种想法的话，恐怕你一辈子都要工作下去了，别想有休息的一天。如果说"活到老，学到老"还值得人们表扬的话，那"活到老，做到老"只能说明你值得同情了。为什么呢？你"做"到老并不能证明你有多么勤劳，而是因为你没有"不做"的资本，一旦你停下来，你就没有饭吃。试想想，当自己年老体衰还要挥汗如雨地为生计而疲于奔命时，那个场景是多么让人心酸啊！

所以，如果你想要"活"到老，而不"做"到老，那你就要从现在开始树立积极的财富观和危机意识，未雨绸缪，只有这样，你才能优雅地享受明天。

有一个富翁看到一个渔夫在沙滩上躺着晒太阳，很为他担忧："你生病了吗？"

渔夫睁开眼很愕然地回答："没有啊！"

"那你为什么不去出海捕鱼呢？"于是富翁责备道。

"我今天已经捕过鱼了。"渔夫回答。

"天还这么早，你为什么这么早回来？你完全可以打到更多的鱼的。"富翁说。

"打那么多鱼干什么？"渔夫反问。

"卖钱啊。如果你今天能打更多的鱼就可以卖更多的钱，只要保持这种状态，很快你就能买一艘摩托艇，然后有自己的第二、第三条船，接着开办自己的船厂、熏鱼作坊，甚至鱼类食品加工厂，这样你就会成为富翁，拥有更多的金钱。"富翁说得很是兴奋。

渔夫却依然淡定地说："要那么多钱用来干什么呢？"

"有了钱，你就能像我这样，自由自在、快乐悠闲地在这片美丽的海滩上散步、晒太阳了。"富翁自豪地说。

"可是我现在不正是快快乐乐地躺在沙滩上晒太阳吗？"渔夫悠闲地说。

这个故事本意是讽刺像富翁那样一味追求金钱的行为，尽管你很富有，我很穷，可是我俩不都一样散步、晒太阳？既然结果都一样，我又何必为了追求财富而把自己弄得疲劳不堪呢？故事中讲述的观点看上去无懈可击，可是如果你仔细思考的话，你就会发现富翁与渔夫有本质的区别。富翁有坚实的物质基础做后盾，而渔夫却是吃了上顿没下顿。富翁经过前半生的辛苦打拼，每天都可以在美丽的海滩悠闲散步，尽情享受，而渔夫尽管也有休闲的时刻，却还是要每天打鱼保证不挨饿，也就是说，他要一辈子工作下去。尽管现在他身强力壮，可是他总会有老的一天，总有动不了的一天，到那时候，富翁凭借积累下来的财富依然可以享受，而渔夫的生活又会是怎样呢？也许他连自保都是个问题。所以，如果不想现在多做一点、多储存一些，那就恐怕只能一直做到老才能保证有饭吃了。

女人们也是如此，虽然现在我们的生活看起来过得不错，即使"月光"或透支也会在下个月有收入的时候补足差额。但是，我们并不能保证自己一辈子都能有这样的收入和这样的精力，等到力不从心的那一天，我们又该拿什么来维持自己最起码的生活需求呢？

不晓得你有没有见过那些已经年届四十，还奔跑于各种公司和招聘会跟那些年轻女孩一起竞争相同职位的中年女性？如果你见过相信这种感觉不会很好。这并不是年龄的歧视，而是她们给人的感觉很辛苦，年纪大了还要为生计奔忙，看上去让人感觉很心酸。而且，这样的人一般并不受到用人单位的青睐，不管她们多么有经验、有能力，她们的状态已经决定了她们的精力和创造力根本没有办法跟那些年轻女孩相比。再说，人们也会认为，如果真的有能力，何至于让自己沦落到如此地步。

所以，尽管你想"做"到老，到时候也未必有人愿意让你去"做"。既然这样，不如趁现在自己还年轻、还能干的时候，积累更多的财富，为以后的生活做充足的准备。等备足"过冬的食粮"，再去尽情地"冬眠"或"晒太阳"也不迟。想想我们的晚年生活在老有所养、衣食无忧中度过，有琴棋书画为伍、有花鸟鱼虫相伴，这种不用顾虑、没有牵绊的日子是不是相当惬意呢？如果你也想过这样的生活，不想到老还要为那份微薄的薪水操劳，那么就请从这一刻开始为自己的"钱途"早作打算，然后好好努力吧！

网上创业，机会多多

节约可以尽量控制开支，不过收入不稳定家庭，要想从根本上解决家庭经济保障问题，除了要尽量节省开支，控制消费外，还需要想方设法提高家庭收入，也就是说需要进行投资。那么究竟做什么投资呢？在网络购物越来越普及的情况下，创业者可以借助网络这个平台开展销售业务。

1. 选择创业项目

当然创业也需要选择项目。有人问一位白手起家的成功人士怎样才能成功，这位成功者说："选择你最感兴趣、最能发挥你特长的项目，然后在这一行争做前三名。"如果比尔·盖茨当初不放弃学业选择创业，也不会那么快就成为世界首富。民营企业家刘永好如果当年不放弃教书，就不会有今天的希望集团。选择创业需要遵守以下原则：

• 以自己的优势作为创业的基点；

• 如果你无法对现在所从事的行业充满激情，那么果断放弃；

• 打消顾虑，白手起家；

• 从基础做起，踏踏实实走好每一步。

2. 选择交易平台

大型网上商场或拍卖型的电子商务平台，就像大超市、大卖场一样，如著名的门户网站中的搜狐商城、新浪商城，电子商务平台易趣网、淘宝网和拍拍网平台，入驻这些交易平台不需要太多的前期投入，只要遵守平台的统一管理就可以。

要想在网上创业成功，也就是说实现较高的销售，需要讲究一定技巧，下面举几个例子：

（1）eBay

著名的网上交易平台 eBay，拥有多元化的社区，从电器到电脑，再到家居用品，甚至珍贵的收藏品，等等，在这里都有销售，人们几乎可以在这里买到任何想要的东西。

在 eBay 注册很简单，填写用户名、密码、姓名，再填写一个邮件，系统会发送确认信到你的电子邮箱里，点击有效连接，注册就成功了。

你只要在网上出售过商品就可以开个人店铺。eBay 网提供专业网上付费店铺，付费店铺提供很多特殊功能，如：

• 推荐商品，卖家可以在自己的店铺内自由推荐商品，且拥有多种不同展示形式；

• 商品分类，卖家可以在店铺内对自己销售的商品进行分类，以便买家选购；

• 店内搜索，可供买家在店铺范围内搜索商品，同时付费店铺拥有独一无二的 eBay 地址。

如果你的销售费用比较宽裕，不妨选择付费店铺销售产品。

（2）淘宝网

由阿里巴巴公司投资 1 亿元创办的淘宝网是国内领先的个人交易网上平台。在淘宝网上销售产品需要了解这些知识：开店首先要经过实名认证，个人认证可用证件有：身份证、护照、驾照、军官证等，你只要把证件复印件通过电子邮件上传到他的公司，经过审核后，你就可以在网上销售产品了，当你卖的产品达到 10 件时，你就可以在网上开个自己的店铺，长期经营了。

3. 建设网上店铺

竞争是无处不在的，在网上开店销售产品同样也充满了竞争，虽然它省去了创业中的大投资，但同样存在着如何让自己的店铺更个性化吸引更多的眼球、如何赢得更多的订单等问题。要解决这些问题，可以从以下几方面着手：

（1）取好店名

店铺名字很重要，一个好的店铺名会吸引众多的人点击浏览，给小店取名要遵循以下几个原则：

①易记、易读是对店铺名称的最基本要求。店铺名称只有易记、易读，才能高效地发挥它的识别功能和传播功能。名字单纯、简洁明快，而且名字越短越能引起读者的遐想，含义更加丰富。如果名称具有独特的个性，具有创新精神，使客户第一眼看到就为之一振、眼前一亮，就很容易为顾客记住。

②店铺的名称要有一定的寓意，让客户从中得到愉快的联想，客户往往因心理的附加值产生相乘效果，店铺的生意自然会比较好。

③店铺名称应该暗示经营产品的某种功能和用途，但是也不要过分透露经营产品的种类或属性，否则将不利于店铺的进一步发展。

店标要制作一个美观的能反映店铺特点的图片，才能吸引更多的人关注。它和网站的 Logo 一样，格式可以是 .jpeg 和 .gif 的，在设计时最好遵守开店平台建议的大小，这样图像一般不会变形。

（2）做好产品说明

做好产品说明可以给人留下深刻的印象，提高店铺的点击率。

在网上开店销售产品，最重要的是会用图片、文字介绍产品，其中最麻烦的恐怕就是处理图片了。选择网上购物的客户，只能通过图片来认识产品，为了让买家放心，同时便于挑选，产品图片的处理相当重要。

除了图片，网上对产品的文字描述也很重要。产品的文字描述分为三个步骤：

①给产品取一个好标题

一个好的标题能聚集更多的人气，从而令你的产品倍增竞争力。你可以从价格、质量、特点等方面着手，集思广益，为自己的物品取个别致的名字。

标题应尽可能以简洁的语言概述出商品的特质，力求规范，让人一看就能大致了解商品的基本信息，同时要注意关键字，因为这样便于从搜索引擎中找到。比如我们在百度搜索"手机"时，在百度的右上部分你会看到"找手机在淘宝"。同样道理，在百度搜索任何东西，都会找出相关的"找某某在淘宝"的字样。所以一定要在标题上加关键字。例如三星手机特卖，佳能数码相机 A70 等。

网店标题的一般格式可以是品牌＋商品名＋规格＋说明。例如，"15ml的兰蔻无油型光彩营养眼霜"的商品名称至少应该是兰蔻（品牌）＋光彩营养眼霜（商品名）＋15ml（规格）＋无油型（说明）。再比如，130 万像素数码相机 260 元就卖；率先采用的 MPEG4 技术的 DV3000 激情面世；史上最强美白组合——KOSE 雪肌精美白套装优惠价；本店初开张，所有优质毛绒玩具一律出厂价出售，等等。物品名称中，要突出价格优势，吸引买家多次出价，从而进入"抢手物品"行列。

突出品牌及型号，让人一目了然，同时利用品牌效应，便于搜索。可以把店铺的名字写进标题中，无时无刻不在推广自己的品牌。最后不要忘记写上自己的信用等级，尤其是你的等级比较高时，这样做是在向顾客传递一种信息：这个卖家值得信任，从而给顾客一种安全感。

②真实、专业地描述产品

首先，产品的描述一定要真实。网上交易比较特殊，不是你卖了东西，钱就属于你了，买家收到产品时，如果发现产品和描述的不符合或存在其他问题，很可能会投诉你要求退货。如果用户买了你的产品后产生了其他问题，或许你还得承担法律责任，而且你的产品说明会一直保存在网上，顾客要取证的话也不是难事。所以产品描述一定要注意真实性，特别是药品和化妆品之类容易产生副作用的产品。

其次，专业的产品描述代表你的店铺实力、售后服务的保障，会给买家一种无形的影响力。我们知道每个产品都应该有说明书的，可现在网上不少产品是三无产品，所以如果你的产品在同类产品中很专业，也会有助于提高成交率。

专业性体现在以下几个方面：

A. 介绍产品的相关背景。在产品描述中强调产品相关背景是为了引导消费者在了解产品背景的情况下接受产品，因为有的产品特别是国外品牌，消费者很难一下子接受。

B. 标明产品的规格和功能。买家不可能单凭图片就愿意掏腰包，还需要对产品的规格和功能进行介绍，从而进一步打动买家。

C. 强调产品的使用特点。在说明中介绍产品的使用特点，能够增加买家对产品的信任。例如，如果你出售的是数码相机，在说明中注明：使用数码相机时，不要抖动，否则拍照效果就不好。如果卖家担心揭露产品的使用特点或缺点会影响生意而不写的话，那么买家用过之后可能会有上当的感觉，从而对你的店铺有不好的评价，这样就会影响你店里其他产品的销售。

D. 写清产品的价格。产品的价格一定要说清楚，不要含糊其辞，更不要把价格写错了，否则就等于自毁信誉。

③其他情况备注。如果还有其他情况需要说明，可以写一个备注，利于顾客选择。写其他情况备注时，一定要注意以下三个方面：

• 强调买家谨慎出价，因为它是收成交费的，同时恶意竞拍也会阻止有意向的买家。

• 由于客户有可能要求不同的邮寄方式，需要参考邮费价格，所以最好标明邮费。

• 为了帮助新手购物，最好写明成交过程。